国家科学技术学术著作出版基金资助出版

推进泵叶顶间隙空化水动力学

季 斌 程怀玉 徐 顺 龙新平 编著

科 学 出 版 社
北 京

内 容 简 介

叶顶间隙泄漏涡空化是在推进泵内部流场中的一种常见空化形式，它不仅会导致推进泵水力性能的下降，还会显著增强推进泵的振动、噪声和空蚀，严重威胁推进泵及系统的安全，是工程实践中迫切需要得到解决的问题。为此，本书以推进泵叶间间隙空化为研究对象，较为全面地介绍推进泵叶顶间隙空化的试验测量技术、数值模拟方法、叶顶间隙泄漏涡识别技术、叶顶间隙泄漏涡的演变特性、空化对叶顶间隙流场的影响及其机制、推进泵间隙流场失稳及损失机理、推进泵间隙空化抑制策略等。

本书适合流体机械领域，尤其是叶顶间隙泄漏涡空化流动方面的科研工作者、工程实践人员参考和阅读。

图书在版编目（CIP）数据

推进泵叶顶间隙空化水动力学/季斌等编著. —北京：科学出版社，2022.2
ISBN 978-7-03-071399-5

Ⅰ.① 推⋯ Ⅱ.① 季⋯ Ⅲ.① 水泵-空化-水动力学-研究 Ⅳ.① TH38
②TV131.2

中国版本图书馆 CIP 数据核字（2022）第 015878 号

责任编辑：何 念 张 湾/责任校对：高 嵘
责任印制：彭 超/封面设计：无极书装

科 学 出 版 社 出版

北京东黄城根北街 16 号
邮政编码：100717
http://www.sciencep.com

武汉精一佳印刷有限公司印刷
科学出版社发行 各地新华书店经销
*

开本：787×1092 1/16
2022 年 2 月第 一 版 印张：15
2022 年 2 月第一次印刷 字数：354 000
定价：188.00 元
（如有印装质量问题，我社负责调换）

随着喷水推进泵理论研究和工程开发应用的日益成熟，近三十年来，喷水推进泵无论是在军用舰艇还是在民用高性能船舶，是在水面舰船还是在水下航行体，是在工程船舶还是在两栖车辆及无人载体上均得到较为广泛的应用。但是国内外对喷水推进技术和推进泵的理论研究，重点均放在水动力性能上，对空化和噪声虽有涉及，但广度和深度远不及水动力性能。随着时代的发展，世界各国海军对舰船以快速响应能力、战斗能力和生存能力为核心的综合性能的要求与日俱增，在强调快速性、适航性与机动性的基础上，对舰船隐身性和智能化等方面提出了新要求。

在舰船的隐身性能中，声隐身已成为提高海军综合突防能力、生存能力和作战效能，并取得战略技术优势的重要途径。降低推进泵水下辐射噪声，是实现舰船声隐身的主要途径。与传统的大侧斜螺旋桨相比，喷水推进泵的辐射噪声显著降低，喷水推进已成为世界各国最先进的核潜艇首选的推进方式。

因此，研究喷水推进泵的降噪机理被提到了议事日程中。在推进泵内，高速旋转叶轮的叶梢与泵壳之间不可避免地存在间隙，在叶片吸力面和压力面压差作用下，水流会通过叶顶间隙从压力面运动到吸力面（这种流动与主流场流向互相垂直，在透平机械领域通常称为二次回流），并在叶顶间隙形成复杂的涡系结构，包括叶顶间隙泄漏涡、叶顶间隙分离涡、诱导涡等。旋涡的涡心压力低，容易空化，使叶顶间隙泄漏涡空化往往早于毂涡空化和片空化产生，是影响空化临界转速的首要原因，也是衡量推进泵辐射噪声的重要因素之一。

推进泵叶顶间隙流发生在叶片梢部和泵壳之间，梢隙尺度小，涡系不仅流态复杂，而且稳定性差，研究难度大。该书作者尝试从机理研究出发，建立相应的数学模型，借助数值计算方法，配合适当的物理模型试验，对推进泵叶顶间隙水动力性能进行分析、探讨，既有学术意义，又有工程应用参考价值，在国内外不多见。

该书的出版有助于推进我国喷水推进技术基础理论研究的开展，提高喷水推进抗空化能力，降低水动力噪声，促进喷水推进技术在国防领域的应用。该书可作为高等院校相关专业师生及工程技术人员的参考工具。

王立祥

船舶设计大师

中国船舶工业集团公司第七〇八研究所研究员

2021 年 12 月 8 日

▶▶▶前言

随着我国"一带一路"倡议的全面推进，国家战略利益向海上迅速拓展，海洋安全与海洋利益成为我国国家安全和战略利益的重要组成部分。核潜艇作为维护国家海洋安全的中坚力量，其重要性不言而喻。随着声探测技术的飞速进步，核潜艇的声隐身性能成为决定战斗胜负的关键因素。而推进泵噪声作为核潜艇的一个主要噪声源，是降低核潜艇噪声的关键。与大侧斜螺旋桨相比，推进泵的辐射噪声得到显著改善，其已经成为世界各国最先进核潜艇的首选推进方式。但是，在推进泵内部叶顶间隙泄漏涡空化往往最早出现，其一旦出现将会显著增加推进泵的噪声强度（10 dB 以上），严重影响核潜艇的声隐身性能，并限制推进泵性能的进一步提升。

在推进泵内部，高速旋转的叶片与外壳之间不可避免地存在一定的间隙。在叶片吸力面和压力面之间的压差作用下，叶顶附近的流体会通过叶顶和外壳之间的间隙，从压力面运动到吸力面，并在叶顶间隙附近形成复杂的涡系结构，包括叶顶间隙泄漏涡、叶顶间隙分离涡、诱导涡等。通常而言，涡心内部压力较低，若其压力达到饱和蒸汽压附近，很可能会在涡心处诱发空化，产生推进泵叶顶间隙泄漏涡空化流动。一旦发生叶顶间隙泄漏涡空化，将会显著影响当地的流动结构，不仅会导致水力机械性能的下降，还会显著增强结构的振动、噪声和空蚀，严重威胁推进泵及舰船的安全。但是，目前人们对于推进泵叶顶间隙泄漏涡空化流动特性的认识尚不深入，更未找到抑制推进泵叶顶间隙泄漏涡空化的有效方法，这些都限制了推进泵水动力性能及舰艇隐身性能的进一步提升。

此外，推进泵叶顶间隙泄漏涡空化作为一种特殊的旋涡类空化，其空化的发生、发展、溃灭机制也与传统的片空化、云空化显著不同。受到涡结构周围流动的影响，水体中密度较小的气核会在绕涡心运动的过程中逐渐向涡心聚集，这使得涡空化对水体的水质条件更加敏感；另外，叶顶间隙泄漏流动包含了各种复杂的旋涡结构，且各旋涡之间还存在强烈的相互作用，这使得叶顶间隙泄漏涡空化的行为也与其他类型的空化存在极大差异。一旦空化发生，其又会反过来改变当地的流动结构，显著影响涡量、湍动能的分布，相互作用机制十分复杂；此外，在溃灭阶段，受旋涡旋转运动及水体中气核等因素的影响，叶顶间隙泄漏涡空化可以延展至下游很远的位置，这与片空化、云空化的溃灭行为明显不同。研究推进泵叶顶间隙泄漏涡空化将有利于加深人们对空化流动行为及其演变机制的认识。

综上，开展针对叶顶间隙泄漏涡空化流动特性及其控制的研究，不但具有重大的工程实践价值，而且具有深厚的学术意义。为此，本书主要针对推进泵叶顶间隙泄漏涡空化流动的理论基础及应用等问题进行阐述。考虑到叶顶间隙泄漏涡空化流动及推进泵几何的复杂性，本书将主要分为两大部分进行阐述。

第一部分包含第1～5章，主要为叶顶间隙泄漏涡空化流动的理论基础研究，研究对象为几何结构较为简单的平直水翼。其中,第 1 章简要介绍平直水翼叶顶间隙泄漏涡空化流动的试验及数值模拟方法。第 2 章提出考虑气核效应的欧拉-拉格朗日空化模型,实现叶顶间隙泄漏涡空化的精确预报。第 3 章细致讨论不同间隙大小下叶顶间隙泄漏涡的流动特点,初步提出叶顶间隙泄漏涡强度的预报框架,介绍叶顶间隙泄漏涡半径的预报理论,分析不同间隙大小下不可凝结气体的分布规律。第 4 章针对叶顶间隙泄漏涡空化提出一个新的空化数,更为准确地表征其实际空化状态。在此基础上,本章将细致讨论空化发生后,叶顶间隙泄漏涡空化流动对叶顶间隙附近的旋涡精细结构、空化与湍动能分布的影响机制,以及边界层对叶顶间隙泄漏涡空化的影响规律等问题。第 5 章提出一种在较大间隙大小范围内均能较好地抑制叶顶间隙泄漏涡空化的方法,并对其产生积极效果的原因进行深入的分析。

第二部分包含第 6～10 章,主要为叶顶间隙泄漏涡空化流动的应用研究,研究对象为更贴近工程实际的推进泵。其中,第 6 章简要介绍推进泵叶顶间隙泄漏涡空化的试验及数值模拟方法。第 7 章着重阐述推进泵叶顶间隙泄漏涡空化的非定常特性。第 8 章系统地比较不同的涡识别方法的特点,并对其在推进泵叶顶间隙泄漏涡空化流动中的辨识效果做出评价。第 9 章对柱坐标系下的涡量输运方程和湍动能输运方程中的各项展开研究,深入揭示不同转速空化数工况下推进泵叶顶间隙泄漏涡空化流场中的涡动力学特性及叶顶间隙泄漏涡流场的湍动能生成机制。第 10 章主要介绍推进泵叶顶间隙泄漏涡空化不稳定特性,并基于熵增理论对推进泵叶顶间隙外的混掺损失进行深入讨论。

在本书撰写过程中,得到了国家自然科学基金项目的资助,主要项目包括:"喷水推进泵叶顶间隙空化瞬变流动结构及演变机理"(51576143);"涡流发生器对船舶螺旋桨水动力空化的影响机理与动力学特性研究"(11772239);"水力机械空化水动力学"(51822903);"泵喷推进器梢隙空化涡流演变机理及其控制策略研究"(52176041)。此外,在研究中还得到了中国船舶工业集团公司第七〇八研究所喷水推进技术重点实验室、瑞士洛桑联邦理工学院水力机械实验室、科学出版社等单位的支持,得到了国家科学技术学术著作出版基金的资助。在此一并向他们表示衷心的感谢。

非常荣幸地邀请到中国船舶工业集团公司第七〇八研究所王立祥研究员为本书作序。王先生是我国喷水推进事业的开拓者之一,长期从事喷水推进技术研究、工程应用和专业人才培养工作,在多项国防工程研究中做出了突出贡献。王先生虽已 80 高龄,仍活跃在科研一线,在通读书稿后,欣然允诺为本书作序,这对作者来说,既是一种鞭策,又是一种鼓励,在此向王先生致以最诚挚的谢意。

全书由季斌统稿,由季斌、程怀玉、徐顺、龙新平撰写,季斌、龙新平对全书进行了校核。由于作者水平有限,书中不当之处在所难免,敬请读者批评指正。

作 者

2021 年 12 月 10 日于武汉珞珈山

▶▶▶目录

平直水翼试验与数值模拟方法

　　长期以来，试验研究一直是人们认识、了解空化流动现象的重要方法，能够科学、客观地反映试验变量与因变量的关系，可靠性高，重复性好，因而通常是检验理论与数值模拟结果的基准。但是，试验研究也往往存在试验周期长、费用高昂、获取数据有限等缺陷。随着计算机技术的飞速发展，数值模拟方法在空化流动的研究中逐渐得到重视。相对试验研究而言，数值模拟方法成本较低、周期短，可获得大量的流场信息。但是数值模拟结果的精度高度依赖于数值模型的准确性，往往需要试验数据对其进行校核。试验观测与数值计算作为空化流动研究中的两种重要手段，高度互补。

　　为此，本书将综合利用这两种分析方法，结合空化流动理论，对叶顶间隙泄漏涡（tip-leakage vortex，TLV）空化流动进行深入分析。本章将对研究中的水洞基本情况、试验流程、数值计算所采用的数值方法、数值结果的可靠性等进行详细的介绍。

1.1 NACA0009 水 翼

本书采用的水翼为一个尾部截断的 NACA0009 水翼，见图 1-1。其名称中的第一位数字代表最大弯度占弦长的百分比，第二位数字代表最大弯度与水翼前缘的距离占弦长的十分之几，后两位数字则代表水翼最大厚度占弦长的百分比，四位数翼型默认最大厚度位于距前缘 30% 弦长处。NACA0009 水翼为对称翼型，因而前两位数字为"00"，表明该水翼没有弯度，后两位数字"09"表明该翼型的最大厚度为弦长的 9%。NACA0009 水翼的轮廓可由式（1-1）给出：

$$\begin{cases} \dfrac{y_b}{c_0} = a_0\left(\dfrac{x}{c_0}\right)^{1/2} + a_1\left(\dfrac{x}{c_0}\right) + a_2\left(\dfrac{x}{c_0}\right)^2 + a_3\left(\dfrac{x}{c_0}\right)^3, & 0 \leqslant \dfrac{x}{c_0} \leqslant 0.5 \\ \dfrac{y_b}{c_0} = b_0 + b_1\left(1-\dfrac{x}{c_0}\right) + b_2\left(1-\dfrac{x}{c_0}\right)^2 + b_3\left(1-\dfrac{x}{c_0}\right)^3, & 0.5 < \dfrac{x}{c_0} \leqslant 1.0 \end{cases} \tag{1-1}$$

式中：$c_0 = 110$ mm；x 为水翼弦长方向的距离，y_b 为水翼对应的高度，即厚度的 1/2，坐标系原点，即 $(x, y_b) = (0,0)$ 处为水翼导边顶点；$a_0 \sim a_3$、$b_0 \sim b_3$ 为常系数，即

$$\begin{cases} a_0 = +0.173\,7 \\ a_1 = -0.242\,2 \\ a_2 = +0.304\,6 \\ a_3 = -0.265\,7 \\ b_0 = +0.000\,4 \\ b_1 = +0.173\,7 \\ b_2 = -0.189\,8 \\ b_3 = +0.038\,7 \end{cases} \tag{1-2}$$

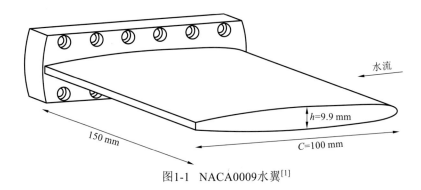

图1-1 NACA0009水翼[1]

需要注意的是，在本书的研究中，该水翼在弦长 $C = 100$ mm 处被截断，见图 1-1，展长 S 为 $1.5C$，最大厚度 h 约为 $0.1C$。

1.2　试验设备与方法

1.2.1　空化水洞简介

本书中的 TLV 空化机理试验主要在瑞士洛桑联邦理工学院的高性能空化水洞中进行。图 1-2 是该水洞的结构示意图，主要包括测试段、循环泵、除气管道及循环管道等。其中，测试段尺寸为 150 mm×150 mm×750 mm（图 1-3），测试段流速最高可达 50 m/s，最高可承受 16 个大气压。得益于其良好的结构设计，测试段入口处的来流湍流度一般小于 0.3%，是较为理想的 TLV 空化机理试验平台。该水洞的主要参数见表 1-1。

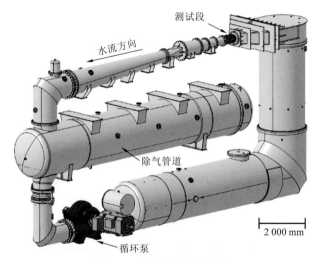

图1-2　水洞结构示意图[1]

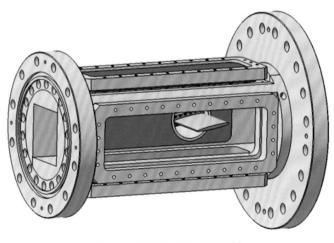

图1-3　测试段结构示意图[1]

表 1-1 水洞的主要参数

空化水洞	主要参数
泵功率	500 kW
测试段尺寸	150 mm×150 mm×750 mm
流速	≤50 m/s
压力	≤16×10^5 Pa
湍流度	≤0.3%

为了便于调节叶顶间隙大小，该实验室还特意设计了一种间隙大小调节装置，见图 1-4。该装置主要由水翼安装槽、滑块丝杆机构、旋转手柄及附属固定支撑等部件组成。利用该装置，可以在试验中方便地使间隙大小在 0～20 mm 内随意改变。

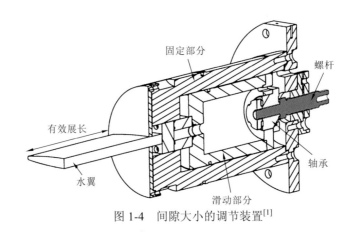

图 1-4 间隙大小的调节装置[1]

1.2.2 空化图像采集装置

1. 照相机与灯光布置

图 1-5、图 1-6 分别为照相机、频闪仪与水翼相对位置的示意图及实物照片。本书试验使用的照相机型号为 Nikon D200。照相机垂直于水洞的主流方向，其轴线经过水翼的中点。一只型号为 DRELLOSCOP-2008-PHS 的频闪仪从照相机的同侧斜上方照射到水翼的叶片顶部，试验中使用的频闪仪频率为 20 Hz。在 TLV 空化发展过程中，由于空泡对光的散射，当光照射到空化区域时，该区域呈现高亮的白色；当光照射到无空化区域时，水洞的内壁面为黑色，该区域呈现黑色。

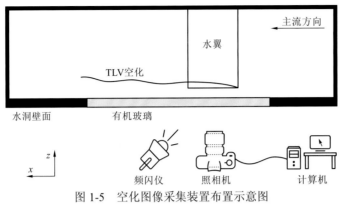

图 1-5　空化图像采集装置布置示意图

图 1-6　空化图像采集装置布置实物图

2. 误差分析

根据试验得到的图像分析 TLV 空化的长度、空化区域大小等信息，需要从图中进行测距，检测由拍摄视角引起的误差 e_{sight} 是否满足精度要求，e_{sight} 的定义如下：

$$e_{\text{sight}} = 1 - \cos^4 \theta_{\text{hs}} \qquad (1\text{-}3)$$

其中，θ_{hs} 为 50% 的视角大小，即

$$\theta_{\text{hs}} = \arctan\left(\frac{W_{\text{hs}}}{2L_{\text{hs}}}\right) \qquad (1\text{-}4)$$

式中：W_{hs} 为照相机拍摄区域对应的实际宽度；L_{hs} 为镜距，即照相机与水翼顶部端面的距离。

在本书的试验中，照相机相对水翼的位置恒定，其大小为 1.0 m，拍摄区域对应的实际宽度 W_{hs} 为 0.2 m。由式（1-3）、式（1-4）可知，其误差 $e_{\text{sight}}=1.97\%$，不足 2%，误差较小。因此，根据图像获得的 TLV 空化长度、空化区域大小等参数是可靠的。

1.2.3 激光多普勒测速装置

激光多普勒测速（laser Doppler velocimetry，LDV）技术是一种利用激光的多普勒效应对流体或固体速度进行测量的技术。当流场中的示踪粒子相对于激光光源发生相对运动时，从示踪粒子表面散射回来的光的频率与光源的频率有所不同，即多普勒频移。该频移量的大小与示踪粒子的速度、激光的入射方向和速度方向的夹角有关，通过监测该频移量，可获得示踪粒子（即当地流场）的速度。图 1-7 为 LDV 原理示意图。LDV 技术具有精度高、响应快、测量范围广、空间分辨率高及非接触测量等优点，是速度测量技术领域的重要发展方向，已经在空化流场的速度测量中得到了广泛的应用。

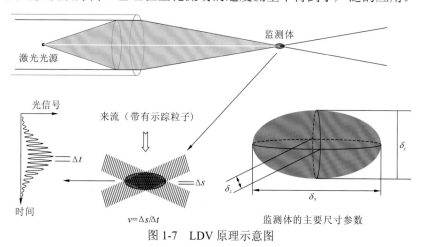

图 1-7 LDV 原理示意图

δ_x，δ_y，δ_z 为监测体的尺寸；Δs 为条纹间距；Δt 为频率周期；v 为粒子速度

本书采用的是一种双频 LDV 仪，其型号及主要技术参数见表 1-2，其可分辨的最小位移距离和角度分别为 0.01 mm、0.001°。测量中使用的示踪粒子为内部空心的玻璃球，其直径为 10 μm，密度为 1 100 kg/m³。试验中，LDV 仪被安装在一个可在竖直平面内自由移动的支撑架上。通过传动电机及其相应的控制软件，可以让 LDV 仪按预设的测量点依次自动完成测量。

表 1-2 LDV 仪的主要参数

参数	取值
型号	Dantec FlowExplorer
波长	660 nm（通道 1）、785 nm（通道 2）
功率	35 mW/通道
监测体直径	2.5 mm
空气中的焦距	300 mm
空气中监测体的体积（$\delta_x \times \delta_y \times \delta_z$）	1.013 mm×0.101 3 mm×0.100 8 mm（通道 1）、 1.205 mm×0.120 5 mm×0.119 9 mm（通道 2）
水中监测体的体积（$\delta_x \times \delta_y \times \delta_z$）	1.351 mm×0.101 3 mm×0.101 1 mm（通道 1）、 1.606 mm×0.120 5 mm×0.120 2 mm（通道 2）

1.2.4　力（矩）测量系统

为了分析水翼的升阻力特性，试验中采用了五轴力传感器，可同时测量升力、阻力及三个方向上的力矩。该传感器直接安装在水翼的固定装置上。应变体的形变量信号可由5个独立的应变桥采集，采集得到的信号传给一个放大器进行处理，其型号为DK38S6，精度为满量程的0.002 5%。该放大器将一次分析5个应变桥采集到的信号，并将测量结果发送给计算机进行后续处理。表1-3给出了力（矩）测量系统的主要参数。

表 1-3　力（矩）测量系统的主要参数

参数	取值
可测量的力（矩）分量	F_x（阻力）、F_z（升力）、M_x、M_y、M_z
F_x 的量程及精度	（103±0.5）N
F_z 的量程及精度	（104±1.5）N
力矩的量程及精度	（250±0.15）N·m
放大器型号	DK38S6
放大器精度	0.002 5%

1.3　试验内容及试验流程

1.3.1　边界层厚度对 TLV 空化的影响研究

边界层对 TLV 空化流动的影响一直是研究人员关注的重点。为此，本书将通过试验比较、分析不同边界层厚度对 TLV 空化流动演变行为的影响。需要注意的是，为了在改变边界层厚度的同时，尽可能地不改变其他流动参数，试验中同一水翼将分别被安装于水洞的不同流向位置处（两者之间的流向距离为2C），以获得不同的边界层厚度，如图1-8所示。

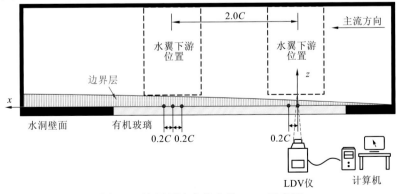

图 1-8　边界层速度分布的 LDV 示意图

1. 边界层流速的测量

为了获得当地的边界层厚度，本书选取了上下游两个水翼安装位置处 5 个不同的测点进行边界层附近的流速分布测量，具体步骤如下。

（1）试验中，先将水翼移除，封闭水洞后进行注水、排气等操作，将水洞速度调节至 10 m/s，来流入口处压力调节至 1bar[①]。

（2）将 LDV 仪移动至第一个测点，从该处远离壁面的主流区开始，利用 LDV 仪对当地流速依次进行测量，直至壁面，获得该测点对应的壁面附近流速分布。

（3）将 LDV 仪移至下一测点，重复以上步骤，直至完成所有测点的流速分布测量。

2. 不同位置处 TLV 空化形态的观测

试验中，先按如图 1-8、图 1-9 所示的示意图及实物图布置好各试验设备，具体步骤如下。

图 1-9　边界层速度分布的 LDV 实物图

（1）将水翼安装在如图 1-4 所示的可调节间隙大小的水翼固定装置上，并将其安装于水洞的上游位置。

（2）对水洞进行注水、除气等操作后，将水洞速度调节至 10 m/s，来流入口处压力调节至 1 bar。

（3）将间隙大小依次调节至如表 1-4 所示的各个间隙大小，利用空化图像采集装置对各个间隙大小下的 TLV 空化进行图像采集。每个工况各采集 100 张照片，相邻两张照片之间的时间间隔为 2 s。

----

① 1 bar = 10^5 Pa。

（4）对水洞进行排水后，移动水翼至下游位置，重复以上各步骤，以获取水翼在不同位置时各间隙大小下 TLV 空化的形态。

表 1-4　主要试验参数及具体的观测工况

试验参数	参数大小
攻角 α_0/（°）	10
来流速度 U_∞/（m/s）	10
参考压力 p_∞/bar	1
无量纲间隙大小 τ	0.0、0.1、0.2、0.3、0.4、0.5、0.7、1.0、1.5、2.0

表 1-4 中，无量纲化的间隙大小 τ 被定义为

$$\tau = \frac{d}{h} \tag{1-5}$$

式中：d 为间隙的实际大小；$h=10$ mm，为水翼的最大厚度。

1.3.2　TLV 空化的抑制策略研究

TLV 空化的控制是工程实践中人们最为关注的问题之一。为此，本书将对各种控制装置的实际效果进行试验验证。试验主要包含以下两个部分。

1. TLV 空化的抑制效果观测试验

试验中，先按如图 1-5、图 1-6 所示的示意图及实物图布置好各试验设备，具体步骤如下。

（1）将已安装有 TLV 空化抑制装置的水翼安装在如图 1-4 所示的可调节间隙大小的水翼固定装置上，并将其安装于水洞的观测段。

（2）对水洞进行注水、除气等操作后，将水洞速度调节至 10 m/s，来流入口处压力调节至 1 bar。

（3）将间隙大小依次调节至如表 1-4 所示的各个间隙大小，利用空化图像采集装置对各个间隙大小下的 TLV 空化进行图像采集。每个工况各采集 100 张照片，相邻两张照片之间的时间间隔为 2 s。

（4）对水洞进行排水后，更换 TLV 空化抑制装置，重复以上各步骤，以获取在安装各空化抑制装置时各间隙大小下 TLV 空化的形态。

2. 水动力学性能的测量

为了验证 TLV 空化抑制装置对水翼水动力学性能的影响，需对其升阻力系数进行测量。需要注意的是，受试验设备的限制，本书仅能对间隙大小为 1.5 mm、8 mm 的水翼升阻力进行测量。试验的具体步骤如下。

（1）将原始水翼或已安装有 TLV 空化抑制装置的水翼安装在带有力（矩）测量单元的水翼固定装置上，并将其安装于水洞的观测段，调整间隙大小至 1.5 mm。

（2）对水洞进行注水、除气等操作后，将水洞速度调节至 10 m/s，将入口处压力调整至 3 bar 左右，以确保试验过程中无空化发生。

（3）依次调整水翼攻角，并利用力（矩）测量系统对攻角在-16°～16°内的水翼升阻力系数进行测量，获得其水动力学特性曲线。

（4）对水洞进行排水后，将间隙大小调整为 8 mm，重复以上各步骤，以获取此间隙大小下水翼的水动力学特性曲线。

1.4 数值方法及设置

1.4.1 控制方程及大涡模拟方法

在基于 Navier-Stokes 方程的计算框架内，均质平衡流模型（homogeneous-equilibrium - model，HEM）是一种成熟、易用的多相流模型，在空化流动模拟中已经得到了广泛的应用和验证。在该模型中，气、液两相被视为一种均匀介质，相间的相对滑移速度通常被忽略，流动的各个参数（如密度、黏度等）为各相组分的加权平均。在 HEM 中，气、液两相的控制方程为

$$\frac{\partial \rho_m}{\partial t} + \frac{\partial (\rho_m u_j)}{\partial x_j} = 0 \tag{1-6}$$

$$\frac{\partial (\rho_m u_i)}{\partial t} + \frac{\partial (\rho_m u_i u_j)}{\partial x_j} = -\frac{\partial p}{\partial x_i} + \frac{\partial}{\partial x_j}\left(\mu_m \frac{\partial u_i}{\partial x_j}\right) \tag{1-7}$$

式中：t 为时间；x_j 为 j 方向上的坐标；p 为压力；u_i 为 i 方向上的速度分量；ρ_m 和 μ_m 分别为混合物的密度及层流黏度，其大小为

$$\rho_m = \alpha_l \rho_l + (1-\alpha_l)\rho_v \tag{1-8}$$

$$\mu_m = \alpha_l \mu_l + (1-\alpha_l)\mu_v \tag{1-9}$$

其中，α 为其中某一相的体积分数，ρ 为密度，μ 为层流黏度，下标 l、v 分别代表液相、气相。

对式（1-6）、式（1-7）分别进行滤波处理，即得大涡模拟（large eddy simulation，LES）方法的控制方程：

$$\frac{\partial \rho_m}{\partial t} + \frac{\partial (\rho_m \overline{u_j})}{\partial x_j} = 0 \tag{1-10}$$

$$\frac{\partial (\rho_m \overline{u_i})}{\partial t} + \frac{\partial (\rho_m \overline{u_i u_j})}{\partial x_j} = -\frac{\partial \overline{p}}{\partial x_i} + \frac{\partial}{\partial x_j}\left(\mu_m \frac{\partial \overline{u_i}}{\partial x_j}\right) - \frac{\partial \tau_{ij}}{\partial x_j} \tag{1-11}$$

式（1-11）中的最后一项 τ_{ij} 是在 LES 的滤波过程中新引入的未知项，代表小尺度脉动对 LES 求解流场的影响，即亚格子（sub-grid-scale，SGS）应力项，其数学展开形式

可以表示为

$$\tau_{ij} = \rho_{\mathrm{m}}(\overline{u_i u_j} - \overline{u_i}\,\overline{u_j}) \tag{1-12}$$

没有办法直接对该项进行求解，故而需要对其进行模化处理，即 SGS 模型。Smagorinsky[2] 建议利用 Boussinesq 假设来求解 SGS 应力项，即

$$\tau_{ij} - \frac{1}{3}\tau_{kk}\delta_{ij} = -2\mu_t \overline{S_{ij}} \tag{1-13}$$

式中：δ_{ij} 为单位张量；μ_t 和 τ_{kk} 分别为湍流黏度及 SGS 应力项的各向同性部分；$\overline{S_{ij}}$ 为直接求解尺度的剪切应力张量的分量，即

$$\overline{S_{ij}} = \frac{1}{2}\left(\frac{\partial \overline{u_i}}{\partial x_j} + \frac{\partial \overline{u_j}}{\partial x_i}\right) \tag{1-14}$$

为了获得 μ_t 的表达式，研究人员基于不同的理论假设陆续提出了众多的 SGS 模型，如 Smagorinsky-Lilly 模型、动态 Smagorinsky-Lilly 模型、DKE 模型和动态混合模型等。其中，WALE 模型[3]近年来在空化流动的数值模拟中逐渐得到研究人员的关注。该模型可以较好地反映湍流黏度的壁面渐进特性，可以较好地描述层流向湍流的转捩过程。此外，该模型在不需要进行二次滤波的情况下即可提供与动态 Smagorinsky-Lilly 模型相当的计算精度，因而得到了广泛的应用。在该模型中，湍流黏度 μ_t 被定义为

$$\mu_t = \rho L_s^2 \frac{(S_{ij}^d S_{ij}^d)^{\frac{3}{2}}}{(\overline{S_{ij}}\,\overline{S_{ij}})^{\frac{5}{2}} + (S_{ij}^d S_{ij}^d)^{\frac{5}{4}}} \tag{1-15}$$

$$L_s = \min\left\{\kappa d, C_{\mathrm{w}} V_{\mathrm{cell}}^{\frac{1}{3}}\right\} \tag{1-16}$$

$$S_{ij}^d = \frac{1}{2}(\overline{g_{ij}}^2 + \overline{g_{ji}}^2) - \frac{1}{3}\delta_{ij}\overline{g_{kk}}^2, \quad \overline{g_{ij}} = \frac{\partial \overline{u_i}}{\partial x_j} \tag{1-17}$$

式中：ρ 为密度；κ 为冯-卡曼常数；$C_{\mathrm{w}} = 0.325$，为 WALE 模型的模型常数；V_{cell} 为当地的网格体积。

1.4.2　Schnerr-Sauer 空化模型

Schnerr-Sauer 空化模型（S-S 空化模型）是一种基于质量输运方程的空化模型，在空化流动的数值模拟中得到了广泛的应用。在该模型中，气、液两相间的质量传输由气相体积分数输运方程来控制：

$$\frac{\partial(\rho_{\mathrm{v}}\alpha_{\mathrm{v}})}{\partial t} + \frac{\partial(\rho_{\mathrm{v}}\alpha_{\mathrm{v}}u_i)}{\partial x_i} = \dot{m} \tag{1-18}$$

式中：$\dot{m}$ 为气、液两相之间的净质量输运源项，该项的大小为

$$\dot{m} = \frac{\rho_{\mathrm{v}}\rho_{\mathrm{l}}}{\rho_{\mathrm{m}}}\frac{\mathrm{d}\alpha_{\mathrm{v}}}{\mathrm{d}t} \tag{1-19}$$

需要注意的是，在 S-S 空化模型中，气相体积分数 α_{v} 被定义为气泡半径 R_{b} 及单位

体积内气泡个数 n 的函数，如式（1-20）所示：

$$\alpha_v = \frac{n\frac{4}{3}\pi R_b^3}{1+n\frac{4}{3}\pi R_b^3} \tag{1-20}$$

由式（1-19）与式（1-20）可得

$$\dot{m} = \frac{3\alpha_v(1-\alpha_v)}{R_b}\frac{\rho_v\rho_l}{\rho_m}\frac{dR_b}{dt} \tag{1-21}$$

为了确定气泡半径的增长速度 dR_b/dt，S-S 空化模型引入了 Rayleigh-Plesset 方程来描述气泡在压力场作用下的大小变化：

$$\rho_l\left[R_b\frac{d^2R_b}{dt^2}+\frac{3}{2}\left(\frac{dR_b}{dt}\right)^2\right] = p_v - p + p_g - \frac{2S_0}{R_b} - 4\mu_l\frac{dR_b}{dt} \tag{1-22}$$

式中：p_v 为饱和蒸汽压力；p_g 为气泡内部不可凝结气体的分压力；S_0 为表面张力系数。在 S-S 空化模型中，式（1-22）中等号左边的二阶项相比于一阶项为高阶无穷小量，因而可以忽略；等号右边的后三项，即不可凝结气体的分压力项、表面张力项及黏性项均被忽略。因此，式（1-22）可以被简化为

$$\frac{3}{2}\rho_l\left(\frac{dR_b}{dt}\right)^2 = p_v - p \tag{1-23}$$

由式（1-23）可得

$$\frac{dR_b}{dt} = \text{sign}(p_v - p)\sqrt{\frac{2}{3}\frac{|p_v - p|}{\rho_l}} \tag{1-24}$$

将式（1-24）代入式（1-21），可得气、液两相间的净质量输运源项 $\dot{m}$：

$$\begin{cases} \dot{m}^+ = \dfrac{3\alpha_v(1-\alpha_v)}{R_b}\dfrac{\rho_v\rho_l}{\rho_m}\sqrt{\dfrac{2}{3}\dfrac{|p_v-p|}{\rho_l}}, & p < p_v \\[3mm] \dot{m}^- = -\dfrac{3\alpha_v(1-\alpha_v)}{R_b}\dfrac{\rho_v\rho_l}{\rho_m}\sqrt{\dfrac{2}{3}\dfrac{|p_v-p|}{\rho_l}}, & p \geqslant p_v \end{cases} \tag{1-25}$$

式中：$\dot{m}^+$ 为蒸发源项；$\dot{m}^-$ 为凝结源项。

根据式（1-20），R_b 可确定为

$$R_b = \left(\frac{\alpha_v}{1-\alpha_v}\frac{3}{4\pi}\frac{1}{n}\right)^{\frac{1}{3}} \tag{1-26}$$

S-S 空化模型中唯一需要确定的参数为单位体积内气泡的个数 n，通常为 1×10^{13}。S-S 空化模型是目前在空化流动数值模拟中应用最为广泛的空化模型之一，其可靠性已经得到了广泛的验证[4-6]。

1.4.3 计算域及模拟设置

图 1-10 给出了数值模拟中使用的计算域及相应的边界条件设置。试验段长 $7.5C$，截

面为正方形（1.5C×1.5C），与试验中的测试段尺寸相同。来流入口位于水翼导边上游2.1C 处，设为压力进口，总压为 153 kPa，以保持进口处静压约为 1 bar，与试验一致。出口速度 U_∞=10 m/s。水翼表面和间隙处的水洞壁面均设置为无滑移壁面，其他水洞壁面设置为自由滑移壁面。

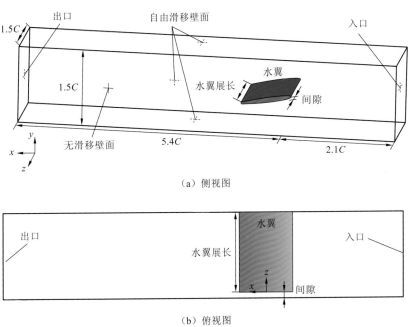

（a）侧视图

（b）俯视图

图 1-10　计算域及边界条件

　　水翼翼型为 NACA0009，弦长 C=100 mm。为了和试验中采用的水翼在几何上保持一致，在数值模拟中同样对水翼顶部的压力侧拐角进行了圆角处理，圆角半径为 1 mm。在本书中，水翼的攻角 α_0 恒为 10°。

　　计算中：对于无空化算例，先利用 k-ω SST 湍流模型计算得到稳态结果，再将其作为初场进行后续的非定常大涡无空化模拟；对于空化流动，先利用 k-ω SST 湍流模型计算得到稳态结果，再将其作为初场进行后续的非定常大涡空化模拟。非定常计算中采用的时间步长均为 $1×10^{-5}$ s。

1.4.4　无空化流动网格划分及网格无关性分析

1. 无空化流动网格划分

　　本小节将以无量纲间隙大小 τ=1.0 的无空化流动算例为例，对本书无空化流动的网格划分及其加密进行说明。在数值模拟中，网格质量和网格分辨率都对预测结果有很大的影响。为了获得高质量的网格，本书采用了 CutCell 笛卡儿网格生成算法进行网格划分，该方法可以方便地生成具有很好正交性的网格单元，如图 1-11 所示。可以看出，大部分网格都具有非常好的正交性和较高的质量，这对计算过程中的收敛是十分有利的。此外，为了更好地捕捉 TLV 附近和水翼周围的流动结构，本书特意对水翼周围和 TLV 附近区域的网格进行了加密。水翼周围和间隙壁面附近的边界层网格都进行了加密细化，以满足 $k\text{-}\omega$ SST 湍流模型及 LES 对壁面附近网格的要求。

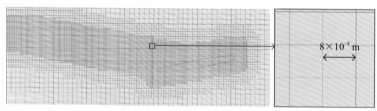

（a）TLV发展区域附近的网格

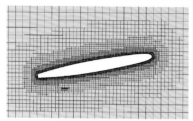

（b）水翼周围的网格

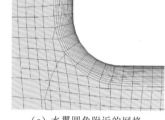

（c）水翼圆角附近的网格

图 1-11　利用 CutCell 笛卡儿网格生成算法生成的网格

加密区的网格大小会对数值模拟结果的精度产生直接的影响。为此，本书在不改变其他区域网格的基础上，依次将加密区的网格大小从 3.2 mm×3.2 mm×3.2 mm 减小为 1.6 mm×1.6 mm×1.6 mm、0.8 mm×0.8 mm×0.8 mm、0.4 mm×0.4 mm×0.4 mm，其对应的网格总数见表 1-5。

表 1-5　加密区网格尺寸及网格数量

网格	加密区网格尺寸/mm	网格总数
网格 1	3.2×3.2×3.2	1 840 214
网格 2	1.6×1.6×1.6	3 655 107
网格 3	0.8×0.8×0.8	7 178 475
网格 4	0.4×0.4×0.4	34 836 349

2. 无空化流动网格无关性分析

对于 LES 而言，由于求解过程中的滤波尺度与网格大小紧密关联，很难真正获得与网格分辨率无关的数值结果。实际上，任何网格分辨率的进一步提升都可能提供更精细的旋涡结构，但这也会导致计算资源消耗的急剧增加。因此，如何获得计算精度和计算资源消耗之间的平衡，是 LES 中一个需要重点关注的问题。

对于数值模拟而言，无量纲壁面距离 y^+ 是衡量壁面的第一层网格高度是否满足要求的重要参数，其定义如下：

$$y^+ = \frac{\Delta y \cdot u_\tau}{\upsilon} \tag{1-27}$$

式中：Δy 为到最近壁面的距离；u_τ 为最近壁面处的摩擦速度；υ 为运动黏度。图 1-12 给出了网格 1～4 预测得到的 y^+ 的分布。可以看到，这四套网格预测的水翼表面的 y^+ 基本都在 1 以内，满足 LES 的要求。

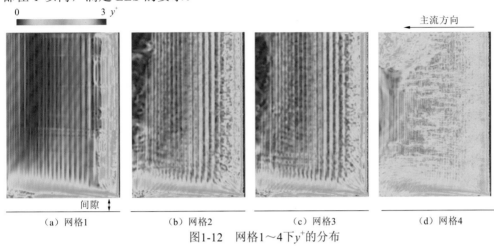

（a）网格1　　　　（b）网格2　　　　（c）网格3　　　　（d）网格4

图1-12　网格1～4下y^+的分布

图 1-13 给出了网格 1～4 预测得到的 TLV 结构。为了更好地显示旋涡的细节，图 1-13 将 Q 准则的等值面（$5\times10^5\,\mathrm{s}^{-2}$）作为旋涡结构的显示方式，用来识别涡的变量 Q 可以定义为

$$Q = \frac{1}{2}(\Omega_{ij}\Omega_{ij} - S_{ij}S_{ij}) \tag{1-28}$$

其中，应变率 S_{ij} 和涡量张量的分量 Ω_{ij} 定义为

$$S_{ij} = \frac{1}{2}\left(\frac{\partial u_i}{\partial x_j} + \frac{\partial u_j}{\partial x_i}\right) \tag{1-29}$$

$$\Omega_{ij} = \frac{1}{2}\left(\frac{\partial u_i}{\partial x_j} - \frac{\partial u_j}{\partial x_i}\right) \tag{1-30}$$

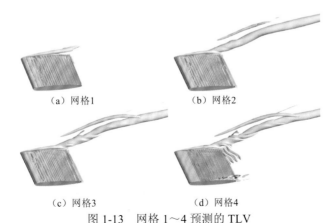

（a）网格1　　　　　　（b）网格2

（c）网格3　　　　　　（d）网格4

图 1-13　网格 1～4 预测的 TLV

可以看到，网格 1 预测得到的结构严重高估了 TLV 的耗散过程，TLV 发展至水翼的尾部就基本被耗散。得益于加密区网格尺寸的减小，网格 2 预测得到的 TLV 可以一直发展到下游。此外，其捕捉到的 TLV 的细节越来越丰富，已经可以观测到较为明显的诱导涡结构。随着网格尺寸的进一步减小，网格 3 和网格 4 对 TLV 的发展预测也越来越好。从图 1-13（c）、（d）可以看到，网格 3 和网格 4 的数值结果可以较好地捕捉到 TLV 与叶顶间隙分离涡（tip-separation vortex，TSV）融合过程中的缠绕扭结特征。图 1-14 给出了各个网格预测得到的在下游 $x/C=1.0$ 断面上的涡量分布。从图 1-14 中可以较为清晰地看到，网格 3 和网格 4 均可以很好地重现 TLV、TSV 及诱导涡之间的相互作用。需要注意的是，尽管网格 4 的网格数量是网格 3 的近 5 倍，但是前者对 TLV 的预测结果并没有显著的提升效果。

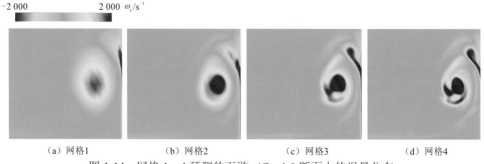

（a）网格1　　　（b）网格2　　　（c）网格3　　　（d）网格4

图 1-14　网格 1～4 预测的下游 $x/C = 1.0$ 断面上的涡量分布

ω_x 为涡量矢量的 x 向分量

为了更为定量地说明网格分辨率对数值结果的影响，表 1-6 给出了网格 1～4 预测得到的水翼升力系数 C_1，其定义为

$$C_1 = \frac{F_y}{0.5\rho U_{-\infty}^2 SC} \tag{1-31}$$

式中：F_y 为水翼受到的升力大小；S 为水翼的实际展长。可以看到，随着网格分辨率的提高，其预测的升力系数逐渐趋于收敛。网格 3 与网格 4 预测的升力系数的差别已经很小。考虑到网格 4 会显著增大计算资源的消耗，网格 3 是更加合理的选择。

表 1-6　网格 1～4 预测得到的水翼升力系数

网格	水翼升力系数
网格 1	0.85
网格 2	0.87
网格 3	0.91
网格 4	0.93

图 1-15～图 1-17 进一步给出了在各个间隙大小下，网格 3 预测得到的在 $x/C=1.0$、1.2、1.5 三个断面上 TLV 环量与试验数据的对比。可以看到，网格 3 预测的结果已经与试验数据吻合得很好，进一步提高网格分辨率对提升数值模拟结果精度的作用有限。考虑到计算精度与计算效率之间的平衡，对于无空化流动的 LES 而言，网格 3 是最为合适

的选择。因此,本书将利用网格 3 的参数(加密区网格尺寸为 0.8 mm×0.8 mm×0.8 mm)对其他间隙大小的计算域进行网格划分,作为无空化 LES 的最终网格。

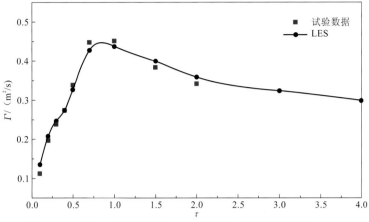

图 1-15　网格 3 预测得到的 TLV 环量与试验数据的对比,$x/C = 1.0$

Γ 为环量

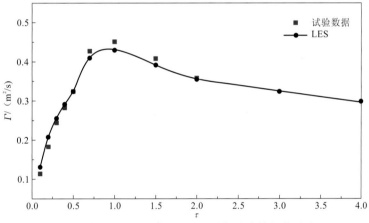

图 1-16　网格 3 预测得到的 TLV 环量与试验数据的对比,$x/C = 1.2$

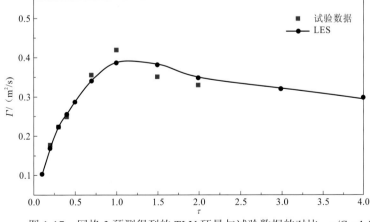

图 1-17　网格 3 预测得到的 TLV 环量与试验数据的对比,$x/C = 1.5$

1.4.5 LES 空化流动网格划分及结果可靠性分析

1. LES 空化流动网格划分与加密

空化流动的数值模拟对网格提出了更高的要求。本小节将以无量纲间隙大小 $\tau=1.0$ 的 LES 空化流动算例为例，对本书 LES 空化流动的网格划分及其加密进行说明。图 1-18 是利用 1.4.4 小节中生成的网格（加密区网格尺寸为 0.8 mm×0.8 mm×0.8 mm）预测得到的某个典型时刻 TLV 空化和片空化形态。可以看到，片空化预测得较好，但是 TLV 空化被严重低估。这表明 TLV 区域附近的网格分辨率不足，应对其进行进一步的细化加密，但其他区域的网格没有进一步加密的必要。为了平衡计算精度和计算成本，本书不再直接改变加密区的网格大小，转而采用了自适应网格技术对网格进行进一步的加密。该技术可以在不对其他区域网格进行任何修改的情况下，仅对被标记的网格单元进行细化。因此，如何选取合适的物理量对需要加密的区域的网格进行标记是能否有效利用该技术进行网格针对性加密的关键。为了找到合适的加密准则来标记需要细化的单元，本书测试和比较了两个典型参数，即 Q 准则和旋转因子 f_r。其中，f_r 代表应变率与应变率和涡量张量之和的比值，即

$$f_r = \frac{2S_{ij}}{\Omega_{ij} + S_{ij}} \tag{1-32}$$

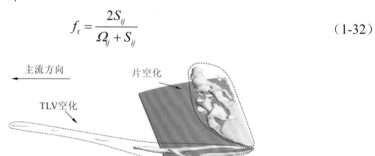

图 1-18　网格 1 预测得到的 TLV 空化和片空化

旋转因子 f_r[7]由 Guo 等[8]从旋转-曲率修正因子中提取出来，以便更有效地识别 TLV 结构。图 1-19（a）是基于 Q 准则的等值面（$Q=1\times10^5\mathrm{s}^{-2}$），可以看到，$Q$ 准则同时标记了 TLV 和由片空化引起的附着涡。图 1-19（b）则是基于时均流场的 f_r 等值面（$f_r=0.6$），可见该等值面的绝大部分都在 TLV 周围，这对标识 TLV 附近区域的网格是十分有利的。因此，本书采用 f_r 来标记需要细化的单元。具体的网格加密过程如下。

（a）Q准则等值面（$Q=1\times10^5\mathrm{s}^{-2}$）　　　　　（b）基于时均流场的 f_r 等值面（$f_r=0.6$）

图 1-19　利用 Q 和 f_r 识别的 TLV 结构

（1）首先利用 1.4.4 小节生成的网格 3 进行无空化的 LES，然后基于得到的时均速度计算整个计算域的 f_r。

（2）利用 f_r 标记所有 $f_r \leqslant 0.6$ 的网格单元，并利用自适应网格技术对标记的网格单元进行细化，所得新网格命名为网格 5。

（3）利用网格 2 进行非定常空化模拟。在利用网格 2 得到的数值结果的基础上，用同样的方法对网格 2 进一步细化，得到一套新网格，命名为网格 6。

图 1-20 给出了各网格在 TLV 周围的网格单元，可见 TLV 周围的网格得到了很好的细化。表 1-7 列出了各网格的节点数量。

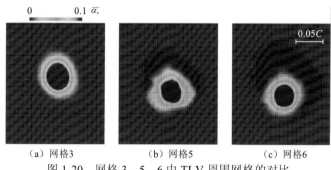

（a）网格3　　　　　（b）网格5　　　　　（c）网格6

图 1-20　网格 3、5、6 中 TLV 周围网格的对比

$\overline{\alpha}_v$ 为时均体积分数

表 1-7　网格 3、5、6 的节点数量

网格	节点数量
网格 3	7 178 475
网格 5	11 847 471
网格 6	17 208 255

通过以上步骤，即可对另外两个无量纲间隙大小（$\tau = 0.1$、2.0）的 LES 空化算例进行网格划分。

2. LES 空化数值结果可靠性分析

一般来说，y^+ 应该小于 1，但是叶顶泄漏空化流动很难严格满足这一要求。如图 1-21 所示，三套网格的 y^+ 的最大值都在 5 左右，大部分水翼表面的 y^+ 都小于 2。因此，这三套网格在水翼表面周围的第一层网格高度基本满足 LES 要求。

图 1-22 对比了在某一典型时刻试验观测到的 TLV 空化和利用网格 3、5、6 三套网格预测得到的 TLV 空化形态。可以看到，与试验相比，网格 3 严重低估了 TLV 空化，其主要原因是网格 3 在 TLV 周围的分辨率过低。图 1-23 进一步给出了三套网格预测的时均轴向速度分布。可以看到，与试验数据相比，网格 3 低估了 TLV 涡心处的时均轴向速度，从而过高地预测了当地压力，抑制了 TLV 空化的发展。而网格 5 和 6 在 TLV 周围有较高的分辨率，其对涡心处时均轴向速度分布的预测得到了显著的改善，因而网格

5和6均能较好地预测TLV空化的发展。但是，需要注意的是，因为网格6的单元数量较多，会显著增加计算资源的消耗，所以网格5是更加合理的选择。

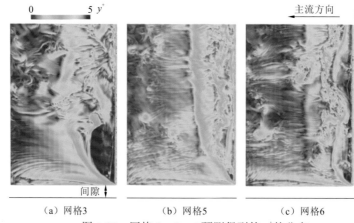

（a）网格3　　　　（b）网格5　　　　（c）网格6

图1-21　网格3、5、6预测得到的y^+的分布

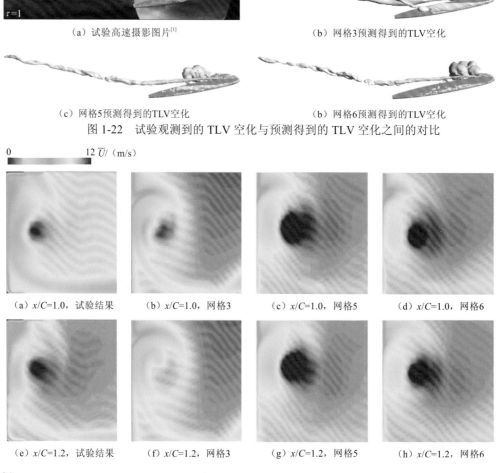

（a）试验高速摄影图片[1]　　　　　　　　　　（b）网格3预测得到的TLV空化

（c）网格5预测得到的TLV空化　　　　　　　　（b）网格6预测得到的TLV空化

图1-22　试验观测到的TLV空化与预测得到的TLV空化之间的对比

（a）x/C=1.0，试验结果　（b）x/C=1.0，网格3　（c）x/C=1.0，网格5　（d）x/C=1.0，网格6

（e）x/C=1.2，试验结果　（f）x/C=1.2，网格3　（g）x/C=1.2，网格5　（h）x/C=1.2，网格6

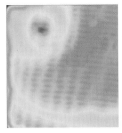  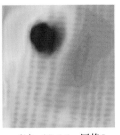 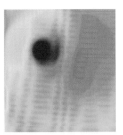

（i）x/C=1.5，试验结果　　　（j）x/C=1.5，网格3　　　（k）x/C=1.5，网格5　　　（l）x/C=1.5，网格6

图 1-23　试验得到的时均轴向速度和网格 3、5、6 预测的时均轴向速度的对比

$\overline{U}$ 为时均轴向速度；试验结果参见文献[1]

图 1-24 进一步给出了网格 5 预测的 TLV 空化时均形态和试验结果的对比。可以看到，网格 5 对 TLV 空化的时均形态已经可以进行较好的预测。表 1-8、表 1-9 分别给出了网格 5 预测的三个监测断面上涡心的无量纲化法向、展向位置。与试验结果相比，其最大的相对误差约为 3.6%，与试验结果吻合得很好。图 1-25 进一步给出了利用网格 5 计算得到的水翼压力面侧（x/C=0.25，z/C=0.75）湍流压力的功率谱密度，其斜率接近 $-7/3$，表明网格 5 很好地解析了湍流惯性子区的涡结构。

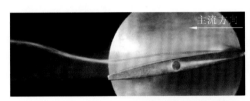

（a）试验结果　　　　　　　　　　　　（b）数值结果

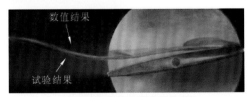

（c）试验与数值结果的重叠对比

图 1-24　网格 5 预测的 TLV 空化时均形态和试验结果的对比

表 1-8　网格 5 预测的三个监测断面上涡心的无量纲化法向位置 y/C

x/C	y/C（数值）	y/C（试验）	相对误差/%
1.0	0.150	0.141	0.9
1.2	0.202	0.183	1.9
1.5	0.267	0.303	3.6

表1-9 网格5预测的三个监测断面上涡心的无量纲化展向位置 *z/C*

x/C	z/C（数值）	z/C（试验）	相对误差/%
1.0	0.140	0.120	2.0
1.2	0.149	0.132	1.7
1.5	0.169	0.160	0.9

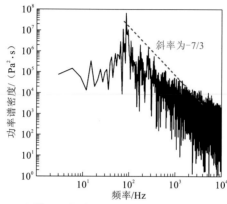

图1-25 网格5预测得到的压力面侧湍流压力的功率谱密度

以上这些分析表明，对于本书研究的TLV空化流动而言，网格5已经可以进行很好的预测，进一步增加网格量不能有效提高大涡空化模拟的精度。因此，本书选择利用网格5的生成方法，对另外两个无量纲间隙大小（即 $\tau=0.1$、2.0）进行网格划分，作为大涡空化模拟中最终使用的网格。

1.5 数值模拟的算例汇总

为了更好地与试验结果进行对比，以保证数值模拟结果的可靠性，本书在进行无空化模拟时选择的无量纲间隙大小与试验中测量的工况基本一致，即 $\tau=0.1$、0.2、0.3、0.4、0.5、0.7、1.0、1.5、2.0。在此基础上，本书还额外补充了 1.2、3.0、4.0 三个典型的无量纲间隙大小，以便更全面地反映TLV流动的演变特点，具体工况见表1-10。

表1-10 无空化流动模拟工况

试验参数	参数大小
攻角 $\alpha_0/$（°）	10
来流速度 $U_{-\infty}/$（m/s）	10
参考压力 $p_{-\infty}/$bar	1
无量纲间隙大小 τ	0.1、0.2、0.3、0.4、0.5、0.7、1.0、1.2、1.5、2.0、3.0、4.0

需要注意的是，由于空化流动的 LES 需要消耗大量的计算资源，本书选择了三个典型的无量纲间隙大小，即 τ=0.2、0.7、2.0，进行大涡空化模拟，其选择依据将在第 5 章进行具体解释，具体工况信息见表 1-11。

表 1-11 空化流动模拟工况

试验参数	参数大小
攻角 α_0/（°）	10
来流速度 U_∞/（m/s）	10
参考压力 p_∞/bar	1
无量纲间隙大小 τ	0.2、0.7、2.0

1.6 本章小结

本章主要介绍了本书研究的水翼模型及主要采用的试验和数值模拟方法，主要包括以下两个方面：①试验方面，主要包括研究中采用的瑞士洛桑联邦理工学院水洞试验平台及与其配套的观测装置，如空化图像采集装置、LDV 装置、力（矩）测量系统等，并对其各自的测量误差范围进行了讨论分析。基于该试验平台及以上观测装置，本书主要开展了"边界层厚度对 TLV 空化的影响"和"TLV 空化的抑制策略"两项试验研究。本章对其具体的试验步骤也进行了较为细致的介绍。②数值模拟方面，主要包括 LES 方法、S-S 空化模型、网格生成及细化策略、网格无关性分析等。在此基础上，对本书研究的具体工况进行了系统的数值计算，为后续的分析提供了充分的可信数据。

第 2 章

气核对涡空化的影响
及其模化方法

数值计算对梢涡空化，尤其是其初生过程的过低预报问题一直是梢涡空化研究中的一个难点问题。一方面，间隙涡的空化过程非常复杂，会显著受到气核、涡心处压力及其脉动等诸多因素的影响；另一方面，TLV 流动本身也涉及 TLV、TSV、诱导涡等旋涡结构的演变及其相互作用等复杂流动行为，进一步增大了对间隙涡空化研究的难度。为此，研究者也针对另一类梢涡空化，即椭圆翼梢涡空化，开展了大量的研究。椭圆翼梢涡空化保留了 TLV 空化的主要特征，两者均为由叶梢附近的梢涡诱发的空化，它们的初生、发展及溃灭过程都比较相似，但是由于椭圆翼特殊的几何结构，在叶梢附近仅存在梢涡，涡结构自身的演变过程比较简单，可以在很大程度上降低对其诱发的梢涡空化行为的研究难度。

为此，本书将先以椭圆翼的梢涡空化为研究对象，对梢涡附近的气核分布、涡心处压力及其脉动等因素的变化进行细致分析，揭示数值计算过低预报梢涡空化初生的原因，并提出相应的解决方案，提出一个新的空化模型，提高对椭圆翼梢涡空化的预报精度。在此基础上，利用该空化模型，对 TLV 空化进行精细化模拟，实现 TLV 空化的精确预报。

2.1 原始 S-S 空化模型在 TLV 空化中的适用性

图 2-1 和图 2-2 分别给出了无量纲间隙大小 τ 为 1.0、2.0 情况下典型时刻的间隙空化形态。可以看到，当无量纲间隙大小为 1.0 时，数值模拟结果很好地预报了间隙涡空化的发展；但是当无量纲间隙大小增大至 2.0 时，数值模拟结果严重低估了间隙涡空化的发展，试验中该处的间隙涡空化可以延伸至下游很长的一段距离，但是数值模拟结果仅在水翼随边附近有较小的空泡存在。应当注意的是，当无量纲间隙大小为 1.0 时，间隙涡的强度较大，间隙涡空化也比较强。但是当无量纲间隙大小较大时，如 $\tau=2.0$，间隙涡的强度较小，此时的间隙涡空化比较接近于间隙涡的空化初生阶段。这表明，现有的 S-S 空化模型会在很大程度上过低预报较弱的间隙空化的初生。

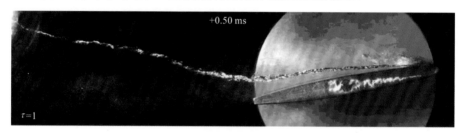

（a）试验结果[1]

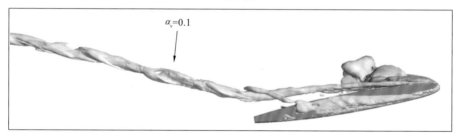

（b）数值模拟结果

图 2-1 试验和数值模拟结果对比，$\tau=1.0$

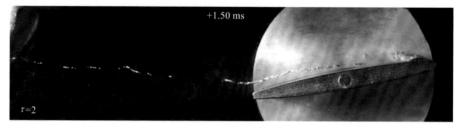

（a）试验结果[1]

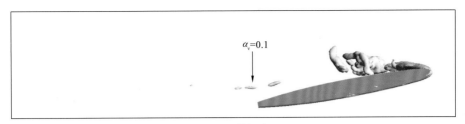

(b) 数值模拟结果

图 2-2　试验和数值模拟结果对比，$\tau = 2.0$

2.2　椭圆翼梢涡空化流动

正如本章引言中所述，TLV 流动本身也涉及 TLV、TSV、诱导涡等旋涡结构的演变及其相互作用等复杂流动行为，增大了对 TLV 空化研究的难度。而对于椭圆翼梢涡空化而言，其作为另一类常见的旋涡空化，基本保留了 TLV 空化的主要特征，但是其旋涡结构则要简单很多，有利于降低对旋涡类空化流动演变规律研究的难度。因此，在本章将绕椭圆翼的梢涡空化流动作为主要的研究对象。

2.2.1　计算域及计算设置

梢涡空化流动由根部弦长 $C = 60\ \text{mm}$ 的椭圆翼 NACA 16-020 产生，其截面轮廓也可由式（1-1）描述，其相应的常系数为

$$\begin{cases} a_0 = +0.197\,93 \\ a_1 = -0.047\,85 \\ a_2 = +0.008\,20 \\ a_3 = -0.111\,88 \\ b_0 = +0.002 \\ b_1 = +0.465 \\ b_2 = -0.684 \\ b_3 = +0.291 \end{cases} \tag{2-1}$$

计算域和边界条件如图 2-3 所示。攻角 α_0 设置为 12°，测试区段出口速度 U_∞ 设置为 10 m/s，入口总压由式（2-2）确定：

$$p_{\text{total}} = 0.5\rho_\text{l} U_\infty^2 (\sigma_0 + 1) + p_\text{v} \tag{2-2}$$

式中：$p_\text{v} = 3\,540\ \text{Pa}$，为饱和蒸汽压；$\sigma_0$ 为空化数，定义为

$$\sigma_0 = \frac{p_{-\infty} - p_\text{v}}{0.5\rho_\text{l} U_\infty^2} \tag{2-3}$$

其中：$p_{-\infty}$ 为参考压力。在本书中，$p_{-\infty}$ 为入口处静压，与试验设置相同。水翼表面设置为无滑移条件，试验段壁面设置为自由滑移条件。本书对三个空化数（$\sigma_0 = 3.0$、2.0、1.5）

下的流场进行了模拟,分别对应于试验中的无空化、梢涡空化初生和充分发展这三种工况。

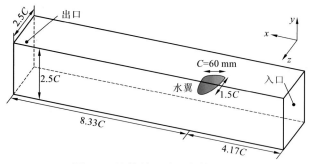

图 2-3 计算域及边界条件

所有空化模拟都利用 $k\text{-}\omega$ SST 湍流模型计算得到的稳态无空化结果进行初始化。对于空化工况(σ_0=2.0 和 1.5),采用 S-S 空化模型和 LES 方法进行求解,非定常求解器的时间步长设置为 10^{-4} s。对于无空化工况,所有设置都与空化工况相同,只是不激活空化模型。

2.2.2　网格生成及细化

为了生成质量较高的网格,本书采用了一种网格自动化生成算法,即 CutCell 笛卡儿网格生成算法。为了获得梢涡空化的精细结构,本书还采用了以下方法对网格进行细化:首先,生成一套基础网格 M0,节点数量为 1319700。其次,对一个包含水翼和梢涡区域(区域#1)的网格进行细化(细化#1),生成一套细化网格 M1。利用 M1 进行稳态无空化计算,从而得到梢涡的位置。再次,划出一个离梢涡更近的圆柱形区域(区域#2),如图 2-4 所示,其直径大概是实测涡核直径的 6 倍,这样就确保了梢涡总是在区域#2 内发展演变。最后,细化区域#2 内的网格(细化#2),生成一套新的细化网格 M2,利用 M2 进行无空化 LES。但是,对比 LES 数值计算结果与实测数据发现,梢涡的强度仍存在一定程度的低估。因此,分两步进一步细化梢涡附近的网格(细化#3 和#4),分别生成细化网格 M3 和 M4。表 2-1 列出了每套网格的节点数量。图 2-5 展示了 M4 在水翼周围和 x/C=2.0 处的网格。可见,梢涡周围的网格都得到了很好的细化,绝大部分单元具有较高的质量,有利于计算收敛。对于以上所有网格,水翼表面附近的单元都细化良好,满足 LES 对第一层单元厚度的要求。

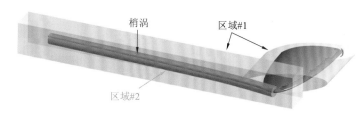

图 2-4 网格细化的区域划分

表 2-1　M0~M4 的节点数量

网格	节点数量
M0	1 319 700
M1	2 266 223
M2	5 713 383
M3	9 320 284
M4	11 872 311

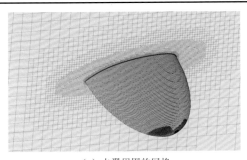 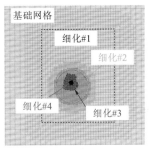

（a）水翼周围的网格　　　　　　　（b）网格细化

图 2-5　水翼周围和 $x/C = 2.0$ 处的网格

2.3　原始 S-S 空化模型对梢涡空化的预报

2.3.1　无空化条件下的梢涡特性

图 2-6 以等值面 $Q = 10^6 \, s^{-2}$ 显示出了 M1~M4 预测得到的叶顶附近的涡结构。可以看出，网格分辨率对梢涡预测有显著影响，提高网格分辨率可以捕捉到更多的旋涡结构细节。

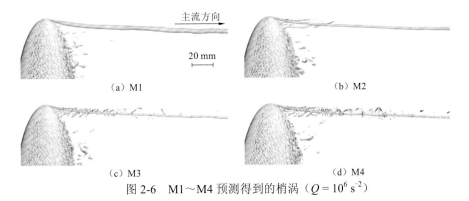

（a）M1　　　　　　　　　　　　　（b）M2

（c）M3　　　　　　　　　　　　　（d）M4

图 2-6　M1~M4 预测得到的梢涡（$Q = 10^6 \, s^{-2}$）

图 2-7 将无空化条件下 M1~M4 计算所得的梢涡周围时均切向速度 $\bar{v}_\theta$ 随径向坐标 r 的变化情况与试验数据进行了对比。可以看到，网格分辨率最低的 M1 严重低估了时均切向速度，进而高估了涡核尺寸。M2 分辨率高一些，可以更好地预测时均切向速度和涡核尺寸。M3 和 M4 在梢涡周围有足够的网格分辨率，其数值结果与试验数据吻合得

最好。M3 和 M4 可以很好地预测时均切向速度和涡核尺寸，表明 M3 和 M4 应该也可以很好地预测梢涡周围的压力，这对于预测梢涡空化是非常重要的。M4 会导致计算成本的急剧增加，因此本章在后面将使用 M3 进行数值模拟。

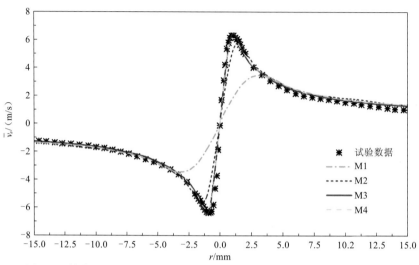

图 2-7　数值时均切向速度和试验时均切向速度的对比（$x/C = 2.0$，$\sigma_0 = 3.0$）

2.3.2　原始 S-S 空化模型预测的梢涡空化

图 2-8 给出了预测的梢涡空化，对应于空化初生（$\sigma_0 = 2.0$）和充分发展的空化（$\sigma_0 = 1.5$），同时给出了在相同条件下的试验结果。可以看到，数值模拟明显低估了两种条件下的空化发展。在 $\sigma_0 = 1.5$ 条件下，试验观测的梢涡空化充分发展，而数值结果中却只有断断续续的空化。

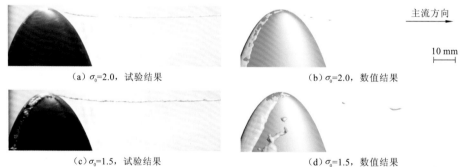

（a）$\sigma_0 = 2.0$，试验结果　　　　　　（b）$\sigma_0 = 2.0$，数值结果

（c）$\sigma_0 = 1.5$，试验结果　　　　　　（d）$\sigma_0 = 1.5$，数值结果

图 2-8　预测的梢涡空化与试验结果[1]的对比

由于 S-S 空化模型对当地压力非常敏感，有必要了解涡核附近的当地时均压力及压力脉动。需要注意的是，由于梢涡的不断摆动，很难捕捉涡核处的压力变化，故本书对分别位于 $x/C = 1.0$、1.5 和 2.0（图 2-9）的三个圆形截面内的最小压力进行了监测。这三个截面的半径 R_m 设置为 $0.33C$，以确保无论梢涡如何摆动黏性涡核始终位于截面之内。结果如图 2-10 和图 2-11 所示，分别对应 $\sigma_0 = 2.0$ 和 1.5。$\sigma_0 = 2.0$ 条件下，最低压力 p_min 总是比 p_v

高，但是 $\sigma_0 = 1.5$ 时则不是这样，$p_{\min}$ 间歇性地达到 p_v，导致了涡核内短时空化的形成，$\bar{p}_{\min}$ 为各圆形截面上最低压力的时均值。

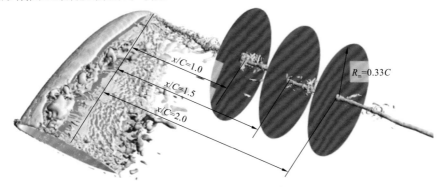

图 2-9　监测截面示意图

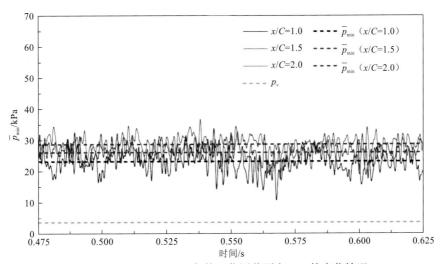

图 2-10　$\sigma_0 = 2.0$ 条件下监测截面上 $\bar{p}_{\min}$ 的变化情况

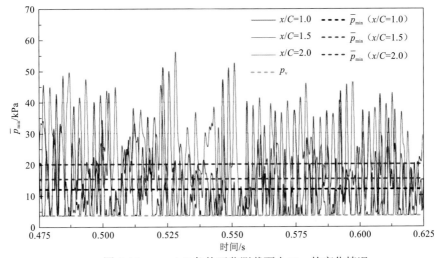

图 2-11　$\sigma_0 = 1.5$ 条件下监测截面上 $\bar{p}_{\min}$ 的变化情况

2.4　不可凝结气体对梢涡空化的影响

从 2.3 节可以看到，即便在对梢涡的速度分布及压力分布进行较为精确求解的基础上，模拟结果依然显著低估了梢涡空化的强度。实际上，已经有大量文献[9-11]指出，水体中的不可凝结气体对梢涡空化具有显著的影响，但是原始 S-S 空化模型忽略了这一影响，这可能是梢涡空化模拟结果与试验结果存在较大差异的主要原因。与其他类型的空化不同，由于梢涡固有的压力梯度，其具有很强的吸引气核到其涡核的能力，如图 2-12 所示。为了捕捉这种效应，本书采用了离散相模型（discrete phase model，DPM）对水体中不可凝结气泡的迁移进行了模拟。在 DPM 中，每个气泡的加速度可以表示为

$$\frac{\mathrm{d}u_{\mathrm{g}}}{\mathrm{d}t} = a_{\mathrm{d}}(u - u_{\mathrm{g}}) + \frac{g(\rho_{\mathrm{g}} - \rho_{\mathrm{l}})}{\rho_{\mathrm{g}}} + a_{\mathrm{s}} \tag{2-4}$$

式中：u_{g} 为单个气泡的速度；u 为水体的速度；g 为重力加速度；ρ_{g} 为常压下的空气密度。式（2-4）中等号右边第一项为单位质量阻力，其中 a_{d} 的定义为

$$a_{\mathrm{d}} = \frac{9u_{\mathrm{l}}}{2\rho_{\mathrm{g}}R_{\mathrm{g0}}^2}\frac{C_{\mathrm{d}}Re}{24} \tag{2-5}$$

u_{l} 为液相速度，R_{g0} 为不可凝结气泡半径，C_{d} 为阻力系数，Re 为基于微分速度的雷诺数。式（2-4）中等号右边第二项代表重力的影响，可忽略。式（2-4）中等号右边最后一项是附加加速度，在本书中，该项表示压力梯度，可写为

$$a_{\mathrm{s}} = \frac{-1}{\rho_{\mathrm{g}}}\nabla p \tag{2-6}$$

式中：∇ 为哈密顿算子。

图 2-12　梢涡周围的压力梯度引起的气泡迁移

显然，任何考虑不可凝结气体的空化模拟都需要知道初始气体含量。空气可能以溶解的形式存在于水中，也可能以不同大小的气核的形式存在于水中。通常而言，只有不可凝结气核才会对空化有影响。此外，从文献[10, 12-13]可以看出，水体中气体含量的试验测量仍然是一项具有挑战性的任务。根据 Yakubov 等[12]、Chen 等[10]和 Pang 等[13]的独立测量，水中气核的浓度为 $2.76 \times 10^{-5} \sim 5.38 \times 10^{-5}$ kg/m³。在接下来的数值模拟中，假设不可凝结气体的初始浓度 C_{g0} 为 5×10^{-5} kg/m³，其对梢涡空化的影响将在 2.6 节详细讨论。该值与总气体浓度 8×10^{-3} kg/m³（1 atm①，21 ℃）相比非常小，这也表明大部分

---

① 1 atm = 1.013 25 × 10⁵ Pa。

气体是以溶解的形式存在于水中的。显然，除了气核向涡核迁移外，溶解气体还可以通过质量扩散运动至涡核。但是，一般而言，这种扩散过程相当缓慢，可以忽略不计。此外，气核的实际尺寸往往在一个很大的范围内变化。但是为了简单起见，本书假设所有气核都具有相同的尺寸（$R_{g0}=20\ \mu m$），该值可以认为是已公布数据的平均值。在 DPM 中，不可凝结气泡始终保持球形，不相互融合，也不膨胀。

如图 2-13 所示，气泡均匀地从一个位于叶顶上游 $0.83C$ 处的圆形截面（半径为 $0.33C$）释放，其初始速度和来流速度 $U_{\infty}=10$ m/s 一致。气核模拟以原始的 S-S 空化模型（$\sigma_0=2$）计算得到的结果为初始数据。图 2-14（a）展示了梢涡周围以当地的气体浓度着色的气泡。可以很清楚地看到，梢涡周围的气体浓度很高。图 2-14（b）是在 $x/C=2.0$ 截面处的气体浓度分布。从图 2-14 中可以看出，涡核内气体浓度显著增大，高达 5×10^{-3} kg/m³，是初始气体浓度的 100 多倍。尽管该结论基于一些假设和简化，但目前的结果依然足够说明气体含量对梢涡空化的重要性。

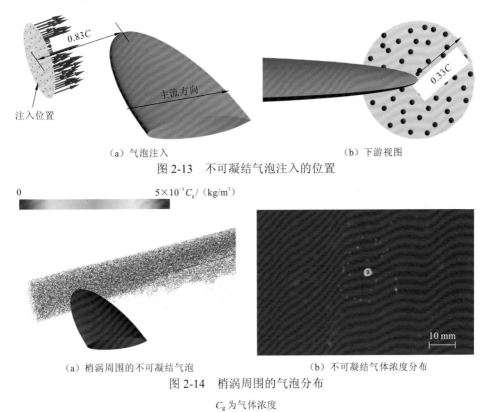

（a）气泡注入　　　　　　　　　　（b）下游视图

图 2-13　不可凝结气泡注入的位置

0　　　　　　$5\times10^{-3}\ C_g/$（kg/m³）

（a）梢涡周围的不可凝结气泡　　　　　　（b）不可凝结气体浓度分布

图 2-14　梢涡周围的气泡分布

C_g 为气体浓度

2.5　考虑气核效应的欧拉-拉格朗日空化模型

为了考虑不可凝结气体对空化过程的影响，本书提出了一个基于欧拉-拉格朗日耦合方法的新空化模型。图 2-15 为在任意一个单元内蒸汽泡和不可凝结气泡融合过程的示意图。

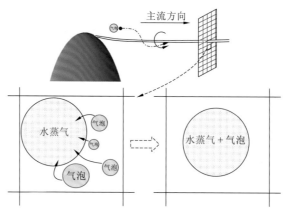

图 2-15 梢涡空化流动中蒸汽泡和不可凝结气泡的融合过程

在该空化模型中，简化后的 Rayleigh-Plesset 方程为

$$\frac{3}{2}\rho_1\left(\frac{\mathrm{d}R_\mathrm{b}}{\mathrm{d}t}\right)^2 = p_\mathrm{v} + p_\mathrm{g} - p \tag{2-7}$$

式（2-7）中的分压项考虑了不可凝结气体的贡献。融合泡内的压力 p_b 可以定义为

$$p_\mathrm{b} = p_\mathrm{v} + p_\mathrm{g} \tag{2-8}$$

现在问题就是如何计算 p_b。在初始条件下，假设气泡处于平衡状态，那么每个气泡内气体的分压需要满足如下方程：

$$p_{-\infty} = p_\mathrm{v} + p_{gi0} - \frac{2S_0}{R_{gi0}} \tag{2-9}$$

式中：$p_{-\infty}$ 为参考压力；下标 i 是气泡指数，0 代表初始状态，p_{gi0} 表示不可凝结气泡在初始状态下的压力，R_{gi0} 表示不可凝结气泡在初始状态下的半径。式（2-9）等号右边的最后一项代表表面张力的影响。应当指出的是，为了简化计算，本书在模拟中假设所有气核的半径均一致，为 20 μm。对于该尺寸大小的气泡而言，表面张力项带来的压力仅为参考压力 $p_{-\infty}$ 的 7%左右，影响较小，因而本书忽略了该项的影响。一般来说，p_v 比 $p_{-\infty}$ 要小很多，所以 p_v 也被略去。因此，式（2-9）可以写成如下形式：

$$p_{gi0} = p_{-\infty} \tag{2-10}$$

当一个气泡靠近涡核时，随着泡外周围压力的降低，泡内压力也降低，半径增大。新的平衡状态下有如下方程：

$$p_{gi1} = p \tag{2-11}$$

$$R_{gi1} = R_{gi0}\sqrt[3\gamma]{\frac{p_{gi0}}{p_{gi1}}} \tag{2-12}$$

式中：p 为当地压力；$\gamma = 1.4$，为热容比。然后，就可以得到每个单元内气泡的总体积：

$$V_{\mathrm{gtotal}} = \sum_{i=1}^{n}\frac{4}{3}\pi R_{gi1}^3 \tag{2-13}$$

这些在每一个单元内的微气泡可以视为一个单一的气泡，其压力和半径由式（2-14）、式（2-15）确定：

$$p_{g2} = p \tag{2-14}$$

$$R_{g2} = \sqrt[3]{\frac{3V_{gtotal}}{4\pi}} \tag{2-15}$$

假设每个单元内的蒸汽体积为 V_{vapor}，与气泡的处理相似，蒸汽空化也可以视作一个蒸汽泡，其内压力为 p_v，半径定义为

$$R_v = \sqrt[3]{\frac{3V_{vapor}}{4\pi}} \tag{2-16}$$

如果气泡和蒸汽泡的体积与网格单元体积相比足够大，那么这两个泡将合并为一个融合泡。当 R_v 大于 R_{g2} 时，融合过程可看作气泡融入蒸汽泡。在此过程中，假设蒸汽泡的尺寸保持不变，可以得到新泡中气体的分压：

$$p_{g3} = p_{g2}\left(\frac{R_{g2}}{R_v}\right)^{3\gamma} \tag{2-17}$$

然后，得到融合泡内的压力 p_b：

$$p_b = p_v + p_{g3} \tag{2-18}$$

如果 R_v 比 R_{g2} 小，融合过程可看作蒸汽泡融入气泡，最终融合泡内的压力为

$$p_b = p_{g2} + p_v\left(\frac{R_v}{R_{g2}}\right)^{3\gamma} \tag{2-19}$$

在空化模拟中，蒸汽分压和不可凝结气体分压之和 p_b（不仅仅是蒸汽分压）返回给求解器。最终，新空化模型里的质量源项定义如下：

$$\begin{cases} \dot{m}^+ = \dfrac{3\alpha_v(1-\alpha_v)}{R_b}\dfrac{\rho_v\rho_l}{\rho_m}\sqrt{\dfrac{2}{3}\dfrac{|p_b-p|}{\rho_l}} & , \ p < p_b \\[4mm] \dot{m}^- = -\dfrac{3\alpha_v(1-\alpha_v)}{R_b}\dfrac{\rho_v\rho_l}{\rho_m}\sqrt{\dfrac{2}{3}\dfrac{|p_b-p|}{\rho_l}} & , \ p \geqslant p_b \end{cases} \tag{2-20}$$

图 2-16 给出了新空化模型详细的计算过程。在每个时间步长内，最多迭代 40 次，用欧拉法得到全局流场，在此过程中，每 10 次迭代后模拟一次气泡运动，用拉格朗日法得到当地气泡分布。然后，利用式（2-10）～式（2-19）计算当地总泡内压力 p_b，再传给新空化模型计算当地质量输运。需要注意的是，如果气泡和蒸汽泡的尺寸比网格单元要小很多，那么它们的融合过程很难发生。因此，在本书中，只有当气泡和蒸汽泡的总体积达到当地网格单元体积的 1/1 000 时，修正才会被激活，否则将使用原始的 S-S 空化模型。

需要注意的是，在气体浓度较低的区域，这种新空化模型会自动退化为原始空化模型。假设当地气体浓度是初始值 $C_{g0} = 5.0 \times 10^{-5}$ kg/m^3，当地蒸汽体积分数 α_v 为 0.1，那么根据式（2-8）～式（2-19）计算得到的不可凝结气体分压大约为 1.85 Pa，随着 α_v 的增大，该值还会进一步降低。这说明新空化模型中所做的修正不会影响低气体浓度区域的空化流动预测。

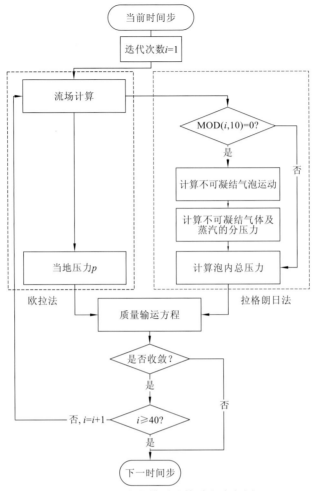

图 2-16　新空化模型计算过程流程图

2.6　新空化模型预测的椭圆翼梢涡空化

　　根据 2.5 节的讨论，在新空化模型中液体中的初始气体浓度是一个很重要的参数。为此，本书测试了在 $\sigma_0 = 2.0$ 条件下，三个不同的初始气体浓度（$0.4C_{g0}$、$1.0C_{g0}$、$1.6C_{g0}$）对梢涡空化预测的影响，其中 $C_{g0} = 5 \times 10^{-5}$ kg/m³。图 2-17 给出了该工况下用不同初始气体浓度预测得到的梢涡空化，同时给出了试验结果作为对比。可以看到，初始气体浓度为 $0.4C_{g0}$ 时，梢涡空化仍被低估了。随着初始气体浓度的升高，预测的空化变强。当初始气体浓度高于 $1.6C_{g0}$ 时，梢涡空化被高估了。当初始气体浓度为 $1.0C_{g0}$ 时，预测的梢涡空化最佳。因此，在此算例中本书推荐使用这一大小。在 $\sigma_0 = 1.5$ 条件下也用该值进行了模拟，如图 2-18 所示，可见预测的梢涡空化与试验结果吻合得较好。数值模拟结果表明，本书提出的新空化模型能很好地预测梢涡空化，对梢涡空化的数值研究具有重要的参考价值。

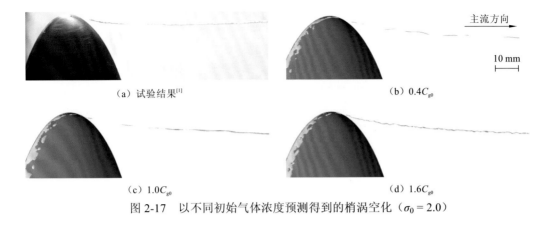

(a) 试验结果[1]　　　　　　　　　　(b) 0.4C_{g0}

(c) 1.0C_{g0}　　　　　　　　　　(d) 1.6C_{g0}

图 2-17　以不同初始气体浓度预测得到的梢涡空化（$\sigma_0 = 2.0$）

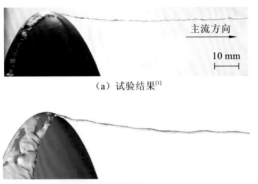

(a) 试验结果[1]

(b) 数值结果，1.0C_{g0}

图 2-18　以初始气体浓度 1.0C_{g0} 预测的梢涡空化（$\sigma_0 = 1.5$）

2.7　新空化模型预测的 TLV 空化

应用上述新空化模型，本书对 TLV 空化流动进行了一系列的数值计算与分析。图 2-19、图 2-20 分别给出了无量纲间隙大小为 2.0 情况下气核在叶顶间隙附近和三个典型截面上的浓度分布情况。可以看到，受 TLV 和 TSV 的影响，叶顶间隙附近的气核在涡心处迅速富集，当地气核的浓度显著高于周围的其他区域。气核的这种富集现象显然会对间隙涡空化产生显著的影响。原始的 S-S 空化模型未能将气核的这一行为考虑在内，因而其低估了间隙涡空化的强度。

图 2-21 给出了无量纲间隙大小为 2.0 情况下应用新空化模型预测的瞬态、时均结果和试验的对比。可以看到，新空化模型在将气核效应对 TLV 空化的影响考虑在内后，显著改善了间隙涡空化的预报精度，对间隙涡空化的发展可以进行高精度的预报。

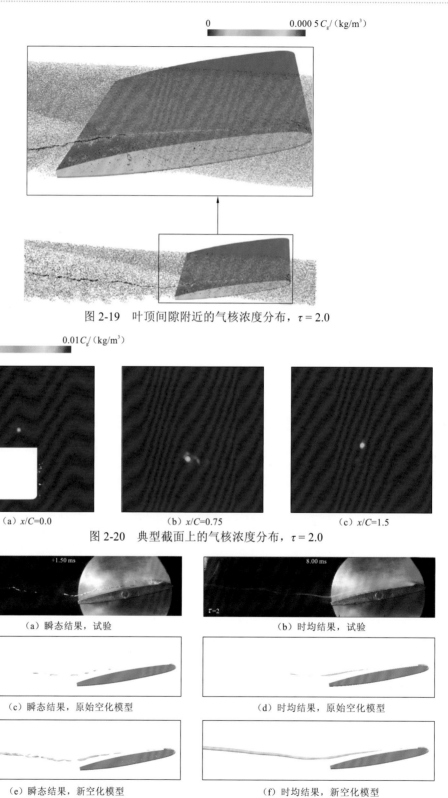

图 2-19　叶顶间隙附近的气核浓度分布，$\tau = 2.0$

（a）$x/C=0.0$　　　　（b）$x/C=0.75$　　　　（c）$x/C=1.5$

图 2-20　典型截面上的气核浓度分布，$\tau = 2.0$

（a）瞬态结果，试验　　　　　　　　　　（b）时均结果，试验

（c）瞬态结果，原始空化模型　　　　　　（d）时均结果，原始空化模型

（e）瞬态结果，新空化模型　　　　　　　（f）时均结果，新空化模型

图 2-21　试验与数值结果对比，$\tau = 2.0$

2.8　本章小结

　　空化模型在 TLV 空化的预报中具有十分重要的地位。本章首先评价了原始空化模型在 TLV 空化流动中的适用性。结果表明，原始空化模型在很大程度上会低估 TLV 空化的强度，尤其是对于强度较弱的 TLV 空化。在对梢涡空化流场的速度、压力、不可凝结气体分布等参数进行深入分析后，本书发现原始空化模型低估 TLV 空化、梢涡空化的主要原因是其忽略了涡心处不可凝结气体的影响。

　　为此，本章提出了一个考虑气核效应的欧拉-拉格朗日空化模型。该模型利用 DPM 对水体中的不可凝结气体进行追踪，以获得流场中不可凝结气体的分布。在此基础上，运用气体状态方程及气体分压定理，细致考虑了涡心处不可凝结气体对旋涡空化过程的影响，对其进行了定量评估，并将该影响考虑到相间质量输运方程之中，形成了一个考虑气核效应的欧拉-拉格朗日空化模型。结果表明，欧拉-拉格朗日空化模型对梢涡空化、TLV 空化均能进行很好的预报，显著提高了旋涡空化的预报精度，可为今后此类流动的数值研究提供有力支持。

第 3 章

平直水翼 TLV 流动特性

TLV 空化的发生及发展显著受到其旋涡结构演变行为的影响，如旋涡强度、旋涡半径、水体中气核的分布等，研究无空化时 TLV 的流动特性对理解当地空化的行为具有重大意义。因此，本章将以无空化时的 TLV 流动为研究对象，深入分析其演变特性及流动机制。

具体而言，本章将首先分析典型间隙大小下 TLV 的结构特征，建立起对不同间隙大小下 TLV 流动特点的总体认知。然后，本章还将细致比较不同涡模型对 TLV 周围切向速度分布的拟合的准确程度，以寻求拟合效果最佳的涡模型，作为后面描述 TLV 周围切向速度分布的理想数学模型。在此基础上，本章将深入分析 TLV 半径的影响因素及其预报方法，建立 TLV 环量预报框架，获得 TLV 涡心的气核浓度分布规律，并揭示其背后的流动机理，为促进人们对 TLV 流动规律及机制的认识与理解提供重要参考。

3.1 TLV 的演变特性

本节将详细介绍三个典型无量纲间隙大小（$\tau=2.0$、0.7 和 0.2）下 TLV 的演变特性，建立起对不同间隙大小下 TLV 流动特点的总体认知。在此基础上，本节还将根据其发展特点将本书所讨论的所有间隙划分为大间隙、中等间隙及小间隙三组，以方便后续的讨论。

应当指出的是，在无空化发生时，由于旋涡与旋涡之间、旋涡与壁面之间存在着相互作用，当地流动会自发地具有一定的非定常性。但是，这种非定常性程度较弱，不会在宏观层面上改变 TLV 流动的行为，依然可以将该流动视为准稳态流动。因此，在本节中，有关旋涡结构的讨论及展示均提取自数值模拟结果中的某一个瞬时数据。

3.1.1 TLV 演变特性，$\tau = 2.0$

当间隙较大时，壁面距离水翼叶顶附近的 TLV、TSV 等旋涡较远，因而对其影响也较小。此外，当间隙较大时，受 TLV、TSV 影响产生的诱导涡也较弱。因此，大间隙情况下，叶顶间隙处的旋涡结构相对而言更为简单。图 3-1 给出了当无量纲间隙大小 $\tau=2.0$ 时某个典型时刻叶顶间隙附近的旋涡结构（$Q=5\times10^5\ \mathrm{s}^{-2}$）。

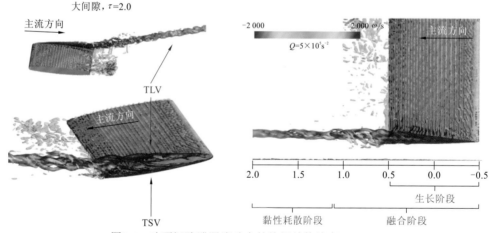

图3-1　叶顶间隙泄漏流动中的旋涡结构演变，$\tau = 2.0$

为了方便区分涡结构的旋转方向，该等值面的颜色表示当地流向涡量 ω_x 的大小：

$$\omega_x = \frac{\mathrm{d}u_z}{\mathrm{d}y} - \frac{\mathrm{d}u_y}{\mathrm{d}z} \tag{3-1}$$

式中：u_y、u_z 分别为当地 y 和 z 方向的流速。

在本书中，TLV 携带的涡量为正值，即 $\omega_x>0$。从图 3-1 中可以看到，TLV 在水翼导边附近的叶梢处开始形成，在主流和泄漏流的共同作用下，在水翼吸力面的叶顶附近逐渐生长。与此同时，在靠近水翼压力面的叶顶端面上，TSV 也在逐渐生长，并在泄漏流的作用下逐渐向水翼吸力面运动，随后被水翼吸力面的 TLV 卷吸并缠绕在 TLV 周围，并逐渐融入 TLV，成为 TLV 的一部分，一起向下游运动。此时，壁面距离 TLV 和 TSV 均较远，壁面附近的诱导涡结构较弱，基本可以忽略。

根据 TLV 和 TSV 的发展特点，本书将该间隙下 TLV 的演变分为三个阶段，即生长阶段、融合阶段和黏性耗散阶段，如图 3-1 所示。其中，生长阶段是指由不同流向位置处水翼升力的持续作用引起的 TLV 不断生长的过程，该阶段的持续范围为水翼导边至水翼尾边。此外，从图 3-1 中可以看到，在该阶段 TLV 的半径也存在较为明显的增长。融合阶段是指 TLV 和 TSV 的融合过程。由于 TLV 和 TSV 的旋转方向相同，在缠绕过程中 TSV 会逐渐融入 TLV，成为后者的一部分。该过程不但会增大 TLV 的强度和半径，而且会在一定程度上引起 TLV 的摆动。值得指出的是，融合过程在 TLV 与 TSV 形成后不久就会开始，一直到水翼尾边下游才彻底完成。因此，融合阶段的范围一般包含完整的生长阶段，并延续至水翼下游约 50% 弦长处。融合完成后，TLV 的行为逐渐趋于稳定，趋向于形成较为规整的旋涡结构。由于流体的黏性作用，在该阶段 TLV 的半径会略微有所增大。但是由于 TLV 远离壁面，基本没有外力作用，其总体的环量/涡通量变化很小。应当指出的是，虽然周围流体的黏性耗散作用一直存在，但是相对于水翼的升力作用及 TLV 与 TSV 的融合作用而言，其对 TLV 的影响很弱，因此在本书中被忽略。相应地，本书认为黏性耗散阶段自融合阶段结束处开始，一直持续到下游无穷远处。

3.1.2　TLV 演变特性，$\tau = 0.7$

随着间隙的减小，壁面的影响逐渐显现。图 3-2 给出了 $\tau=0.7$ 下某个典型时刻叶顶间隙附近的旋涡结构。可以看到，该间隙大小下当地旋涡结构与大间隙下的旋涡结构最为显著的不同为壁面附近产生的诱导涡。诱导涡是 TLV 或 TSV 在壁面上诱导形成的旋涡结构，其旋转方向与 TLV、TSV 相反，因此在图 3-2 中其颜色一般为蓝色、绿色。当间隙较小时，壁面距 TLV、TSV 较近，受 TLV、TSV 的影响，壁面的边界层会被卷起，并形成新的旋涡结构，此即诱导涡。通常而言，相比于 TLV，诱导涡的强度较小，因此在 TLV、TSV 的诱导速度作用下，诱导涡会缠绕在 TLV 周围，并引起 TLV 的摆动。但是由于诱导涡和 TLV、TSV 的旋转方向不同，诱导涡不会与后两者融合，而是一直缠绕在其外围。尽管如此，诱导涡依然会对 TLV 的强度产生重大影响。Leweke 等[14]就曾指出，壁面诱导涡会显著加快旋涡的耗散。因此，针对该间隙大小的叶顶间隙泄漏流动，本书在对其旋涡的演变阶段进行划分时，除了较大间隙下的生长阶段和融合阶段外，还定义了一个诱导涡耗散阶段，如图 3-2 所示。对于该间隙而言，该阶段一般自水翼的尾边附近开始，其延伸范围与间隙大小、TLV 环量等因素有关。应当注意的是，尽管在图 3-2 中没有标出黏性耗散阶段，但是随着 TLV 环量的不断减小，在下游某处将会难以继续产生诱导涡，此时就会进入黏性耗散阶段。

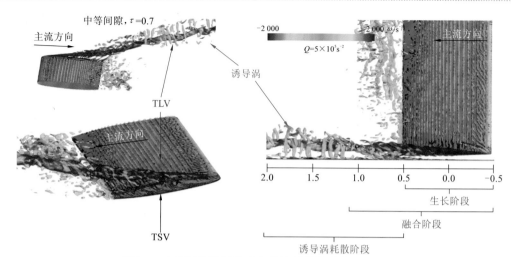

图3-2 叶顶间隙泄漏流动中的旋涡结构演变，$\tau = 0.7$

3.1.3 TLV 演变特性，$\tau = 0.2$

随着间隙的进一步减小，壁面的影响愈加突出。图 3-3 给出了 $\tau=0.2$ 下某个典型时刻叶顶间隙附近的旋涡结构。可以看到，由于此时壁面距离叶顶很近，诱导涡的出现进一步提前，在水翼的中部就已经可以观察到明显的诱导涡结构，这会在很大程度上削弱 TLV 的强度。实际上，从图 3-3 中可以看到，TLV 在水翼的前半段还维持着其正常的结构，但是在水翼的后半段，其形态已经受到了诱导涡的显著影响。在水翼尾边附近，其主体结构基本已经被瓦解，破碎为一系列较小的旋涡结构。与 $\tau=0.7$ 类似，诱导涡与泄漏涡的旋转方向相反，因此两者不会发生融合，但是其相互作用也会显著影响泄漏涡的行为。根据 Leweke 等[14]的理论分析，当两个旋转方向不同的旋涡距离较近时，其相互作用将会诱发旋涡结构的长波不稳定性及短波不稳定性。相比于泄漏涡，诱导涡的强度较小，因而诱导涡演变受其影响更为剧烈，但是该不稳定性也会对泄漏涡的行为产生较为明显的影响。实际上，该不稳定性正是泄漏涡在间隙较小时涡心产生明显波动的主要原因之一。受该过程的持续影响，泄漏涡的结构逐渐被破坏，并被一系列小旋涡取代。此外，图 3-3 也表明，在该间隙大小下诱导涡耗散阶段的起点进一步提前，大约在水翼的中部位置。与 $\tau=0.7$ 不同的是，由于壁面诱导涡的耗散作用，TLV 的强度在下游很快衰减，这反过来又会抑制诱导涡的进一步产生。因此，从图 3-3 中可以看到，从 $x/C=1.7$ 附近起，壁面的诱导涡基本不再产生，诱导涡耗散阶段结束。但是，由于此时壁面太近，TLV 会与壁面存在一定的摩擦效应，引起 TLV 环量的进一步减小，该阶段即摩擦耗散阶段。

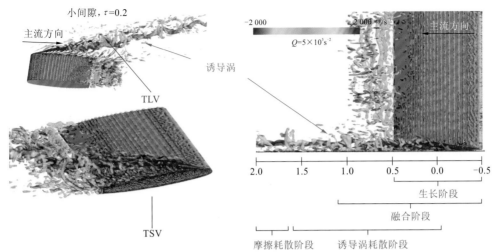

图3-3 叶顶间隙泄漏流动中的旋涡结构演变，$\tau = 0.2$

3.1.4 间隙范围的划分及其依据

通过 3.1.1～3.1.3 小节的讨论，可以发现间隙的大小对 TLV 的演变产生显著的影响，进而影响其结构的特征参数（如强度、半径、气核分布等），并最终影响 TLV 空化的强度及其行为。

因此，为了便于讨论，本书根据 TLV 发展阶段的不同，将本书中数值计算涉及的 12 个无量纲间隙大小（$\tau=0.1$～4.0，具体无量纲间隙大小见表 1-10）分为如下三组。

（1）大间隙，$\tau=1.5$～4.0，壁面影响基本可以忽略，TLV 的发展阶段主要包括生长阶段、融合阶段、黏性耗散阶段。

（2）中等间隙，$\tau=0.5$～1.5，壁面影响不可忽略，TLV 的发展阶段主要包括生长阶段、融合阶段、诱导涡耗散阶段，其中诱导涡耗散阶段一般自水翼尾边处开始。

（3）小间隙，$\tau=0.1$～0.5，壁面影响显著，TLV 的发展阶段主要包括生长阶段、融合阶段、诱导涡耗散阶段、摩擦耗散阶段，其中诱导涡耗散阶段一般在水翼尾边上游就已经开始。

应当指出的是，本书对间隙大小进行以上分组，主要是为了便于后面讨论，其流动机制并不一定具有显著的差别。

3.2 常见涡拟合模型及其适用性评估

通常而言，涡模型被用来描述涡周围的速度分布。当流体的体积力可以忽略时，对于轴对称的不可压缩流动而言，其 Navier-Stokes 方程可以简化为

$$\begin{cases} \dfrac{\partial v_r}{\partial t} + v_r\dfrac{\partial v_r}{\partial r} + v_z\dfrac{\partial v_r}{\partial z} - \dfrac{v_\theta^2}{r} = -\dfrac{1}{\rho}\dfrac{\partial p}{\partial r} + \upsilon\left(\nabla^2 v_r - \dfrac{v_r}{r^2}\right) \\[2mm] \dfrac{\partial v_\theta}{\partial t} + v_r\dfrac{\partial v_\theta}{\partial r} + v_z\dfrac{\partial v_\theta}{\partial z} + \dfrac{v_\theta v_r}{r} = \upsilon\left(\nabla^2 v_\theta - \dfrac{v_\theta}{r^2}\right) \\[2mm] \dfrac{\partial v_z}{\partial t} + v_r\dfrac{\partial v_z}{\partial r} + v_z\dfrac{\partial v_z}{\partial z} = -\dfrac{1}{\rho}\dfrac{\partial p}{\partial z} + \upsilon\nabla^2 v_z \end{cases} \tag{3-2}$$

式中：υ 为流体运动黏度；r、θ、z 分别为三个坐标轴；v_r、v_θ、v_z 为各坐标轴对应的速度分量。该流动的连续性方程为

$$\frac{1}{r}\frac{\partial(rv_r)}{\partial r} + \frac{\partial v_z}{\partial z} = 0 \tag{3-3}$$

在垂直于该旋涡转轴的平面上，边界条件应满足：①当 $r=0$ 时，$v_r=v_\theta=0$，$\partial p/\partial r=0$；②当 $r\to\infty$ 时，$v_r\to 0$，$v_\theta\to 0$。由于式（3-2）和式（3-3）很难得到通解，研究者基于不同的假设，提出了多种涡模型。本书将简要介绍其中最为常见的几种模型，并对比各模型在 TLV 中的适用性。

1. Rankine 涡模型

Rankine 涡模型是人们最为熟知的涡模型之一。该模型假设 $v_r=v_z=0$，且将涡核内部（$r\leqslant r_c$）的流动视为刚体旋转，涡核外部（$r>r_c$）则视为无旋流动，即

$$v_\theta(r) = \begin{cases} \dfrac{\Gamma}{2\pi r_c^2}r, & r\leqslant r_c \\[2mm] \dfrac{\Gamma}{2\pi r}, & r>r_c \end{cases} \tag{3-4}$$

式中：Γ 为涡的环量；r_c 为涡半径，即切向速度最大值处到旋涡转轴的距离。Rankine 涡模型预测的涡量分布在 r_c 处存在突变，与实际情况相差较大，因而实际上该模型使用得较少。

2. Lamb-Oseen 涡模型

在梢涡或间隙涡流动中，若认为 $v_r=v_z=0$，则式（3-2）可进一步简化为

$$\begin{cases} \dfrac{v_\theta^2}{r} = \dfrac{1}{\rho}\dfrac{\partial p}{\partial r} \\[2mm] \dfrac{\partial v_\theta}{\partial t} = \upsilon\left(\nabla^2 v_\theta - \dfrac{v_\theta}{r^2}\right) \end{cases} \tag{3-5}$$

求解简化后的方程可以得到其通解：

$$v_\theta(r) = \frac{\Gamma}{2\pi r}(1-e^{-\alpha r^2/4\upsilon t}) = \frac{\Gamma}{2\pi r}(1-e^{-\alpha r^2/r_c^2}) \tag{3-6}$$

其中，$r_c^2 = 4\upsilon t$，υ 为液体的运动黏度，t 为时间，因而在该模型中涡半径 r_c 可随时间的延长逐渐增大，这与实际情况相吻合。α 为方程 $e^\alpha = 1+2\alpha$ 的解，其大小约为 1.25643。

应当注意的是，与 Rankine 涡模型中涡量全部集中于涡核内部不同，Lamb-Oseen 涡模型涡核区域的涡量仅为其总涡量的 71%左右，直到距离涡心 $2r_c$ 时其涡量才能达到 99%左右。

3. Vatistas 涡模型

Vatistas 涡模型是一个半经验性的涡模型，其表达式为

$$v_\theta(r) = \frac{\Gamma}{2\pi} \frac{r}{(r_c^{2n_0} + r^{2n_0})^{1/n_0}} \tag{3-7}$$

通过调整经验参数 n_0，该模型可表征一系列旋涡的切向速度分布。当 $n_0 \to \infty$ 时，该模型可退化为 Rankine 涡模型；当 $n_0 = 2$ 时，该模型给出的切向速度分布与 Lamb-Oseen 涡模型比较接近。

4. VM2 涡模型

为了对梢涡周围的切向速度分布做出更为准确的描述，Fabre 和 Jacquin[15]提出了 VM2 涡模型：

$$v_\theta(r) = \frac{\Gamma}{2\pi} \frac{r_2^{\alpha-1}}{r_2^{\alpha+1}} \frac{r}{[1+(r/r_1)^4]^{(1+\alpha)/4}[1+(r/r_2)^4]^{(1-\alpha)/4}} \tag{3-8}$$

式中：r_1、r_2、α 为该模型的经验参数。当 $r_1 = 0.9r_c$，$r_2 = 3r_1$，$\alpha = 0.9$ 时，该模型与 Lamb-Oseen 涡模型比较接近。

图 3-4 对比了以上各涡模型预报的切向速度分布与数值模拟获得的 TLV 周围切向速度。其中，Vatistas 涡模型中，$n_0 = 2$；VM2 涡模型中，$r_1 = 0.9r_c$，$r_2 = 3r_1$，$\alpha = 0.9$。可以看出，除 Rankine 涡模型外，另外三个涡模型均能较好地反映 TLV 周围的切向速度分布。Vatistas 涡模型和 VM2 涡模型中均带有经验性参数，具有较强的主观性。此外，由于 Lamb-Oseen 涡模型中 r_c 为时间 t 的函数，该模型还可以表征时间对涡半径的影响，反映的影响因素更为全面。因此，在下面，本书均将 Lamb-Oseen 涡模型作为 TLV 的切向速度分布模型。

图 3-5 给出了 $\tau = 0.3$、1.0 和 2.0 三个典型无量纲间隙大小下各截面上 TLV 周围时均切向速度分布的数值结果，以及 Lamb-Oseen 涡模型预测得到的结果。可以看到，当间隙较小（$\tau = 0.3$）时，受壁面的影响，此时 TLV 周围的时均切向速度分布与理想的 Lamb-Oseen 涡模型有一定的差异。随着间隙的逐渐增大，壁面对 TLV 周围时均切向速度分布的影响逐渐减小。当无量纲间隙大小 $\tau = 1.0$ 时，Lamb-Oseen 涡模型已经可以较好地拟合 TLV 周围的时均切向速度分布，壁面的影响较小。随着间隙的进一步增大，Lamb-Oseen 涡模型预测得到的时均切向速度分布与数值结果的差异也进一步减小，壁面的影响基本可以忽略。

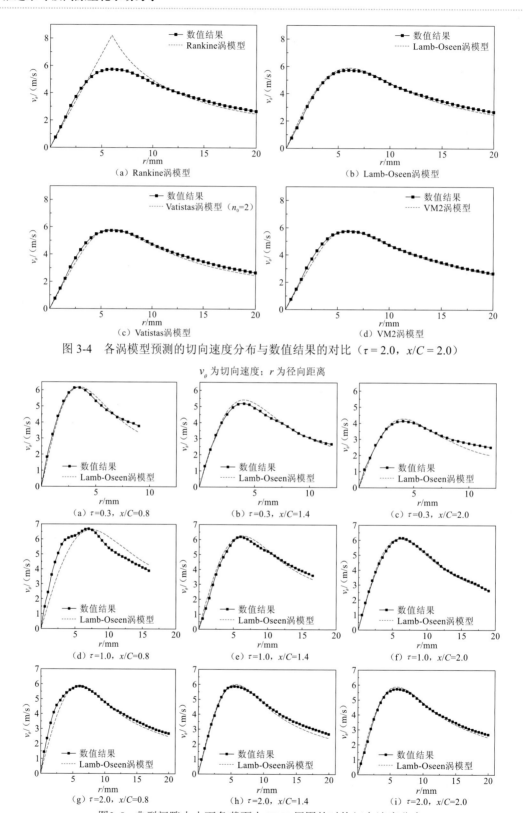

图 3-4 各涡模型预测的切向速度分布与数值结果的对比（$\tau = 2.0$，$x/C = 2.0$）

v_θ 为切向速度；r 为径向距离

图3-5 典型间隙大小下各截面上 TLV 周围的时均切向速度分布

3.3　TLV 环量的影响因素及其预报框架

TLV 环量作为直接影响 TLV 空化发生及其强度的关键因素，一直是研究者最为关心的问题，但是一直没有较为理想的 TLV 环量预报方法。为此，本书将基于数值模拟结果，细致分析影响 TLV 环量的多种因素，提出一个 TLV 环量的预报框架，即：建立远离壁面时 TLV 环量的理想值与水翼负载的定量关系，在此基础上将壁面对 TLV 环量的影响模化，并将其考虑在 TLV 环量的预测表达式内，构建一个 TLV 环量的预报框架，并对本书研究的各间隙大小下的 TLV 环量进行半经验性预报。

3.3.1　TLV 环量与水翼负载的本质关联

图 3-6 给出了各间隙大小下 TLV 环量随流向位置的变化情况。从图 3-6 中可以看到，间隙大小对 TLV 的环量变化具有很大的影响。当间隙较大（如 $\tau=1.5\sim4.0$）时，TLV 环量在水翼导边处开始生长，一直到水翼的尾边处达到最大环量值，随后便基本保持不变；当间隙处于中等大小时，其变化情况基本类似，但是 TLV 环量在水翼尾边下游处会逐渐减小；当间隙较小时，TLV 环量类似地也是在水翼导边处开始生长，但是其在水翼尾边上游就达到了最大值，此后迅速耗散，强度削弱。

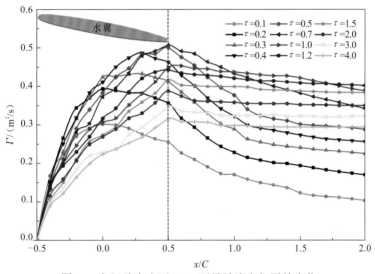

图3-6　各间隙大小下 TLV 环量随流向位置的变化

可以看到，TLV 的环量受到间隙大小的显著影响。在过去的几十年间，为了研究 TLV 的环量变化规律，众多研究者开展了大量的研究。文献[16]中介绍的涡丝卷吸理论是有关梢涡形成原因及其环量大小的理论中人们最为熟知的理论研究之一。考虑到梢涡与 TLV 的相似性，该理论可为理解 TLV 提供重要参考。为此，在下面将简要介绍该理论，并对该理论的优点及其局限性进行说明。

1. 经典涡丝卷吸理论

椭圆翼叶顶梢涡结构简单，常作为探究梢涡流动规律及其机制的研究对象。因此，本书也将以一个椭圆翼梢涡流动为例，简要介绍该理论的思想，如图3-7所示。对于绕该椭圆翼的流动而言，当其与来流存在一定的夹角时，其吸力面压力将低于压力面，进而产生升力，并产生绕水翼的环量。在叶梢附近，水翼两侧的压力差逐渐减小为 0，相应地其环量也逐渐消失。因此，对于该水翼而言，水翼的环量会沿着展向位置不断变化，其中在水翼中间平面取最大值 Γ_0，在叶梢处为 0。

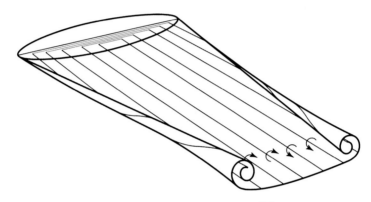

图3-7　梢涡的形成过程示意图[16]

如果水翼的展弦比足够大，那么绕该椭圆翼的流动满足 Prandtl 的升力线理论。为了满足旋涡的开尔文定律，Prandtl 用一系列无限长的 U 形涡来模化绕该椭圆翼的流动，即涡丝，如图3-7所示。涡丝依附在水翼表面的部分即可表示水翼环量在展向上的变化，而其自由部分则可视为尾流中的呈片状分布的众多细小旋涡结构。由于这些细小旋涡之间存在诱导速度，其呈片状的分布是不稳定的。这些细小旋涡将会自发地发生卷积融合，形成两个大的旋涡结构，即梢涡。在下游足够远处，梢涡的环量即水翼中间平面的最大环量 Γ_0。

该理论比较容易理解，也可以基本反映梢涡的形成过程。但是，值得指出的是，该理论依然存在两个比较严重的不足：①该理论中提到的细小旋涡结构/涡丝物理含义不是很清晰。通常认为，在水翼表面四周存在边界层，因而在边界层附近存在较为集中的涡量分布，然而这种涡量分布与通常意义上的旋涡结构在物理意义上是不一样的。因此，对其运用适用于旋涡演变行为的开尔文定律是否合适依然是个值得商榷的问题。②该理论无法解释为何展向上的细小旋涡结构在脱离水翼后会变为流向涡。

2. 流向涡形成与水翼负载的本质关系

为了弥补经典涡丝理论的不足，本书将不再使用水翼周围的细小旋涡结构/涡丝这一概念，直接从水翼负载及其与绕水翼的流体介质之间的相互作用出发，推导流向涡的形成机制及其与水翼负载的本质关系。

如图 3-8 所示，当水流过水翼时，会使得水翼产生一定的升力，其升力在展向上的变化可由蓝实线表示。相应地，根据牛顿第三定律，水翼也会持续地对绕水翼流动的水体产生反作用力，其在展向上的分布应与水翼的升力分布大小相等，方向相反，可用图 3-8 中的红实线表示。另外，受到水翼的影响，水翼周围流体的运动状态会发生改变，与来流的运动状态不同。假设水翼对水体的影响区域为图 3-8 中蓝虚线包围的内部区域，在该区域内，流体微团的运动状态受水翼的影响，其流动速度除了来流速度 $U_{-\infty}$ 外，还存在法向的速度分量 V；在该区域外部，流体微团不受水翼影响，流动速度仅拥有来流速度 $U_{-\infty}$。

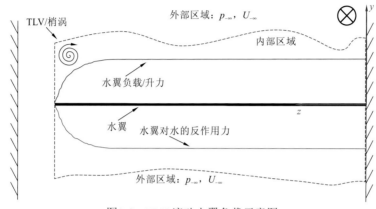

图3-8　TLV 流动水翼负载示意图

如图 3-9 所示，考虑内部区域两个相邻细长微元体（细长体 1、细长体 2）的受力及其流体微团的运动情况。忽略细长体 1、细长体 2 内流体的展向速度分量。细长体 1、细长体 2 的宽度均为 dz_0，高度分别为 H_1、H_2，其对应的流体受到的水翼的反作用力分别为 $-dLift_1$、$-dLift_2$，则时间 dt 内，细长体 1、细长体 2 内的流体由于水翼的反作用力而获得的法向动量为

$$\begin{cases} dM_1 = -dLift_1 \cdot dt \\ dM_2 = -dLift_2 \cdot dt \end{cases} \tag{3-9}$$

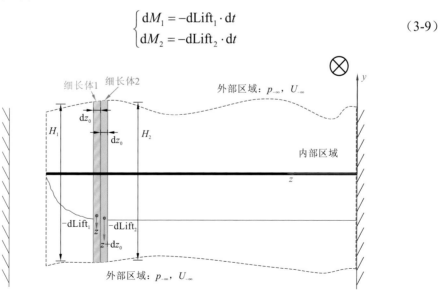

图3-9　TLV 流动水体微元受力示意图

该段时间内，通过细长体 1、细长体 2 的流体总质量分别为

$$
\begin{cases}
\mathrm{d}m_1 = \rho_1 \cdot \mathrm{d}z_0 \cdot H_1 \cdot U_{-\infty} \cdot \mathrm{d}t \\
\mathrm{d}m_2 = \rho_1 \cdot \mathrm{d}z_0 \cdot H_2 \cdot U_{-\infty} \cdot \mathrm{d}t
\end{cases}
\tag{3-10}
$$

则该段时间内通过细长体 1、细长体 2 的流体平均法向速度为

$$
\begin{cases}
V_1 = \mathrm{d}M_1 / \mathrm{d}m_1 = \dfrac{-\mathrm{d}\mathrm{Lift}_1 \cdot \mathrm{d}t}{\rho_1 \cdot \mathrm{d}z_0 \cdot H_1 \cdot U_{-\infty} \cdot \mathrm{d}t} = \dfrac{-\mathrm{d}\mathrm{Lift}_1}{\rho_1 \cdot \mathrm{d}z_0 \cdot H_1 \cdot U_{-\infty}} \\[4mm]
V_2 = \mathrm{d}M_2 / \mathrm{d}m_2 = \dfrac{-\mathrm{d}\mathrm{Lift}_2 \cdot \mathrm{d}t}{\rho_1 \cdot \mathrm{d}z_0 \cdot H_2 \cdot U_{-\infty} \cdot \mathrm{d}t} = \dfrac{-\mathrm{d}\mathrm{Lift}_2}{\rho_1 \cdot \mathrm{d}z_0 \cdot H_2 \cdot U_{-\infty}}
\end{cases}
\tag{3-11}
$$

由细长体 1、细长体 2 区域内流体的法向速度差异在垂直于流向的平面上引起的环量为

$$
\mathrm{d}\Gamma = V_1 H_1 - V_2 H_2 = -\frac{1}{\rho_1 U_{-\infty}}\left(\frac{\mathrm{d}\mathrm{Lift}_1}{\mathrm{d}z_0} - \frac{\mathrm{d}\mathrm{Lift}_2}{\mathrm{d}z_0} \right)
\tag{3-12}
$$

式（3-12）中 $\mathrm{d}\Gamma$ 为在水翼展向微元区域对应的旋涡环量，即经典涡丝卷吸理论中细小流向旋涡结构/涡丝的本质。式（3-12）表明，水翼法向负载在展向上的变化会引起流向的环量变化。以上推导仅需对流动进行适当的简化，在此基础上运用牛顿第三定律即可推导出流向涡量的生成机制，无须借助涡丝的概念，物理概念更为清晰。

另外，根据库塔-茹科夫斯基方程，有

$$
\begin{cases}
\dfrac{1}{\rho_1 U_{-\infty}} \dfrac{\mathrm{d}\mathrm{Lift}_1}{\mathrm{d}z_0} = \Gamma_1 \\[4mm]
\dfrac{1}{\rho_1 U_{-\infty}} \dfrac{\mathrm{d}\mathrm{Lift}_2}{\mathrm{d}z_0} = \Gamma_2
\end{cases}
\tag{3-13}
$$

式中：Γ_1、Γ_2 分别为细长体 1、细长体 2 所对应的展向位置处绕水翼的环量。

因此，式（3-12）可以进一步写为

$$
\mathrm{d}\Gamma = \Gamma_2 - \Gamma_1
\tag{3-14}
$$

若要获得在下游某处垂直于流向的平面上的总环量 Γ_{sec}，仅需对式（3-12）在展向上进行累加即可：

$$
\Gamma_{\mathrm{sec}} = \Gamma_0 - \Gamma_{\mathrm{tip}}
\tag{3-15}
$$

式中：Γ_0 为水翼单位展向长度上最大升力处对应的绕水翼环量；Γ_{tip} 为水翼叶梢处的升力对应的绕水翼环量。由于叶梢处水翼的负载为 0，式（3-15）可进一步简化为

$$
\Gamma_{\mathrm{sec}} = \Gamma_0
\tag{3-16}
$$

式（3-16）表明，水翼下游在垂直于流向平面上的总环量与垂直于水翼展向的平面上的最大环量在数值上是相等的，这与以往的理论和观测结果是相互印证的。

应当注意的是，式（3-14）、式（3-16）给出的是在水翼下游某处垂直于流向的平面上细小旋涡的环量 $\mathrm{d}\Gamma$ 分布，以及在该平面上总环量 Γ_{sec} 的大小，这与 TLV 的环量可能依然存在一定的差异。为此，图 3-10 给出了当 $\tau = 2.0$ 时在水翼下游 $x/C = 2.0$ 平面上的涡量分布及绕水翼环量在展向上的分布。可以看到，由于间隙的存在，各个展向位置处绕水翼的环量分布并不均匀。也正是由于绕水翼的环量在展向上分布的变化，即便在远离

叶顶的其他展向位置，下游也存在一定的涡量分布。虽然根据涡丝卷吸理论，在下游足够远处 TLV 的环量可以达到绕水翼的最大环量 Γ_0，但是由于 TLV 能卷吸的范围有限，超出其范围的涡量实际上难以被卷吸入 TLV。因此，TLV 的环量往往难以达到在下游某处垂直于流向的平面上的总环量 Γ_{sec}，即 TLV 的环量会小于 Γ_0，实际上真正影响 TLV 环量的应当是其卷吸范围边界处的绕水翼环量 Γ_0'，如图 3-10（b）所示。考虑到很难界定 TLV 的卷吸范围，而且在实践中也很难获得水翼在展向上的环量分布，因此，本书建议在实际操作中选用水翼展向平均升力对应的环量，即 $\overline{\Gamma_{foil}}$。一方面，$\overline{\Gamma_{foil}}$ 可以由水翼的展向平均升力获得，但是无论是 Γ_0 还是 Γ_0' 在实践中均很难获取，因此选用 $\overline{\Gamma_{foil}}$ 在实践中更具可操作性；另一方面，由于水翼环量在展向上的分布特点，$\overline{\Gamma_{foil}}$ 往往比 Γ_0 更加接近 Γ_0'，因此 $\overline{\Gamma_{foil}}$ 可以更准确地反映 TLV 的环量。实际上，对于小间隙（$\tau=0.1\sim0.5$）、中等间隙（$\tau=0.7\sim1.2$）而言，基本可以认为 $\overline{\Gamma_{foil}}\approx\Gamma_0'$。仅当间隙较大（$\tau=1.5\sim4.0$）时，$\overline{\Gamma_{foil}}$ 会略大于 Γ_0'，但两者也非常接近，$\Gamma_0'\approx（0.9\sim0.95）\overline{\Gamma_{foil}}$。因此，选用 $\overline{\Gamma_{foil}}$ 作为 TLV 环量的理想值，在可操作性、准确性方面都是较优的。

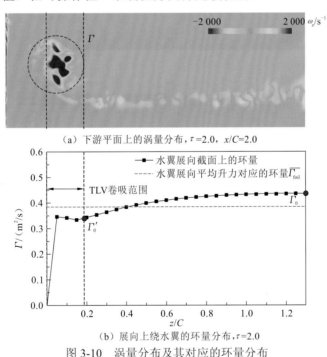

（a）下游平面上的涡量分布，$\tau=2.0$，$x/C=2.0$

（b）展向上绕水翼的环量分布，$\tau=2.0$

图 3-10　涡量分布及其对应的环量分布

3.3.2　各间隙大小下的 TLV 环量预报方法

1. 大间隙下 TLV 环量的预报公式

3.3.1 小节为预报 TLV 的环量提供了重要依据。考虑到大间隙下壁面对 TLV 的影响较小，TLV 环量的变化规律较为简单，因此本书将在 3.3.1 小节的基础上，先讨论大间隙下 TLV 的环量变化规律，然后再针对中等间隙、小间隙情况下壁面对 TLV 的具体影响，对其变化规律进行深入分析。

TLV 的发展阶段显然会对其环量产生重大影响。为此，图 3-11 给出了无量纲间隙大小 $\tau = 2.0$ 时 TLV 的结构发展阶段及其对应的环量变化情况。应当指出的是，由于在融合阶段 TLV 和 TSV 已经难以区分，而且两者各自的环量在融合阶段完成后均会成为融合后 TLV 环量的一部分，是否单独考察其环量变化不会影响融合后 TLV 的环量评估。因此，在讨论环量变化时，本书不再单独讨论融合前 TLV 和 TSV 的环量，而是将两者所携带的环量直接放在一起考虑。相应地，在图 3-11 中，融合阶段也并未单独标出。

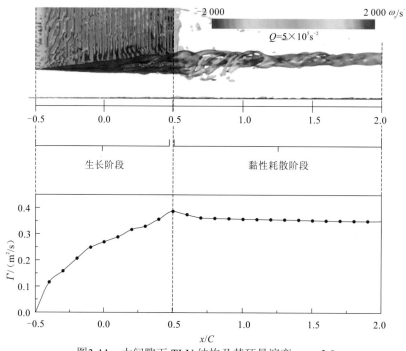

图3-11 大间隙下 TLV 结构及其环量演变，$\tau = 2.0$

从图 3-11 中可以看到，在生长阶段，由于水翼的升力作用，TLV 的环量在逐渐增大。当 TLV 发展至黏性耗散阶段后，此时没有进一步的升力作用，因此 TLV 的环量也失去了进一步上升的动力。由于黏性耗散作用较为缓慢，在黏性耗散阶段 TLV 的环量基本无变化。因此，对于黏性耗散阶段，其环量变化可由式（3-17）描述：

$$\Gamma = k_0 \overline{\Gamma_{\text{foil}}} \tag{3-17}$$

其中，$k_0 = 0.9 \sim 0.95$。

对于生长阶段，由 3.3.1 小节的讨论可知，其变化规律与水翼在展向上的升力分布相关，由水翼翼型确定。本书综合多个间隙大小下生长阶段的 TLV 环量变化趋势发现，该变化规律可由流向位置的二次函数表示，即

$$\Gamma = [1 - (0.5 - x/C)^2] k_0 \overline{\Gamma_{\text{foil}}} \tag{3-18}$$

综合式（3-17）、式（3-18），可得当 $x/C \in [-0.5，2.0]$ 时，大间隙下 TLV 的环量变化

表达式，为

$$\Gamma = \begin{cases} [1-(0.5-x/C)^2]k_0\overline{\Gamma_{\text{foil}}}, & -0.5 \leqslant x/C \leqslant 0.5 \\ k_0\overline{\Gamma_{\text{foil}}}, & 0.5 < x/C \leqslant 2.0 \end{cases} \qquad (3-19)$$

其中，$\overline{\Gamma_{\text{foil}}}$ 的大小可由式（3-20）给出：

$$\overline{\Gamma_{\text{foil}}} = \frac{\text{Lift}}{\rho_l U_{-\infty} S} \qquad (3-20)$$

式中：Lift 为各间隙大小下水翼的升力；S 为水翼的实际展长。图 3-12 给出了大间隙下利用式（3-19）预报的 TLV 环量变化与数值结果的对比，可以看到两者吻合得很好。

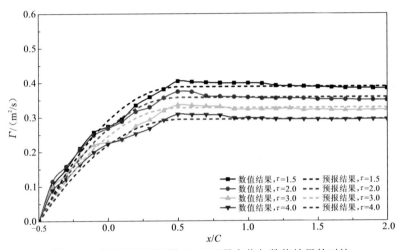

图3-12　大间隙下预报的 TLV 环量变化与数值结果的对比

2. 中等间隙下 TLV 环量的经验公式

图 3-13 给出了利用式（3-19）对中等间隙（τ=0.7、1.0、1.2）下 TLV 环量变化的预报情况。可以看到，式（3-19）对 $x/C \in [-0.5,0.5]$ 的生长阶段的 TLV 环量变化预报较好，但是对 $x/C \in [0.5,2.0]$ 的 TLV 环量减弱行为未能做出较好的预测。为此，图 3-14 给出了 τ=1.0 时在 $x/C \in [-0.5,2.0]$ 区段叶顶附近区域的旋涡结构及其相应的 TLV 环量演变。可以看到，与大间隙工况不同，在水翼下游，TLV 周围存在大量的诱导涡，这些诱导涡显然会对 TLV 的环量产生影响。Leweke 等[14]就曾指出，壁面诱导涡的出现会显著加快旋涡的耗散。

应当指出的是，诱导涡与初始旋涡的相互作用非常复杂，因而其对初始旋涡强度的具体影响机制及其规律还未能得到很好的解释。为了定量评估诱导涡对 TLV 环量的具体影响，本书将初步提出一个简化的评估模型。图 3-15 给出的是水翼下游某个截面上 TLV 周围的涡量分布，其中蓝色部分表示的即壁面边界层和诱导涡。为了推导诱导涡对 TLV 环量影响的规律，本书需要做出如下假设：①在水翼下游，TLV 涡心到壁面的距离基本不变；②诱导涡的主要生成区域为图 3-15 中红色实线（$L_1 \sim L_4$）所构成的封闭区域，其

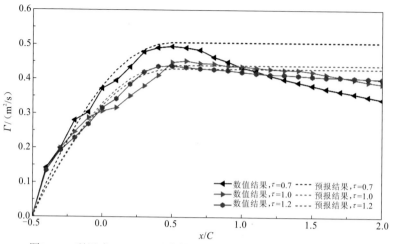

图3-13 利用式（3-19）对中等间隙下TLV环量变化的预报情况

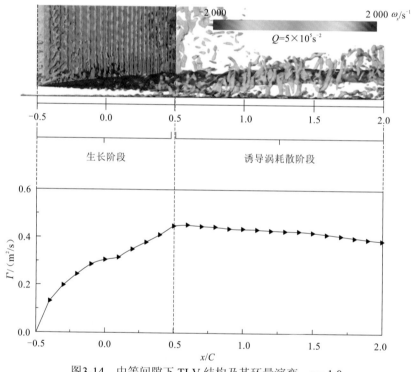

图3-14 中等间隙下TLV结构及其环量演变，$\tau = 1.0$

中 L_4 为一段以 TLV 涡心为圆心的圆弧，且当涡心到壁面的距离不变时，$L_1 \sim L_4$ 不变；③诱导涡引起的 TLV 环量减小速度与诱导涡的环量/涡通量成正比。对于假设①而言，由于在水翼下游不再存在水翼表面引起的镜像涡诱导速度，基本可以认为 TLV 涡心仅存在平行于壁面的运动，其到壁面的距离基本不变，这与试验及数值结果也比较吻合。对于假设②而言，诱导涡的来源可视为 TLV 在壁面附近的诱导速度及壁面边界层内速度在 $L_1 \sim L_4$ 构成的封闭路径上不断产生的环量，由于边界层外的速度分布基本已经恢复至主流区的速度，该区域应当集中在边界层附近。当 TLV 涡心与壁面之间的距离不变时，该区域的变化应当也可以忽略，即 $L_1 \sim L_4$ 维持不变。对于假设③而言，由于在主流区边界层的影响已经很小，外力的作用基本可以忽略，在边界层外应满足涡量守恒，此时诱导涡对 TLV 环量的影响可以视为诱导涡与 TLV 携带的部分涡通量的相互抵消。因此，可以假设诱导涡引起的 TLV 环量减小速度与诱导涡的环量/涡通量成正比。

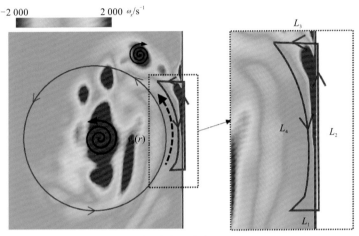

图3-15　TLV 周围的诱导涡分布，$\tau = 1.0$，$x/C = 2.0$

在上述假设的基础上，在该截面上诱导涡的环量为

$$\Gamma_{IV} = V_{L_1} L_1 + V_{L_2} L_2 + V_{L_3} L_3 + V_{L_4} L_4 \tag{3-21}$$

其中，V_{L_1}、V_{L_2}、V_{L_3} 和 V_{L_4} 分别为沿 L_1、L_2、L_3、L_4 方向的速度分量，L_1、L_3 长度较小，V_{L_2} 为壁面处的速度，可认为 $V_{L_2} L_2 = 0$，因此式（3-21）等号右边的前三项可以忽略，则式（3-21）可以简化为

$$\Gamma_{IV} = V_{L_4} L_4 \tag{3-22}$$

根据假设③，可知：

$$\frac{\mathrm{d}\Gamma}{\mathrm{d}t} = -k_0 \Gamma_{IV} = -k_0 V_\theta(L_4) L_4 \tag{3-23}$$

其中，V_{L_4} 为 TLV 在 L_4 上的诱导速度，则式（3-23）可以进一步写为

$$\frac{\mathrm{d}\Gamma}{\mathrm{d}t} = -k_0 L_4 \frac{\Gamma}{2\pi r_{L_4}} (1 - \mathrm{e}^{-\alpha r_{L_4}^2 / r_c^2}) \tag{3-24}$$

式中：r_{L_4} 为圆弧 L_4 对应的半径大小。

一般而言，对于中等间隙，$1 - \mathrm{e}^{-\alpha r_{L_4}^2 / r_c^2} \approx 1$，则式（3-24）可以简化为

$$\frac{\mathrm{d}\Gamma}{\mathrm{d}t} = -k_0 L_4 \frac{\Gamma}{2\pi r_{L_4}} \tag{3-25}$$

又因为

$$\mathrm{d}t = \frac{\mathrm{d}x}{U_{-\infty}} \tag{3-26}$$

则可得

$$\frac{1}{\Gamma}\mathrm{d}\Gamma = -\frac{k_0 L_4}{2\pi r_{L_4} U_{-\infty}}\mathrm{d}x \tag{3-27}$$

对式（3-27）进行积分，可得

$$\Gamma = m_1 \mathrm{e}^{n_1 x/C}\overline{\Gamma_{\mathrm{foil}}} \tag{3-28}$$

式中：m_1、n_1 为待定系数。

当 $x/C=0.5$ 时，Γ 应等于 $\overline{\Gamma_{\mathrm{foil}}}$，则 m_1、n_1 应满足：

$$m_1 \mathrm{e}^{0.5n_1} = 1 \tag{3-29}$$

需要注意的是，此时 $k_0 \approx 1$，因此，对于中等间隙而言，其 TLV 环量的变化规律可由式（3-30）描述：

$$\Gamma = \begin{cases} [1-(0.5-x/C)^2]\overline{\Gamma_{\mathrm{foil}}}, & -0.5 \leqslant x/C \leqslant 0.5 \\ m_1 \mathrm{e}^{n_1 x/C}\overline{\Gamma_{\mathrm{foil}}}, & 0.5 < x/C \leqslant 2.0 \end{cases} \tag{3-30}$$

其中，$m_{1\tau=0.7}=1.165$，$n_{1\tau=0.7}=-0.285$，$m_{1\tau=1.0}=1.074$，$n_{1\tau=1.0}=-0.079$，$m_{1\tau=1.2}=1.040$，$n_{1\tau=1.2}=-0.050$。

图 3-16 给出了中等间隙大小下式（3-30）预报的 TLV 环量变化与数值结果的对比，可以看到两者吻合较好。

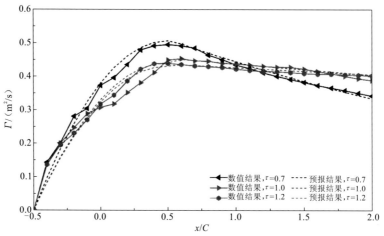

图3-16 中等间隙下预报的 TLV 环量变化与数值结果的对比

3. 小间隙下 TLV 环量的经验公式

随着间隙的进一步减小，壁面对 TLV 演变的影响也愈加显著、复杂。图 3-17 给出了 $\tau=0.3$ 时在 $x/C \in [-0.5, 2.0]$ 区段叶顶附近区域的旋涡结构及其相应的 TLV 环量演变。可以看到，与大间隙、中等间隙不同的是，小间隙下由于间隙较小，在水翼尾边上游就存在诱导涡耗散阶段，即 TLV 的生长阶段和诱导涡耗散阶段存在重叠区域。对于该区段而言，由于其同时受到水翼升力引起的 TLV 生长和诱导涡耗散的共同作用，该区段应该可以视为两个阶段对应函数的乘积。也就是说，对于该区段而言，TLV 的变化规律应满足以下函数形式：

$$\Gamma=[1-(0.5-x/C)^2]m_1 \mathrm{e}^{n_1 x/C}\overline{\Gamma_{\mathrm{foil}}} \tag{3-31}$$

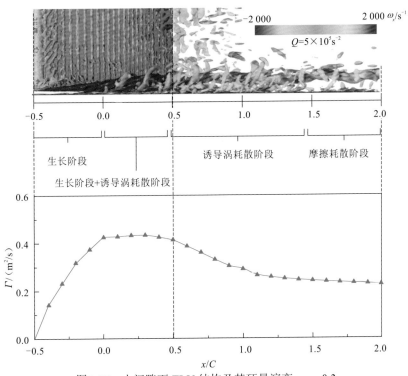

图3-17　小间隙下 TLV 结构及其环量演变，$\tau = 0.3$

对于生长阶段，$m_1 e^{n_1 x/C}$ 可能大于 1，这与实际情况不符。因此，为了能利用式（3-31）对生长阶段的 TLV 变化规律进行描述，仅需对其进行适当的限制：

$$\Gamma = [1 - (0.5 - x/C)^2] \min\{1, m_1 e^{n_1 x/C}\} \overline{\Gamma_{\text{foil}}} \qquad (3\text{-}32)$$

另外，还需要注意的是，间隙较小时，TLV 的耗散较快，当 TLV 的环量减小到一定程度时，其在壁面产生的诱导涡基本可以忽略。但是由于此时 TLV 距离壁面较近，在黏性的作用下其半径会缓慢增加，并与壁面发生摩擦，引起 TLV 环量的持续缓慢减小，即摩擦耗散阶段。该阶段 TLV 减小的速率基本为定值，因此可用式（3-33）描述其变化：

$$\Gamma = [1 - q(x/C - x_{\text{f}}/C)] \Gamma_{\frac{x}{C} = \frac{x_{\text{f}}}{C}} \qquad (3\text{-}33)$$

式中：q 为常系数，在本书中取 0.08。

综上，可得小间隙下 TLV 环量随流向位置的变化规律：

$$\Gamma = \begin{cases} [1 - (0.5 - x/C)^2] \min\{1, m_1 e^{n_1 x/C}\} \overline{\Gamma_{\text{foil}}}, & -0.5 \leqslant x/C \leqslant 0.5 \\ m_1 e^{n_1 x/C} \Gamma_{x/C=0.5}, & 0.5 < x/C \leqslant x_{\text{f}}/C \\ [1 - 0.08(x/C - x_{\text{f}}/C)] \Gamma_{x/C=x_{\text{f}}/C}, & x_{\text{f}}/C < x/C \leqslant 2.0 \end{cases} \qquad (3\text{-}34)$$

式中：$\dfrac{x_{\text{f}}}{C}$ 为摩擦耗散阶段的起点，在本书中为 1.3~1.4。应当注意的是，此时 m_1、n_1 的关系可能不再满足式（3-29），其取值分别为 $m_{1\tau=0.1} = 0.735$，$n_{1\tau=0.1} = -0.923$，$m_{1\tau=0.2} = 0.937$，$n_{1\tau=0.2} = -0.774$，$m_{1\tau=0.3} = 1.033$，$n_{1\tau=0.3} = -0.645$，$m_{1\tau=0.4} = 1.161$，$n_{1\tau=0.4} = -0.614$，$m_{1\tau=0.5} = 1.250$，$n_{1\tau=0.5} = -0.530$。

图 3-18 给出了利用式（3-34）预报的小间隙下 TLV 环量变化与数值结果的对比。可以看到，对于 TLV 生长阶段和诱导涡耗散阶段的重叠区域，式（3-34）也能预报得较好，这也侧面验证了采用式（3-34）中的函数形式描述诱导涡耗散阶段 TLV 环量变化规律的正确性。

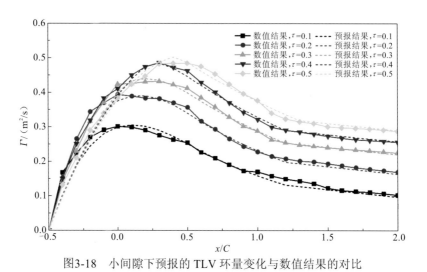

图3-18　小间隙下预报的 TLV 环量变化与数值结果的对比

3.3.3　TLV 环量预报框架及方法

正如 3.3 节引言所述，TLV 的环量一直是研究者最为关心的问题，但是其影响因素众多，规律复杂，因而一直没有较为理想的 TLV 环量预报方法。为此，本书在 3.3.1 小节中回顾了目前现有的 TLV 环量相关理论，分析了其不足，并从理论上重新推导了 TLV 环量与水翼负载的本质关联，建立了远离壁面时 TLV 环量的理想值与水翼负载的定量关系。在此基础上，本书 3.3.2 小节分类、详细讨论了不同间隙大小下影响 TLV 环量的因素，并对其影响程度进行了定量模化，最终构建了一个 TLV 环量的预报框架，其表达式可汇总为

$$
\begin{cases}
\Gamma = \begin{cases} [1-(0.5-x/C)^2]k_0\overline{\Gamma_{\mathrm{foil}}}, & -0.5 \leqslant x/C \leqslant 0.5 \\ k_0\overline{\Gamma_{\mathrm{foil}}}, & 0.5 < x/C \leqslant 2.0 \end{cases} & \text{（大间隙）} \\[2.5em]
\Gamma = \begin{cases} [1-(0.5-x/C)^2]\overline{\Gamma_{\mathrm{foil}}}, & -0.5 \leqslant x/C \leqslant 0.5 \\ m_1\mathrm{e}^{n_1 x/C}\overline{\Gamma_{\mathrm{foil}}}, & 0.5 < x/C \leqslant 2.0 \end{cases} & \text{（中等间隙）} \\[2.5em]
\Gamma = \begin{cases} [1-(0.5-x/C)^2]\min\{1,m_1\mathrm{e}^{n_1 x/C}\}\overline{\Gamma_{\mathrm{foil}}}, & -0.5 \leqslant x/C \leqslant 0.5 \\ m_1\mathrm{e}^{n_1 x/C}\Gamma_{x/C=0.5}, & 0.5 < x/C \leqslant x_{\mathrm{f}}/C \\ [1-q(x/C-x_{\mathrm{f}}/C)]\Gamma_{x/C=x_{\mathrm{f}}/C}, & x_{\mathrm{f}}/C < x/C \leqslant 2.0 \end{cases} & \text{（小间隙）}
\end{cases}
\tag{3-35}
$$

其中，

$$\begin{cases} k_0 = 0.90 \sim 0.95 \\ x_{\mathrm{f}}/C = 1.3 \sim 1.4 \\ q = 0.08 \\ m_{1\tau=0.1} = 0.735 \\ n_{1\tau=0.1} = -0.923 \\ m_{1\tau=0.2} = 0.937 \\ n_{1\tau=0.2} = -0.774 \\ m_{1\tau=0.3} = 1.033 \\ n_{1\tau=0.3} = -0.645 \\ m_{1\tau=0.4} = 1.161 \\ n_{1\tau=0.4} = -0.614 \\ m_{1\tau=0.5} = 1.250 \\ n_{1\tau=0.5} = -0.530 \\ m_{1\tau=0.7} = 1.165 \\ n_{1\tau=0.7} = -0.285 \\ m_{1\tau=1.0} = 1.074 \\ n_{1\tau=1.0} = -0.079 \\ m_{1\tau=1.2} = 1.040 \\ n_{1\tau=1.2} = -0.050 \end{cases} \tag{3-36}$$

应当客观地指出，由于 TLV 流动行为的复杂性，上述讨论关于定量评估中等间隙、小间隙下诱导涡耗散阶段 TLV 环量的变化规律尚存在一定的不足，这导致式（3-35）存在较多的经验性参数。但是以上讨论为预报 TLV 环量的变化搭建了一个行之有效的框架，可为今后的相关研究提供重要参考。

3.4　TLV 半径的影响因素及定量评估

3.4.1　TLV 半径的影响因素

Lamb-Oseen 涡模型表明旋涡的半径可能会随着时间的延长逐渐增大。这意味着在不同流向位置处 TLV 的半径可能会发生变化。为此，图 3-19 给出了无量纲间隙大小 $\tau=2.0$ 时在下游不同流向位置的 TLV 半径的变化。可以看到，整体上，在 TLV 向下游发展的过程中，其半径也在逐渐增大。但是，需要指出的是，由于半径增长的原因是流体的黏性作用，通常增长速度较慢，在下游 120 mm 的流向范围内（$0.8 < x/C < 2.0$），半径仅增加 0.5 mm 左右，基本可以忽略。

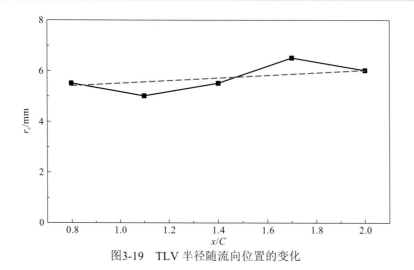

图3-19 TLV 半径随流向位置的变化

图 3-20 进一步给出了在 $x/C=2.0$ 截面上 TLV 半径随间隙大小的变化。其中，为了避免壁面对 TLV 半径的影响，图 3-20 中仅给出了无量纲间隙大小 τ 为 1.0～4.0 时的 TLV 半径。可以看到，随着间隙大小的增大，TLV 半径迅速减小。然而，McCormick[17]指出，由于梢涡是水翼边界层在流场作用下卷起形成的，其大小应与水翼的边界层厚度有关。Stinebring 等[18]进一步指出，旋涡的半径应与水翼最大弦长处的湍流边界层厚度成正比，即

$$r_{\mathrm{c}} = k_1 \delta = k_1 \left[0.37 \left(\frac{U_{-\infty} C}{\upsilon} \right)^{-0.2} \right] = \frac{k'C}{Re^{0.2}} \qquad (3\text{-}37)$$

式中：C 为水翼弦长；δ 为水翼中部的边界层厚度；k_1、k' 为经验常数。根据该理论，由于改变间隙大小对雷诺数的影响很小，TLV 的半径应当不会出现较为明显的改变，这与数值模拟的结果相差较大。这表明仅考虑边界层厚度对 TLV 半径的影响是比较片面的。

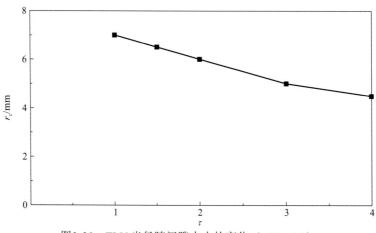

图3-20 TLV 半径随间隙大小的变化（$x/C=2.0$）

另外，Trieling 等[19]研究两个大小不同的涡的融合过程时发现，在旋涡的融合过程中，强度较小的涡会慢慢解体，并逐渐被卷吸缠绕到强度较大的旋涡外围，融合后的旋涡强度和半径均会有所增大。这一现象表明，旋涡的强度可能会与半径存在一定的相关

性。而本书所研究的 TLV 流动演变过程，恰恰伴随着剧烈的 TLV、TSV 及其他旋涡结构的融合过程，该融合过程正是 TLV 环量不断增强的关键。因此，有理由认为，TLV 的半径可能与其强度高度相关。为此，图 3-21 给出了不同来流速度、不同 TLV 环量时的 TLV 半径分布。需要指出的是，由于模拟的结果有限，为了避免样本量过少引起的偏差，图 3-21 中还给出了试验中测量得到的数据[1]。从图 3-21 可以看到，对于不同的来流速度，TLV 的半径均呈现出了与其环量的高度相关性。

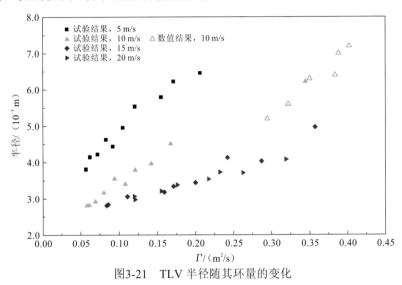

图3-21　TLV 半径随其环量的变化

3.4.2　TLV 半径的定量评估

为了揭示 TLV 半径与其强度关系的具体规律，本书利用作者在前期研究中开发的三维拉格朗日粒子示踪技术，捕捉了 TLV 和 TSV 融合过程中其周围粒子的运动情况，如图 3-22 所示。

应当指出的是，尽管在图 3-22 中为了更好地展现 TLV 和 TSV 的融合过程，其云图颜色的物理含义为流向涡量，但是通过调整其颜色范围，可以使得图 3-22 中的黄色区域恰好为切向速度的最大值，即半径 r_c 处。从图 3-22 可以看到，该粒子在融合成为 TLV 的一部分时，其位置大致在半径 r_c 处，直到下一时刻被新融合进来的 TSV 流体所覆盖。因此，可以做出如下假设：在 TLV 和 TSV 的融合过程中，新融合的 TSV 流体全部均匀分布在原 TLV 的半径 r_c 处。在该假设的基础上，本书可以进行以下推导。

根据 Lamb-Oseen 涡模型，对于一个环量为 Γ、半径为 r_c 的 TLV，其切向速度分布为

$$v_\theta(r) = \frac{\Gamma}{2\pi r}(1 - e^{-\alpha r^2/r_c^2}) \tag{3-38}$$

其径向速度为

$$v_r(\theta) = 0 \tag{3-39}$$

则在距离涡心 r 处的涡量为

$$\omega(r) = \frac{\partial v_\theta(r)}{\partial r} + \frac{v_\theta(r)}{r} - \frac{1}{r}\frac{\partial v_r(\theta)}{\partial \theta} = \frac{\alpha \Gamma}{\pi r_c^2}e^{-\alpha r^2/r_c^2} \tag{3-40}$$

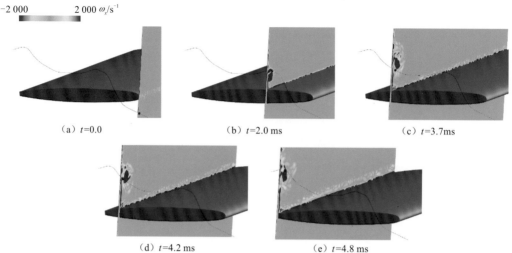

（a）$t=0.0$ （b）$t=2.0$ ms （c）$t=3.7$ms

（d）$t=4.2$ ms （e）$t=4.8$ ms

图3-22　TLV、TSV 融合过程中某典型粒子的运动情况，$\tau = 0.2$

由于在 TLV 和 TSV 的融合过程中，新融合的 TSV 流体全部均匀分布在原 TLV 的半径 r_c 处，则其携带的涡量也应当分布在 r_c 处，则有

$$\mathrm{d}\Gamma = \omega(r_c)\mathrm{d}r = \frac{\alpha\Gamma}{\pi r_c^2}e^{-\alpha} \cdot 2\pi r_c \cdot \mathrm{d}r = \frac{2\alpha\Gamma e^{-\alpha}}{r_c}\mathrm{d}r \tag{3-41}$$

可得

$$r_c = k_1 \Gamma^{1/2\alpha e^{-\alpha}} \approx k_1 \Gamma^{1.408} \tag{3-42}$$

在融合过程中，r_c 的增长速度应与来流速度 $U_{-\infty}$ 成反比，则式（3-42）应写为

$$k_1 \propto \frac{1}{U_{-\infty}} \tag{3-43}$$

根据 Stinebring 等[18]的理论，在初始时刻，TLV 的环量虽然为 0，但其涡核依然可以视为边界层的卷积形成的。因此，式（3-42）应满足：

$$r_c \propto \delta = \frac{b}{U_{-\infty}^{0.2}} \tag{3-44}$$

式中：b 为经验常数。

综上可得，TLV 半径 r_c 与其环量的关系应为

$$r_c = \frac{k_1}{U_{-\infty}}\Gamma^{1.408} + \frac{b}{U_{-\infty}^{0.2}} \tag{3-45}$$

式（3-45）等号右边的第一项表示旋涡强度对其半径的贡献，第二项则与 Stinebring 等[18]的理论一样，表示的是水翼边界层厚度对旋涡半径的影响。令 $k_1 = 0.15$，$b = 0.005$，将各工况的来流速度 $U_{-\infty}$ 代入式（3-45），可得各来流速度下 TLV 半径与其环量的关系式。图 3-23 给出了由式（3-45）预测的 TLV 半径变化与试验、模拟值的对比。可以看到，式（3-45）的预测结果与试验及模拟值吻合得很好，有力证明了式（3-45）的正确性。

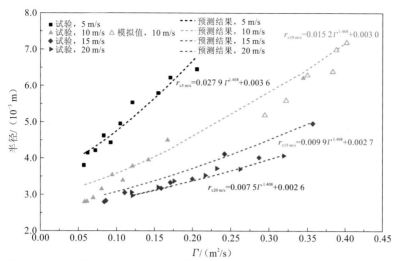

图3-23　新旋涡半径关系式预测得到的 TLV 半径变化与试验、模拟值的对比

3.5　TLV 涡心处气核浓度的变化规律

水体中的不可凝结气体在空化过程中起着重要的作用。尤其是对于 TLV 空化而言，在向心力的作用下不可凝结气体会在涡心处富集，进一步增强了其对空化过程的影响，因此有必要对涡心处的不可凝结气体浓度进行分析。应当注意的是，尽管 TLV 一般较为稳定，但依然存在一定的摆动，而不可凝结气体的富集位置通常为涡心，这意味着很难直接对涡心处的不可凝结气体浓度进行监测。为此，本书在数值模拟中监测了下游 $x/C=1.5$ 截面上的最大不可凝结气体浓度 $C_{g,max}$，来表示各个时刻涡心处的不可凝结气体浓度，其中 $C_{g,max}$ 可定义为

$$C_{g,max} = \frac{\max\{C_g\}}{C_{g0}}$$

（3-46）

图 3-24 给出了 $\tau=0.7$ 时 $C_{g,max}$ 及其时均值 $\overline{C_{g,c}}^*$ 随时间的变化，其中

$$\overline{C_{g,c}}^* = \frac{\sum\limits_{i=1}^{I} C_{g,max,i}}{I}$$

（3-47）

式中：$I=1000$，为统计的时间步数；i 为其中的一个时间步。

可以看到，涡心处的不可凝结气体浓度随时间的变化具有较大的变化，但是在统计时间达到 0.1s（对应 1 000 个时间步）后，其时均值基本稳定。因此，本书将 $\overline{C_{g,c}}^*$ 作为表征涡心处不可凝结气体浓度的参量。图 3-25 给出了在 $x/C=1.5$ 截面上涡心处时均不可凝结气体浓度 $\overline{C_{g,c}}^*$ 随间隙大小的变化。需要注意的是，当间隙很小时，TLV 在下游往往已经破碎为多个小旋涡，其对不可凝结气体的富集作用较弱，因此在图 3-25 中没有给出无量纲间隙大小 $\tau=0.1$ 时的 $\overline{C_{g,c}}^*$ 的大小。从图 3-25 中可以看到，间隙大小对 TLV 涡心

处的不可凝结气体浓度具有显著的影响。当间隙较大时，虽然 TLV 的环量较弱，但是由于此时壁面的影响基本可以忽略，TLV 在空间上较为稳定，有利于不可凝结气体在涡心处的富集。从图 3-25 中还可以看到，无量纲间隙大小 τ 为 2.0～4.0 时，其涡心处的时均不可凝结气体浓度为初始浓度的 75 倍左右。随着间隙的减小，旋涡的强度逐渐增大，涡心处的不可凝结气体浓度也在迅速上升，当无量纲间隙大小 $\tau=0.5$ 时，其涡心处的浓度已经达到初始浓度的 200 余倍，这将显著改变当地的空化过程。当间隙进一步减小时，壁面的影响逐渐加强，旋涡的强度迅速减小，且其摆动行为也更为明显，这对于不可凝结气体的富集过程是不利的。因此，从图 3-25 中可以看到，当无量纲间隙大小 τ 为 0.2～0.4 时，涡心处的不可凝结气体浓度随着间隙大小的减小而迅速下降。即便如此，其涡心处的不可凝结气体浓度也是水体中初始浓度的 50 余倍，其对 TLV 空化的影响依然不可忽略。

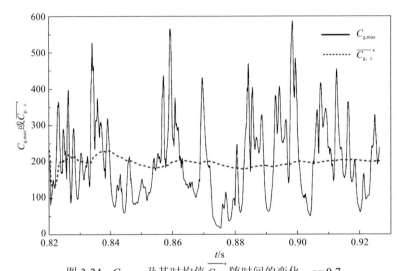

图 3-24 $C_{g,max}$ 及其时均值 $\overline{C_{g,c}^{*}}$ 随时间的变化，$\tau=0.7$

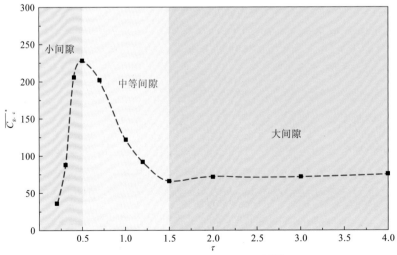

图 3-25 $x/C=1.5$ 截面上时均不可凝结气体浓度 $\overline{C_{g,c}^{*}}$ 随间隙大小的变化

3.6 本 章 小 结

无空化时的 TLV 演变特性对于研究 TLV 空化过程具有重要意义。为此，本章综合利用试验和模拟数据，对无空化时 TLV 流动的流动特性进行了一系列研究，主要包含以下几个方面。

（1）分析了不同间隙大小下 TLV 的演变规律。数值结果表明：当间隙较大时，壁面的影响较小，此时 TLV 结构较为稳定，未观察到明显的诱导涡，整个发展阶段可以划分为生长阶段、融合阶段及黏性耗散阶段；随着间隙的逐渐减小，壁面的影响逐渐显现，在下游可以观察到较为明显的诱导涡，TLV 结构呈现出一定的摆动，整个发展阶段可以划分为生长阶段、融合阶段、诱导涡耗散阶段；随着间隙的进一步减小，壁面的影响更为显著，在间隙区域可以观察到明显的诱导涡，TLV 非常不稳定，很快被耗散为数量更多、强度更小的旋涡结构，整个发展阶段可以划分为生长阶段、融合阶段、诱导涡耗散阶段及摩擦耗散阶段。

（2）提出了一个 TLV 半径的新预报公式。根据 Stinebring 等[18]的研究，旋涡的半径应与水翼最大弦长处的湍流边界层厚度成正比。但是在 TLV 流动中观察到的现象与此不符。为此，本章综合利用试验及模拟数据，细致分析了 TLV、TSV 融合过程中 TLV 半径的变化规律，提出了一个新的 TLV 半径的预报公式。该公式在考虑边界层对旋涡半径影响的基础上，首次考虑了旋涡强度对旋涡半径的贡献，更为全面地反映了 TLV 半径的影响因素。

（3）初步构建了一个 TLV 环量的半经验性预报框架。TLV 的环量是影响其空化的关键因素。为此，本章直接从牛顿第三定律出发，推导了 TLV 理想环量与水翼负载在展向上变化的本质关联。在此基础上，细致分析了不同间隙大小下 TLV 的各个发展阶段对其环量的影响，构建了一个 TLV 环量的半经验性预报框架，为今后 TLV 环量的预报提供了重要参考。

（4）揭示了 TLV 涡心处气核浓度的变化规律。不可凝结气体会显著影响 TLV 的空化过程。为此，本章还分析了不同间隙大小下 TLV 涡心处不可凝结气体浓度的变化规律。结果表明，TLV 涡心处存在明显的不可凝结气体富集现象，且其浓度与 TLV 的环量高度相关，TLV 环量越大，涡心处的不可凝结气体浓度越大。但是，当间隙较小时，TLV 结构不稳定，且其环量会由于诱导涡的作用而迅速耗散，故其涡心处不会出现明显的富集现象。

第 4 章

平直水翼 TLV 空化流动特性

从第 3 章的讨论中可以发现，TLV 流动存在着非常复杂的涡系结构。由于涡心处的压力通常较低，且容易形成气核的聚集，在涡心处往往易于诱发空化，形成 TLV 空化。TLV 空化发生后，其剧烈的相变过程及空化流动天然的不稳定性将会显著影响当地的旋涡结构，而旋涡结构的演变又会反过来影响当地空化的发展，存在着显著的空化-旋涡相互作用。此外，在某些工况下，水翼的吸力面还可能会形成较为剧烈的片空化，其与 TLV 空化也会产生一定的相互作用，进一步增加 TLV 空化的复杂程度。正是因为如此，尽管在近几十年很多研究者对此类空化流动开展了大量的研究，但是对于其流动特性的认识依然不够深入。为此，本章将在第 3 章研究的基础上，对 TLV 空化流动特性进行系统的研究与讨论。

具体而言，本章将首先在第 3 章研究的基础上，定量评估 TLV 强度、TLV 半径及其涡心处气核浓度对 TLV 空化的影响，并提出一个新的空化数 σ_v，以全面地反映 TLV 强度、TLV 半径及其涡心处气核浓度对 TLV 空化的影响。根据新空化数 σ_v，选取三个典型间隙大小（$\tau=0.2$、0.7、2.0）下的 TLV 空化流动精细化数值计算。基于数值结果，本章将首先深入讨论不同间隙大小下 TLV 空化的演变特性。在此基础上，详细分析空化发生后空化对 TLV 特性（TLV 的强度、半径、气核分布）的影响，以及 TLV 空化对当地涡量与湍动能分布的影响规律、作用机制。此外，本章还将基于试验结果，分析不同边界层厚度对 TLV 空化发展的影响规律，为 TLV 空化的控制提供参考。

4.1　针对旋涡空化流动的新空化数

尽管人们在过去的研究中已经发现，旋涡的强度、半径及涡心处的不可凝结气体浓度对旋涡空化具有重要的影响，但是如何将其影响进行量化一直是个未能解决的问题。另外，空化数作为表征空化状态的无量纲参数，在空化流动中具有非常重要的地位，其定义为

$$\sigma_0 = \frac{p_r - p_b(T)}{\Delta p} \qquad (4\text{-}1)$$

式中：p_r 为参考点压力；$p_b(T)$ 为温度为 T 时初始空泡的泡内总压；Δp 为由系统决定的压差。

通常，对于水而言，空化过程的热力学效应可以忽略，且初始空泡内的不可凝结气体分压可以忽略。在绕水翼的空化流动中，通常取上游无穷远或入口处为压力参考点，即 $p_r = p_{-\infty}$。Δp 一般由主流的速度引起，即 $\Delta p = 0.5\rho_1 U_{-\infty}^2$，则式（4-1）可写为

$$\sigma_0 = \frac{p_{-\infty} - p_v}{0.5\rho_1 U_{-\infty}^2} \qquad (4\text{-}2)$$

式（4-2）为绕水翼空化流动中常用的空化数。对于同一类空化流动，若空化数相同，则其空化状态也基本一致，这给空化研究及工程实践带来了较大的便利。

但是，式（4-2）中没有反映 TLV 强度、半径及水体中不可凝结气体的影响。从第 3 章的讨论可知，对于 TLV 空化而言，旋涡的强度越大，半径越小，越容易发生空化，式（4-2）未能反映该特点。此外，对于 TLV 空化而言，其涡心处的不可凝结气体分压不可忽略。为此，本章将在第 3 章的基础上，提出一个针对旋涡空化流动的空化数，定量地反映旋涡的强度、半径及涡心处的不可凝结气体浓度对旋涡空化的影响。

对于旋涡流动而言，其涡心处到参考点的压降应为

$$\Delta p = p_{-\infty} - \int_0^\infty \rho_1 \frac{v_\theta^2(r)}{r}\mathrm{d}r \qquad (4\text{-}3)$$

若假定其切向速度分布满足 Lamb-Oseen 涡模型，则有

$$\Delta p = p_{-\infty} - \int_0^\infty \rho_1\left[\frac{\Gamma}{2\pi r}(1-\mathrm{e}^{-\alpha r^2/r_c^2})\right]^2 / r\mathrm{d}r = \frac{1}{2}\beta_0\rho_1\left(\frac{\Gamma}{r_c}\right)^2 \qquad (4\text{-}4)$$

式中：β_0 为 Lamb-Oseen 涡模型系数。

由式（2-17）、式（2-18）可知，考虑不可凝结气体分压后，空泡的泡内总压为

$$p_b = p_v + p_{g0}\left(\frac{V_{g0}}{V_v}\right)^\gamma \qquad (4\text{-}5)$$

式中：p_{g0} 为不可凝结气体初始压力；V_v 为当地蒸汽的体积分数，本书中取 $V_v = 0.1$；V_{g0} 为涡心处初始不可凝结气泡对应的体积分数，

$$V_{g0} = \frac{C_{g0}}{\rho_g}\overline{C_{g,c}}^* \qquad (4\text{-}6)$$

因此，对于旋涡空化流动而言，其空化数 σ_v 可以定义为

$$\sigma_v = \frac{p_{-\infty} - p_v - p_{g0}\left(\dfrac{V_{g0}}{V_v}\right)^{\gamma}}{\dfrac{1}{2}\beta_0\rho_l\left(\dfrac{\Gamma}{r_c}\right)^2} \tag{4-7}$$

式（4-7）全面考虑了不可凝结气体、旋涡强度及旋涡半径对旋涡空化的影响。

图 4-1 给出了传统空化数 σ_0 及旋涡流动空化数 σ_v 随间隙大小的变化。为了更好地反映不可凝结气体的影响，图 4-1 中还给出了忽略不可凝结气体影响的旋涡流动空化数 σ_v'：

$$\sigma_v' = \frac{p_{-\infty} - p_v}{\dfrac{1}{2}\beta_0\rho_l\left(\dfrac{\Gamma}{r_c}\right)^2} \tag{4-8}$$

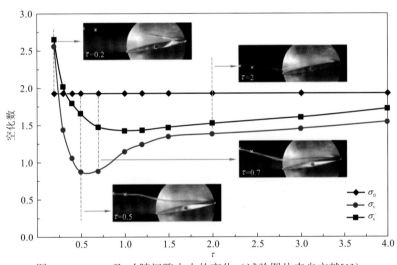

图 4-1　σ_0、σ_v 及 σ_v' 随间隙大小的变化（试验图片来自文献[1]）

为了直观地反映不同间隙大小下 TLV 空化的实际形态，图 4-1 中给出了几个典型间隙大小下试验观测的时均 TLV 空化形态。从图 4-1 中可以看到，随着间隙的改变，传统空化数 σ_0 为定值，但是空化形态、强度发生了显著的变化，这表明其无法准确反映叶顶间隙空化流动的空化状态。作为对比，由于 σ_v 与 σ_v' 均考虑了 TLV 强度及其半径的影响，其大小随着间隙的改变产生了明显的变化。当间隙较小时，由于 TLV 的强度较小，此时对应的 σ_v 与 σ_v' 较大，空化强度较弱；随着间隙的增大，TLV 的强度逐渐增大，空化的强度也在逐渐增大；当间隙进一步增大时，由于 TLV 强度又逐渐减小，此时对应的 σ_v 与 σ_v' 又逐渐减小，试验中观测的 TLV 空化强度也有所减弱。可以看到，σ_v 与 σ_v' 的大小与 TLV 空化的相对强弱基本符合，这表明在此类空化流动的空化数中引入旋涡强度及其半径的影响是非常有必要的。但是应当注意的是，由于 σ_v' 仅考虑了旋涡强度及其半径的影响，未能考虑水体中不可凝结气体的影响，其给出的无量纲间隙大小 $\tau=0.5$ 时的空化数约为 1.7，大于无量纲间隙大小 $\tau=2.0$ 时的空化数（约为 1.5）。这意味着无量纲间隙大小 $\tau=2.0$ 时对应的空化应强于 $\tau=0.5$ 时，与试验中观察到的情况相反。此外，根据 σ_v' 对应的曲线，$\tau=0.7$

时其大小约为 1.5，此时 TLV 空化强度应强于 $\tau=0.5$ 时。但从图 4-1 可以看到，此时两者的空化强度实际上较为接近，这进一步表明仅考虑旋涡强度及其半径影响的 σ_v' 依然不能准确反映 TLV 空化的实际状态。作为对比，σ_v 在 σ_v' 的基础上进一步考虑了不可凝结气体对空化的影响，其给出的无量纲间隙大小 $\tau=0.5$ 时的空化数约为 0.8，显著小于无量纲间隙大小 $\tau=2.0$ 时的空化数（约为 1.4），即此时的空化强度应强于无量纲间隙大小 $\tau=2.0$ 时的 TLV 空化强度，与试验的高速摄影结果一致。此外，对于 $\tau=0.5$、$\tau=0.7$ 这两个工况而言，在考虑不可凝结气体的影响后，σ_v 的大小也非常接近，即其 TLV 空化状态应基本相当，这与试验图像也是高度吻合的。

综上，对于旋涡类空化而言，传统的空化数已经很难准确反映当地空化的实际状态。本节在其基础上，全面考虑了旋涡强度、半径及涡心处不可凝结气体的影响，针对此类流动，提出了一个新的表征空化状态的无量纲参数 σ_v，可以准确反映旋涡空化的实际状态，这为包括 TLV 空化流动在内的旋涡类空化流动机理研究提供了重要参考。

4.2 典型工况下 TLV 空化的演变特性

由于 TLV 空化流动的数值计算需要消耗大量的计算资源，本书仅能对几个典型工况下的 TLV 空化流动进行精细的数值计算。然而根据 4.1 节的讨论可以知道，传统空化数无法对 TLV 的空化状态进行准确描述。相对而言，本章提出的新空化数 σ_v，全面考虑了旋涡强度、半径及涡心处不可凝结气体的影响，可以准确反映 TLV 流动的实际空化状态。为此，本章将新空化数 σ_v 作为主要选取依据，选取三个典型空化工况作为空化流动的算例，以便全面地展示不同间隙大小下 TLV 空化的演变特点。从图 4-1 可以看出，$\tau=0.2$ 和 0.7 对应的新空化数 σ_v 基本为本书研究工况内该空化数的最大值和最小值，而 $\tau=2.0$ 对应的新空化数 σ_v 约为 1.75，与 $\tau=0.2$ 和 0.7 对应的新空化数相差较大，表明它们对应的 TLV 空化状态之间也具有较大的区分度。此外，根据第 3 章对于间隙大小范围的划分，$\tau=0.2$、0.7、2.0 三个间隙恰好分别对应小间隙、中等间隙、大间隙，可以较好地反映壁面的影响。因此，本章将选择 $\tau=0.2$、0.7、2.0 这三个间隙大小作为 TLV 空化的典型工况，进行精细的数值计算，并对其演变特点进行分析和讨论。

4.2.1 间隙大小对空化演变的影响

图 4-2～图 4-4 给出的是各间隙大小下一个典型的片空化演变周期内 TLV 空化、片空化及旋涡结构的演变。为了方便对比、观察空化对当地涡结构的影响，图 4-2～图 4-4 中还给出了对应间隙大小下某个瞬态的无空化流场旋涡结构。可以看到，三个间隙大小下，片空化发生后均对吸力面的旋涡结构产生了显著的影响。当无空化发生时，水翼的吸力面没有明显的流动分离现象，因此在吸力面没有观察到明显的分离涡。然而，一旦片空化发生，受片空化准周期性的初生、发展、脱落、溃灭等行为的影响，吸力面的分离涡也基本呈现出类似的变化规律。此类行为的流动规律和机理与传统的片空化流动基本一致，本书不再赘述。

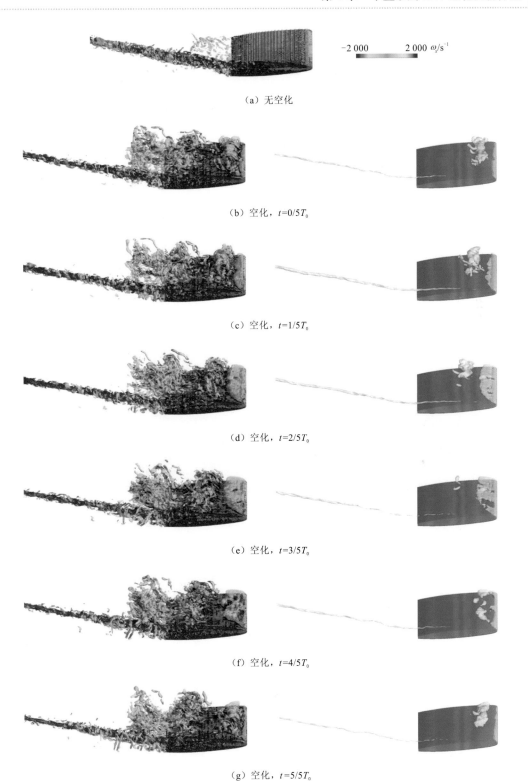

$-2\,000$　　　　$2\,000\ \omega/\text{s}^{-1}$

（a）无空化

（b）空化，$t=0/5T_0$

（c）空化，$t=1/5T_0$

（d）空化，$t=2/5T_0$

（e）空化，$t=3/5T_0$

（f）空化，$t=4/5T_0$

（g）空化，$t=5/5T_0$

图 4-2　一个典型的片空化演变周期内涡结构及空化的演变，大间隙，$\tau=2.0$

T_0 为周期

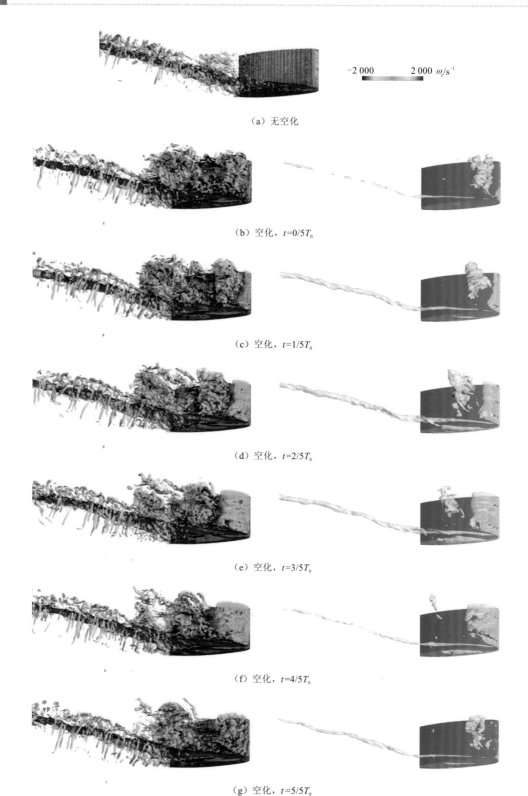

（a）无空化

（b）空化，$t=0/5T_0$

（c）空化，$t=1/5T_0$

（d）空化，$t=2/5T_0$

（e）空化，$t=3/5T_0$

（f）空化，$t=4/5T_0$

（g）空化，$t=5/5T_0$

图 4-3　一个典型的片空化演化周期内涡结构及空化的演变，中等间隙，$\tau=0.7$

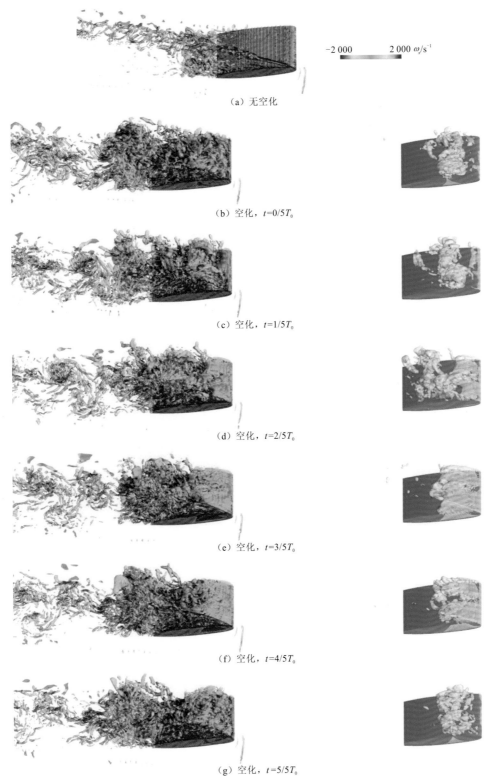

（a）无空化

（b）空化，$t=0/5T_0$

（c）空化，$t=1/5T_0$

（d）空化，$t=2/5T_0$

（e）空化，$t=3/5T_0$

（f）空化，$t=4/5T_0$

（g）空化，$t=5/5T_0$

图 4-4　一个典型的片空化演化周期内涡结构及空化的演变，小间隙，$\tau = 0.2$

从图 4-2～图 4-4 可以看到，随着间隙的不断减小，片空化的强度逐渐增强。这主要是因为，随着间隙的减小，流道截面积逐渐减小，这意味着尽管来流速度没有改变，流体在流过水翼附近时其速度也会在一定程度上增大，进而诱发更为剧烈的片空化。

剧烈的片空化甚至会直接影响 TLV 的形态。从图 4-4 可以看到，当无量纲间隙大小 $\tau=0.2$ 时，对于无空化的 TLV 流动，在叶顶附近可以观察到较为明显的 TLV 结构。但当空化发生后，剧烈的片空化及其相应的旋涡结构演变基本主导了叶顶间隙附近旋涡结构的发展。在叶顶附近可以观察到类似"半卡门涡街"的流动结构，该结构是片空化流动中的典型结构。随着间隙的增大，片空化对 TLV 空化的影响逐渐减弱。当无量纲间隙大小 $\tau=0.7$ 时，TLV 的强度较大，而片空化的强度相对减弱，因此 TLV 空化比较稳定。片空化的准周期性演变行为仅能在其引起大规模空化云溃灭时稍微抑制 TLV 空化的强度，但也很快恢复至其原有水平。此外，由于此时 TSV 强度也较大，在叶顶端面还可以观察到由 TSV 诱发的空化，该处空化在下游会随着 TLV 和 TSV 的融合而与 TLV 空化进行融合。随着间隙的进一步增大（$\tau=2.0$），片空化的强度进一步减弱。但是此时由于 TLV 的环量也较小，其诱发的 TLV 空化也较弱，片空化对其发展也会产生一定的影响。

另外，TLV 空化的演变也会反过来在一定程度上影响片空化的发展。图 4-5 给出了不同间隙大小下时均的空化形态。可以看到，随着间隙的逐渐增大，不但片空化的长度在逐渐减小，其闭合区也由原本的二维结构慢慢变成带有明显圆弧特征的三维结构。事实上，当间隙较大时，TLV 会在水翼的叶顶附近诱导形成绕 TLV 的流动。绕 TLV 的流体在到达水翼吸力面附近时，与水翼表面会产生一定程度的冲击，失去其垂直于水翼表面的速度分量，并增大当地的压力，进而抑制当地的片空化发展，如图 4-6 所示。这种抑制作用随着其与 TLV 结构之间距离的逐渐增大而减小，片空化的长度也逐渐恢复至其原有水平，最终形成片空化闭合区的三维弧形结构。

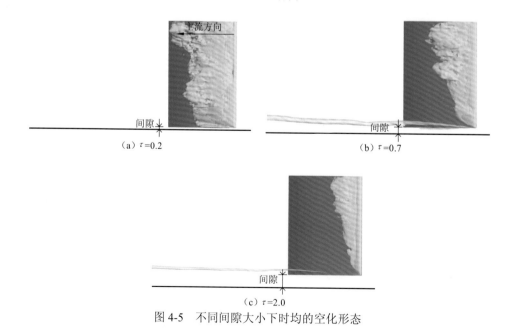

（a）$\tau=0.2$ （b）$\tau=0.7$

（c）$\tau=2.0$

图 4-5　不同间隙大小下时均的空化形态

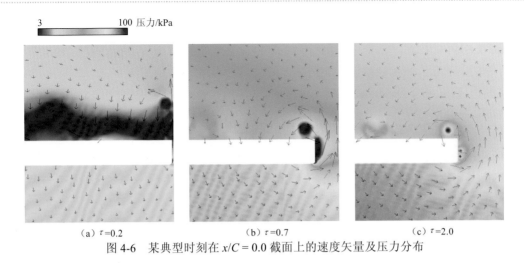

(a) τ=0.2　　　　　　　　　(b) τ=0.7　　　　　　　　　(c) τ=2.0

图 4-6　某典型时刻在 x/C = 0.0 截面上的速度矢量及压力分布

通过以上讨论可以发现，间隙的改变不仅会直接影响 TLV 的环量大小，进而影响其空化的强度，还会通过影响片空化的发展对 TLV 空化产生一定的影响，而 TLV 反过来也会在一定程度上影响片空化。但是片空化对 TLV 空化的影响随着间隙的逐渐增大而迅速削弱。实际上，当间隙较大时，TLV 空化的演变行为基本由叶顶间隙处旋涡结构的演变主导。

4.2.2　TLV 空化的发展阶段及特点

根据第 3 章可知，TLV 空化的行为与片空化演变具有较为明显的不同。除间隙非常小的工况外，TLV 空化的演变很少受到片空化的影响，TLV 空化较为稳定，没有明显的准周期性行为。另外，TLV 空化在不同空间位置上会依次经历各个发展阶段。因此，对于 TLV 空化而言，分析其发展过程应当从空间的角度出发，而非分析片空化时通常采用的时间角度。需要注意的是，从图 4-4 可以看到，当无量纲间隙大小 τ=0.2 时，叶顶间隙附近的空化受片空化演变的影响较大，没有明显的 TLV 空化特征，因此在本节中不再讨论其演变特点。此外，从图 4-2、图 4-3 的对比中可以看到，τ=0.7 时的 TLV 空化可以反映此类空化的绝大部分演变特点。因此，在本节中将主要围绕 τ=0.7 时的 TLV 空化流动展开讨论。在此基础上，本节将考虑间隙大小对该类空化的影响，分析无量纲间隙大小 τ=2.0 时 TLV 空化的演变特点。

图 4-7 给出了 τ=0.7 时某个典型时刻 TLV 空化形态及其相应的旋涡结构。为了方便对比 TLV 空化对当地旋涡结构的影响，图 4-7 还给出了相同工况下无空化流动中的旋涡结构。由于本节主要讨论的是 TLV 空化及当地涡结构的发展，在图 4-7 中未显示吸力面的片空化及其对应的分离涡。从图 4-7 中可以看到，TLV 空化的发展阶段与当地旋涡的发展阶段高度相关。在水翼导边、尾边之间的区域，由于水翼升力的持续作用，TLV 的强度也在逐渐增强，并在其涡心处诱导产生了 TLV 空化，其强度也在逐渐增强。值得注意的是，在此工况下，TSV 的强度也较大，因而在其涡心处同样出现了空化过程，形成了

较为明显的 TSV 空化。TSV 空化的形成反过来也改变了 TSV 的旋涡结构。从图 4-7（c）或图 3-2 中可以看到，无空化发生时，TSV 通常在其形成早期就会被卷吸至 TLV 周围，并与其发生融合，即融合阶段几乎与生长阶段同时发生。但是图 4-7（b）表明，TSV 空化发生后，TLV 和 TSV 的发展在生长阶段的早期比较独立，并不会发生明显的融合行为，即融合阶段会明显晚于生长阶段。随着 TLV 和 TSV 空化的发展，TSV 空化逐渐被卷吸至吸力面，缠绕在 TLV 空化周围，开始与 TLV 空化融合，即融合阶段。与无空化时的融合阶段比较类似，此时的融合阶段也会在水翼的尾边下游继续持续一段距离，直至 TLV 和 TSV 空化完全融合。由于壁面的作用，TLV 也会在壁面附近产生一系列的诱导涡，即诱导涡耗散阶段。诱导涡的强度通常较弱，一般不会在其涡心诱发新的空化现象。但是由于诱导涡与 TLV 的相互作用，TLV 会产生一定程度上的不稳定性，并引起 TLV 空化的摆动行为。虽然在此间隙大小下存在一定的诱导涡耗散效应，在一定程度上减小 TLV 的强度，但是削弱的程度较小，因而 TLV 空化的强度没有呈现明显的减弱现象。实际上，在试验中，涡心处气核的富集进一步抑制了当地的空化溃灭过程，因而 TLV 空化可以在下游持续相当长的距离。

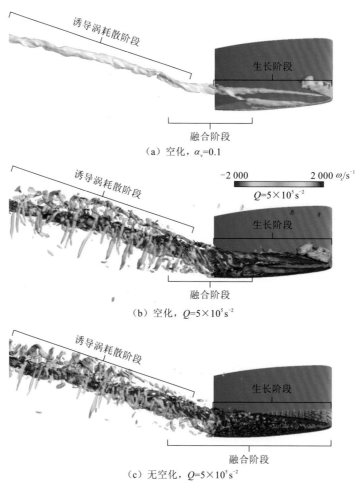

（a）空化，$\alpha_v = 0.1$

（b）空化，$Q = 5 \times 10^5 \mathrm{s}^{-2}$

（c）无空化，$Q = 5 \times 10^5 \mathrm{s}^{-2}$

图 4-7 有无空化时 TLV（空化）流动的发展阶段划分对比，$\tau = 0.7$

当无量纲间隙大小增大至 2.0 时，TLV 的强度减弱，因而 TLV 空化的强度也会相应地减弱。另外，在该间隙大小下，TSV 的强度太小，难以在其涡心处诱发空化，因此此时没有 TSV 与 TLV 空化的融合阶段。该间隙大小下 TLV 空化的发展过程较为简单，即生长阶段、黏性耗散阶段，见图 4-8。

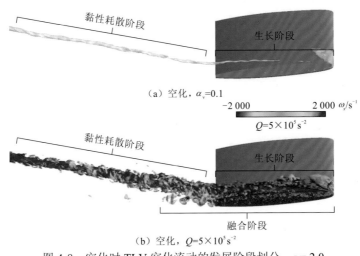

（a）空化，α_v=0.1

－2 000　　　　　　2 000 ω_x/s^{-1}

$Q=5\times10^5$s^{-2}

（b）空化，$Q=5\times10^5$s^{-2}

图 4-8　空化时 TLV 空化流动的发展阶段划分，$\tau=2.0$

4.3　空化对 TLV 的影响

4.3.1　空化对 TLV 强度的影响

如图 4-9 所示，空化发生后，水翼的升力系数会发生显著的改变。根据第 3 章的讨论可以推断，空化的发生也可能显著影响 TLV 的强度。图 4-10 给出了 $\tau=0.2$、0.7 和 2.0 时在水翼下游三个典型断面（$x/C=1.0$、1.2、1.5）上 TLV 环量的变化情况。当间隙较小（$\tau=0.2$）时，水翼吸力面的片空化更为剧烈，其演变也呈现了非常强的准周期性生长、脱落、溃灭等过程，水翼附近的流动结构非常不稳定。受其影响，此时 TLV 的环量也呈现出了较为剧烈的波动。此外，水翼的片空化会占据较大的流道空间，液态水的过流面积减小，进而导致水翼周围的流速增大，并最终使得水翼的升力在一定程度上增大。受其影响，此时 TLV 的强度也明显大于无空化时的强度。相对而言，当间隙较大（$\tau=0.7$）时，水翼吸力面的片空化强度较弱，其准周期性演变行为对水翼的升力影响较小，与无空化时的水翼的升力大小差别较小，因此此时 TLV 的强度也仅呈现出小范围的波动，与无空化时的强度基本相当。这也表明 TLV 的强度主要受片空化的影响，TLV 空化对其自身强度的影响较小。随着间隙的进一步增大（$\tau=2.0$），水翼的片空化强度进一步减小，此时 TLV 的强度与无空化时基本一致，也没有呈现明显的波动。

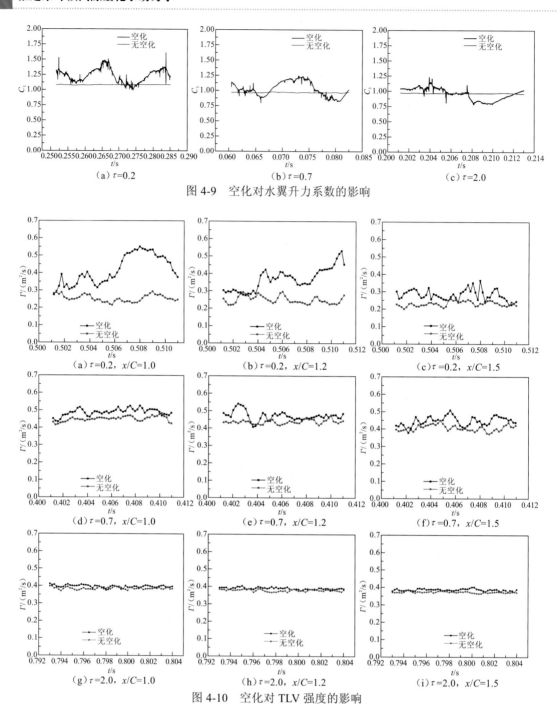

图 4-9　空化对水翼升力系数的影响

图 4-10　空化对 TLV 强度的影响

　　整体而言，空化发生后，TLV 的强度主要受片空化演变行为的影响，TLV 空化对其自身强度的影响较小。一般而言，间隙越小，片空化越不稳定，TLV 的强度也会呈现相应的准周期性波动。随着间隙的逐渐增大，片空化强度逐渐减小，其不稳定性也逐步减弱，TLV 强度逐渐恢复至无空化时的水平，其波动也会逐渐减小。

4.3.2　空化对涡心气核分布的影响

空化的发生会在较大程度上增加 TLV 的不稳定性，这对涡心处气核的富集过程也会产生一定的影响。图 4-11～图 4-13 分别给出了三个间隙大小情况下在不同截面（$x/C=0.0$、0.75、1.5）上空化发生前后 TLV 附近不可凝结气体浓度的分布情况。可以看到，对于小间隙（$\tau=0.2$）而言，空化未发生时在 $x/C=0.0$ 截面上的涡心处存在较为明显的气核富集现象，空化发生后，TLV 涡心处的不可凝结气体浓度显著降低。由于壁面距离很近，该间隙大小下 TLV 很快被耗散，故无论空化是否发生，在下游基本未能观察到明显的气核富集现象。当 $\tau=0.7$ 时，空化对气核分布的影响尤为明显。从图 4-12 中空化前后不可凝结气体浓度分布的对比可以明显看出，空化对 TLV 涡心处气核的富集过程具有显著的影响。对于无空化算例而言，在 $x/C=0.0$、0.75 和 1.5 三个截面上均可观察到涡心处较高的不可凝结气体浓度分布，这表明此时气核在涡心处的富集现象非常显著。但是，空化发生后，其涡心处的不可凝结气体浓度明显减小。一方面，该间隙大小下 TLV 空化强度较大，且片空化非常不稳定，因而此时 TLV 的摆动现象更为明显，不利于气核在涡心处的持续富集；另一方面，空化过程产生的蒸汽密度与不可凝结气体的密度相差较小，此时气核受到的压力梯度力显著小于在纯水中的压力梯度力，进一步削弱了气核在涡心处富集的程度。作为对比，当无量纲间隙大小 $\tau=2.0$ 时，由于此间隙大小下片空化强度较小且较为稳定，其准周期性演变行为不会对 TLV 产生很强的影响，TLV 空化的摆动幅度也较弱。此外，由于此时 TLV 强度较小，其诱发的 TLV 空化强度也较弱，空化区域范围较小，故在其附近依然可以观察到一定程度的气核富集现象。

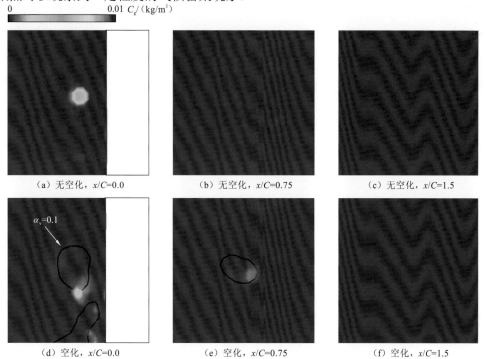

（a）无空化，$x/C=0.0$　　　　（b）无空化，$x/C=0.75$　　　　（c）无空化，$x/C=1.5$

（d）空化，$x/C=0.0$　　　　（e）空化，$x/C=0.75$　　　　（f）空化，$x/C=1.5$

图 4-11　有无空化时 TLV 附近不可凝结气体的浓度分布，$\tau=0.2$

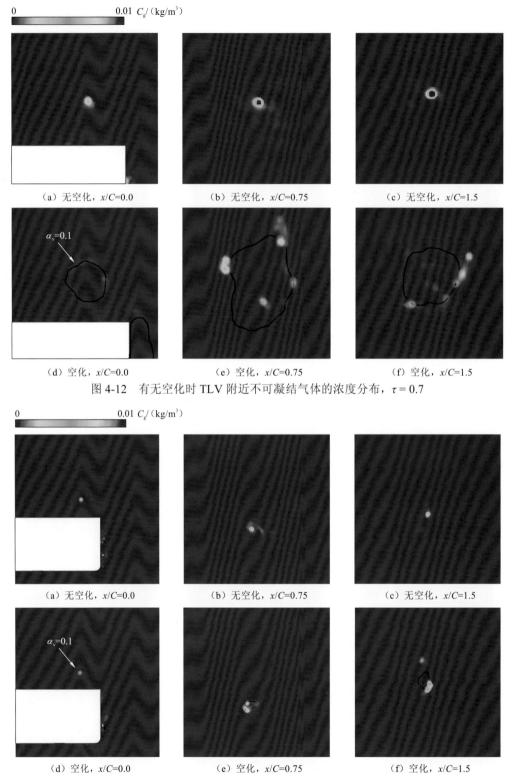

（a）无空化，x/C=0.0　　（b）无空化，x/C=0.75　　（c）无空化，x/C=1.5

（d）空化，x/C=0.0　　（e）空化，x/C=0.75　　（f）空化，x/C=1.5

图 4-12　有无空化时 TLV 附近不可凝结气体的浓度分布，$\tau = 0.7$

（a）无空化，x/C=0.0　　（b）无空化，x/C=0.75　　（c）无空化，x/C=1.5

（d）空化，x/C=0.0　　（e）空化，x/C=0.75　　（f）空化，x/C=1.5

图 4-13　有无空化时 TLV 附近不可凝结气体的浓度分布，$\tau = 2.0$

总体而言，空化对涡心处的气核分布会产生较为明显的影响，其影响程度取决于空化发生后 TLV 在空间上的稳定性及 TLV 空化的强度。TLV 本身越稳定，TLV 空化强度越低，空化对涡心处气核分布的影响就越小；反之，则有可能显著改变涡心处气核的浓度分布情况。

4.3.3　空化对 TLV 半径的影响

空化的发生可能会显著影响 TLV 周围的切向速度分布，如图 4-14 所示。可以看到，空化发生后其切向速度分布不再满足 Lamb-Oseen 涡模型，其最大切向速度明显低于 Lamb-Oseen 涡模型的预估值。此外，还可以发现，在空化区外围的切向速度先上升然后下降，呈现"类刚体旋转"的切向速度分布特点，这与试验的测量结果是吻合的。但是，对于空化涡外部这种切向速度分布的成因目前尚无明确的解释。Arndt 和 Keller[9]就曾基于 Rankine 涡模型提出了一个修正的空化涡模型，但是根据该模型，空化涡外部的切向速度应当在气、液交界面处达到最大值，随着半径的增大一直减小，这与试验观测及本书的模拟结果都不相符。此后，尽管有部分空化涡模型预测的空化涡外部切向速度具备"类刚体旋转"的分布特点，但是由于这些模型更多的是数学上的表达，未能从流动层面上阐释"类刚体旋转"分布形式的成因。

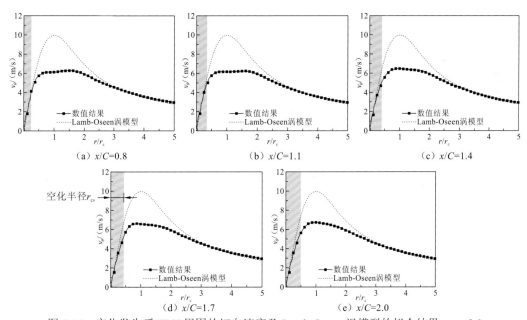

图 4-14　空化发生后 TLV 周围的切向速度及 Lamb-Oseen 涡模型的拟合结果，$\tau = 2.0$

为此，本书将从角动量守恒及液体黏性作用两个方面阐释该类切向速度分布的原因。如图 4-15 所示，考虑在涡心处一个空泡的膨胀/压缩过程，空泡膨胀前其半径约为 0，膨胀后为 r_{cv}。在空泡周围，有一个由流体微团组成的圆环，膨胀前其内径为 r，外径为 $r+dr$（图 4-15 中左侧红色圆环），膨胀后其内径为 R，外径为 $R+dR$（图 4-15 中右侧红色圆环）。

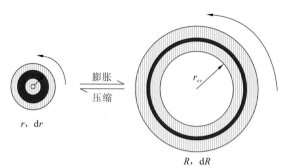

图 4-15　二维涡心处空泡的膨胀/压缩过程

根据连续性方程可知：

$$\rho_l r \mathrm{d}r = \rho_l R \mathrm{d}R \tag{4-9}$$

又由于当 $r \to 0$ 时，$R \to r_{cv}$，则有

$$r = \sqrt{R^2 - r_{cv}^2} \tag{4-10}$$

因此，一个空泡膨胀前距涡心 r 的流体微团，在空泡膨胀后其到涡心的距离为 $R = \sqrt{r^2 + r_{cv}^2}$。假设该过程黏性可以忽略，则该流体微团角动量守恒，有

$$\rho_l v_\theta(r) r = \rho_l v_\theta(R) R \tag{4-11}$$

将式（4-10）代入式（4-11），可得

$$v_\theta(R) = v_\theta(r) \frac{\sqrt{R^2 - r_{cv}^2}}{R} \tag{4-12}$$

若空化发生前，即空泡膨胀前，旋涡周围的切向速度满足 Lamb-Oseen 涡模型，则

$$v_\theta(R) = \frac{\Gamma_0}{2\pi R}[1 - \mathrm{e}^{-\alpha(R^2 - r_{cv}^2)/r_c^2}] \tag{4-13}$$

图 4-16 给出了空化发生前（$r_{cv}=0.00r_c$）及空化半径 r_{cv} 分别取 $0.25r_c$、$0.50r_c$、$0.75r_c$、$1.00r_c$ 时涡周围的切向速度分布。可以看到，空化发生后，随着空化半径的增大，旋涡的半径也在自发地逐渐增大。应当注意的是，当空化半径取不同大小时，由于空化发生前涡心处的流体微团的切向速度均很小，其在空化发生后的切向速度也很小，即空泡内部及气、液交界面处的流体微团的切向速度均基本为 0，在空化半径 r_{cv} 和涡半径 r_c 之间的流体微团的切向速度由 0 迅速增大到最大值，在旋涡空化外部初步形成了"类刚体旋转"的切向速度分布特点。

应当注意的是，在实际流动中，由于流体的黏性作用，在气、液交界面附近，液相一侧的流体会与周围的流体微团发生动量交换，获得一定的切向速度。以 $r_{cv}=0.75r_c$ 为例，涡空化发生后，气、液交界面的流体交换动量，使得气、液交界面附近及涡心处空化区域的流体也获得了一定的切向速度，最终形成了如图 4-17 中虚线所示的切向速度分布。该过程主要由流体的黏性作用产生，会在一定程度上降低涡空化外部区域流体的切向速度梯度，即试验与数值计算中观察到的"类刚体旋转"切向速度分布。

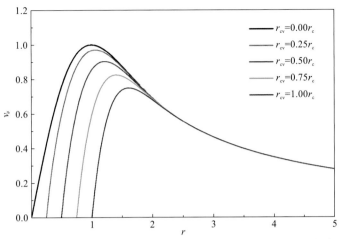

图 4-16　忽略黏性时涡周围的切向速度分布与空化半径的关系

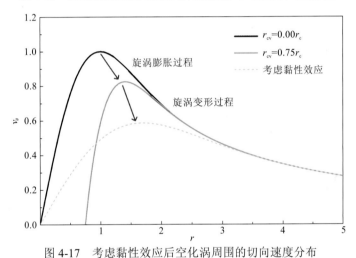

图 4-17　考虑黏性效应后空化涡周围的切向速度分布

　　从上述讨论中还可以发现，涡空化发生前，涡心处具有较大的涡量分布，但是涡空化发生后，空泡的膨胀过程会使得涡心处空化区域的切向速度全为 0，进而导致当地的涡量为 0，这表明涡空化的生长过程会显著降低涡心处空化区域的涡量。另外，涡空化发生后，由于流体的黏性作用，涡心空化区域的蒸汽及气、液交界面附近的液态水会和外围的流体进行动量交换，降低涡空化外部区域的切向速度梯度，进而在一定程度上减小涡空化外部的涡量。由于空泡的膨胀、压缩过程往往与流体的黏性同时对当地的流动结构产生影响，很难直接单独地观察、证实这两个因素的影响。但是，由于空泡的膨胀、压缩过程对涡量的影响可以由涡量输运方程中的压缩膨胀项反映，而流体黏性作用则是通过动量交换引起的旋涡结构变化来影响当地的涡量分布，其影响可以由涡量输运方程中的拉伸扭曲项来体现，因此，借助涡量输运方程考察拉伸扭曲项、压缩膨胀项对涡心空化区域涡量分布的影响，应当可以从侧面验证上述对涡空化外部"类刚体旋转"切向速度分布特点的解释。

4.4　空化对涡量分布的影响

由 4.2 节的讨论可知，空化的发生将会显著改变旋涡的结构，并且有可能改变空化区内、外的涡量分布。为了验证该观点，图 4-18 给出了某个典型时刻无量纲间隙大小 $\tau=1.0$ 时各个截面上 TLV 附近的流向涡量分布，图 4-19 则更为清晰地给出了空化发生后三个典型截面上 TLV 空穴内部及其周围的流向涡量分布。可以看到，随着 TLV 空穴逐渐向下游生长，其内部的流向涡量也在逐渐减小。根据 4.3 节的讨论，出现该现象可能正是由于涡心处空泡的膨胀过程。

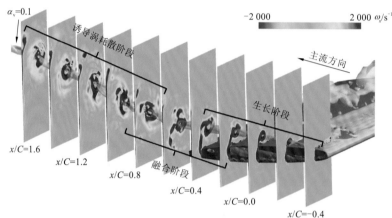

图 4-18　典型时刻 TLV 附近各截面上的流向涡量分布，$\tau=1.0$

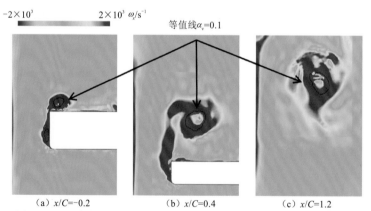

（a）$x/C=-0.2$　　　（b）$x/C=0.4$　　　（c）$x/C=1.2$

图 4-19　三个典型截面上的流向涡量分布及对应的 TLV 空穴轮廓

为了进一步验证涡心内部涡量分布与涡空化发展的关系，本书将利用涡量输运方程对当地的涡量输运过程进行详细的研究。流向涡量的输运方程可写为

$$\frac{\mathrm{d}\omega_x}{\mathrm{d}t}=[(\omega\cdot\nabla)V]_x-[\omega(\nabla\cdot V)]_x+\left(\frac{\nabla\rho_{\mathrm{m}}\times\nabla p}{\rho_{\mathrm{m}}^2}\right)_x+\frac{1}{Re}(\nabla^2\omega)_x \qquad (4\text{-}14)$$

式中：∇ 为哈密顿算子。

式（4-14）等号左边表示涡量随时间的变化速度，等号右边前三项依次表示旋涡的拉伸扭曲项、压缩膨胀项、斜压矩项，最后一项反映黏性耗散效应[20]。应当指出的是，最后一项与前三项相比很小，往往可以忽略，因此在本书的后续讨论中未讨论该项。

图 4-20～图 4-22 分别给出了典型时刻在三个断面上的拉伸扭曲项、压缩膨胀项和斜压矩项的分布。可以看到，在各个断面上，拉伸扭曲项和压缩膨胀项均比斜压矩项大得多，因而在叶顶间隙的空化流动中，TLV 空化附近的涡量分布主要受到拉伸扭曲项和压缩膨胀项的影响，斜压矩项的影响较小。此外，还可以看到，拉伸扭曲项主要分布在涡空化的外部，且在涡空化外围附近主要为负值，表明该项会减小当地的涡量强度。这与 4.3 节中流体黏性作用对当地涡量分布的影响是一致的。另外，通过图 4-21 可以看到，在涡空化的空化区域，当地的压缩膨胀项为负值，而在涡空化区域的外围为正值。这表明，在涡空化流动中，压缩膨胀项会显著减小涡心空化区域的涡量，并增加涡空化外围的涡量强度，与 4.3 节中空泡的膨胀、压缩过程对当地涡量的影响也是相吻合的。

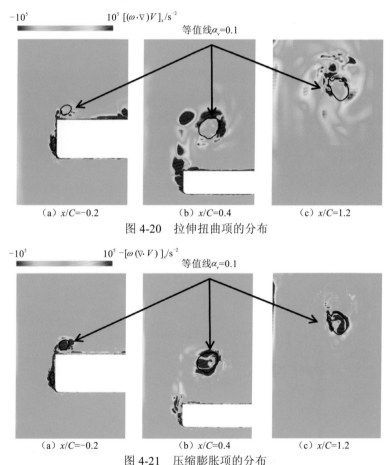

（a）x/C=-0.2　　　（b）x/C=0.4　　　（c）x/C=1.2

图 4-20　拉伸扭曲项的分布

（a）x/C=-0.2　　　（b）x/C=0.4　　　（c）x/C=1.2

图 4-21　压缩膨胀项的分布

本节利用涡量输运方程，不仅详细解释了 TLV 空化流动中涡心内部涡量持续减小的原因，还从侧面证实了 4.3 节中对涡空化外部"类刚体旋转"切向速度分布特点的解释。

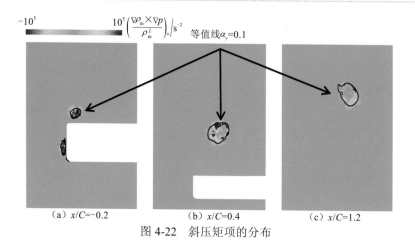

(a) x/C=-0.2　　　　(b) x/C=0.4　　　　(c) x/C=1.2

图 4-22　斜压矩项的分布

4.5　空化对湍动能分布的影响

在间隙空化流动中，另一个受到研究者广泛关注的问题是空化与当地湍流结构之间的相互作用。尽管国内外学者已对其开展了大量的研究，但是由于间隙空化的复杂性，目前对于该问题的认识依然不够。为此，本书将利用数值模拟得到的湍流统计数据对其进行深入的分析。图 4-23 给出了流场中三个点处雷诺应力的统计收敛过程，点 1 的坐标为（x/C=1.0，y/C=0.15，z/C=0.04），点 2 的坐标为（x/C=1.2，y/C=0.21，z/C=0.05），点 3 的坐标为（x/C=1.5，y/C=0.27，z/C=0.07）。从图 4-23 可以看出，雷诺应力在 t=0.3 s 后基本趋于平稳，表明统计的时间是足够的。图 4-24 给出了统计得到的间隙空化周围湍动能的分布及时均的间隙空化形态。可以看到，TSV 周围的湍动能明显高于其他区域，表明湍动能的分布与空间位置高度相关。

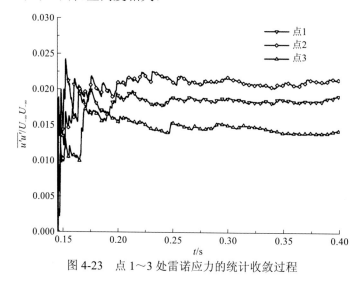

图 4-23　点 1～3 处雷诺应力的统计收敛过程

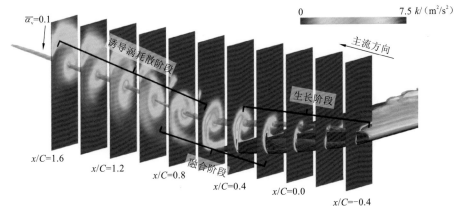

图 4-24　间隙空化周围湍动能的分布及时均的间隙空化形态

为了深入分析当地湍动能的分布情况，本书利用湍动能输运方程对该过程进行了研究分析，该方程可写为

$$\frac{\mathrm{d}k}{\mathrm{d}t} = \underbrace{-\langle u_i'u_k'\rangle \frac{\partial \langle u_i\rangle}{\partial x_k}}_{P_{\mathrm{TKE}}} - \underbrace{\frac{\partial}{\partial x_k}\left(\frac{\langle p'u_k'\rangle}{\rho_{\mathrm{m}}} + \left\langle \frac{1}{2}u_i'u_i'u_k'\right\rangle - \upsilon_{\mathrm{m}}\frac{\partial k}{\partial x_k}\right)}_{D_{\mathrm{TKE}}} - \underbrace{\upsilon_{\mathrm{m}}\left\langle \frac{\partial u_i'}{\partial x_k}\frac{\partial u_i'}{\partial x_k}\right\rangle}_{\varepsilon_{\mathrm{TKE}}} \qquad (4\text{-}15)$$

式中：$k = 0.5\langle u_i'u_i'\rangle$，为单位质量流体的湍动能；$u_i'$ 为脉动速度矢量的 i 向分量；p' 为脉动压力；υ_{m} 为混合相运动黏度。式（4-15）的等号左边代表湍动能的变化率。式（4-15）等号右边的第一项为湍动能的生成项，代表湍动能的生成速率，该项为正时，表示当地流动结构将会从主流中获取能量，以增加当地的湍动能强度；第二项代表的是扩散项，表征由流体的扩散过程引起的湍动能变化；最后一项为黏性耗散项，指的是由流体的黏性耗散引起的当地湍动能强度的变化。

图 4-25～图 4-27 分别给出了间隙空化附近各个截面上的湍动能生成项、扩散项及黏性耗散项的分布情况。可以看到，相比于其他两项，黏性耗散项的强度要小很多，因而在后续分析中该项将会被忽略。如图 4-25 所示，在生长阶段，TSV 空穴附近的湍动能生成项很高，这正是当地湍动能强度较高的原因。相比于 TLV 空穴，TSV 空穴更不稳定，其准周期性的演变也会引起当地速度场的剧烈波动，进而使当地具有较高的湍动能生成速率。然而，TLV 空穴很稳定，因而当地的湍动能生成项也较小。但是，TLV 和 TSV 的融合过程开始后，其剧烈的旋涡相互作用将会显著改变当地的流动状态。其融合过程往往伴随着剧烈的压力和速度脉动，使在当地有剧烈的湍动能生成，见图 4-25。此外，TLV 和 TSV 的融合过程也显著增强了当地的湍动能扩散过程，如图 4-26 所示。从图 4-26 可以看出，TSV 在被卷吸进入 TLV 的过程中，其携带的湍动能也一起进入 TLV 空穴内部。另外，在这一阶段，水翼尾边附近的尾流也会逐渐被卷吸进入 TLV 空穴内部，进一步增强当地的湍动能。

随着 TLV 空穴的发展，从壁面生长出来的诱导涡会被逐渐卷吸到 TLV 空穴周围。TLV 与诱导涡之间的相互作用也会改变当地的湍动能分布，见图 4-25、图 4-26。可以看到，在诱导涡集中的区域，往往也伴随着较强的湍动能生成及扩散。

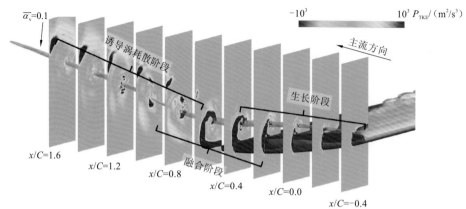

图 4-25　间隙附近湍动能生成项的分布

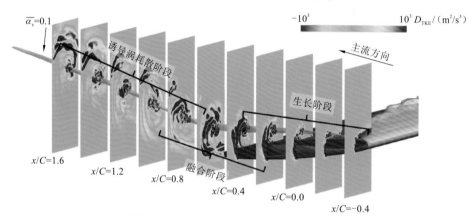

图 4-26　间隙附近湍动能扩散项的分布

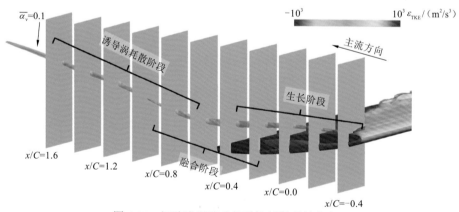

图 4-27　间隙附近湍动能黏性耗散项的分布

此外，Miorini 等[21]在试验中发现 TLV 空穴的内部存在较强的湍动能，但是却没有观测到相应的生成项，其具体原因尚不清楚。为此，图 4-28 给出了三个典型截面上间隙空化周围的湍动能分布及其对应的时均空穴轮廓。可以看到，泄漏涡空化发展至下游后，其空穴内部存在较高的湍动能分布，这与试验观测结果是一致的。Miorini 等[21]指出，其中一个可能的原因是试验中仅能测量平面内湍动能生成项的分量，因而未能考虑其他项

的影响。为了验证该猜想，图 4-29 给出了间隙空化周围湍动能生成项各个分量的分布情况，其中各湍动能生成项的分量定义为

$$P_{\text{TKE}\_ik} = -\langle u_i' u_k' \rangle \frac{\partial \langle u_i \rangle}{\partial x_k} \tag{4-16}$$

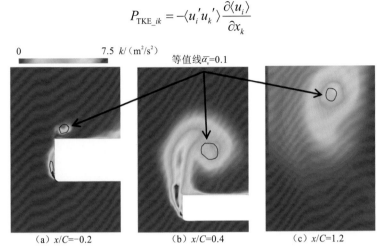

（a）$x/C=-0.2$　　　（b）$x/C=0.4$　　　（c）$x/C=1.2$

图 4-28　间隙空化周围的湍动能分布及其对应的时均空穴轮廓

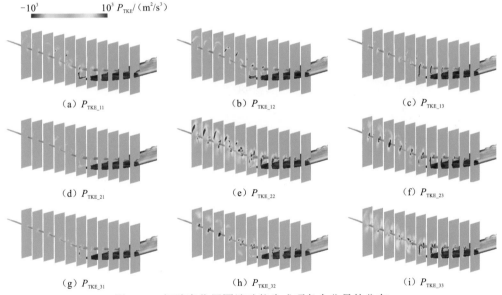

（a）P_{TKE_11}　　　　　（b）P_{TKE_12}　　　　　（c）P_{TKE_13}

（d）P_{TKE_21}　　　　　（e）P_{TKE_22}　　　　　（f）P_{TKE_23}

（g）P_{TKE_31}　　　　　（h）P_{TKE_32}　　　　　（i）P_{TKE_33}

图 4-29　间隙空化周围湍动能生成项各个分量的分布

可以看到，与平面内的湍动能生成项分量（P_{TKE_22}、P_{TKE_23}、P_{TKE_32} 和 P_{TKE_33}）相比，平面外的生成项分量（P_{TKE_11}、P_{TKE_12}、P_{TKE_13}、P_{TKE_21} 和 P_{TKE_31}）小得多，这表明平面外的湍动能生成项对当地湍动能的分布不会产生明显的影响，因此其不是 TLV 空穴内部湍动能较高的主要原因。图 4-30 进一步给出了间隙空化内部及其周围生成项的分布情况。可以看到，在这三个典型截面上，空穴内部的湍动能生成项均很小，这意味着空穴内部的湍动能并非是在当地生成的。图 4-31 给出了三个典型截面上间隙空化内部及其周围扩散项的分布情况。可以看到，在生长阶段，TLV 和 TSV 空穴比较独立，因而两

者之间没有明显的湍动能扩散现象，此时 TLV 空穴内部的湍动能强度也较低；而在融合阶段，TLV 和 TSV 空穴的融合过程则导致了剧烈的湍动能扩散过程，大量的湍动能从 TLV 空穴周围输运到 TLV 空穴内部，导致了当地很高的湍动能分布。以上研究表明，湍动能的扩散项引起的湍动能输运是 TLV 空穴内部高湍动能形成的主要原因。

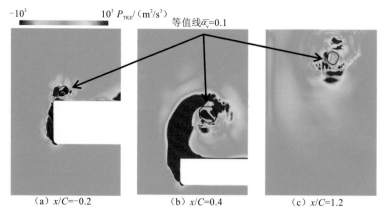

（a）$x/C=-0.2$ （b）$x/C=0.4$ （c）$x/C=1.2$

图 4-30　间隙空化周围湍动能生成项的分布及其对应的时均空穴轮廓

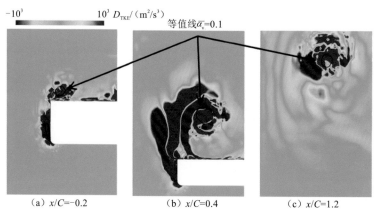

（a）$x/C=-0.2$ （b）$x/C=0.4$ （c）$x/C=1.2$

图 4-31　间隙空化周围湍动能扩散项的分布及其对应的时均空穴轮廓

4.6　边界层对 TLV 空化的影响

图 4-32、图 4-33 分别给出了测量点的具体位置及试验和数值计算得到的各位置处水翼叶顶附近的边界层速度变化。可以看到，在上游位置处，水翼顶部附近的边界层厚度在 3 mm 左右；而在下游位置处，边界层厚度明显增加，已经发展到 5.5 mm。

图 4-34 给出了不同间隙大小下上、下游不同位置处间隙空化形态的对比。可以看到，由于上、下游位置处的边界层厚度由 3 mm 左右增加到 5.5 mm，其对间隙空化的发生、发展及溃灭也产生了一定程度的影响。在相同间隙大小（如 $\tau=0.3\sim1.0$）下，当水翼在上游时，由于边界层较薄，其占据的叶顶间隙内部的空间也较少，相应地，TSV 就可以拥有更多的空间进行发展，此时 TSV 的强度相对而言更大，其诱发的 TSV 空化也更剧烈。

TSV 诱发的空化会随着 TLV 与 TSV 的融合而被卷吸到 TLV 空穴周围,这使得水翼在上游时 TLV 和 TSV 融合后的间隙泄漏涡的空化强度更大。该研究表明,增大边界层厚度可以在一定程度上削弱 TSV,进而对间隙空化产生一定的抑制作用。该结论可为 TLV 空化的控制提供一定的参考。

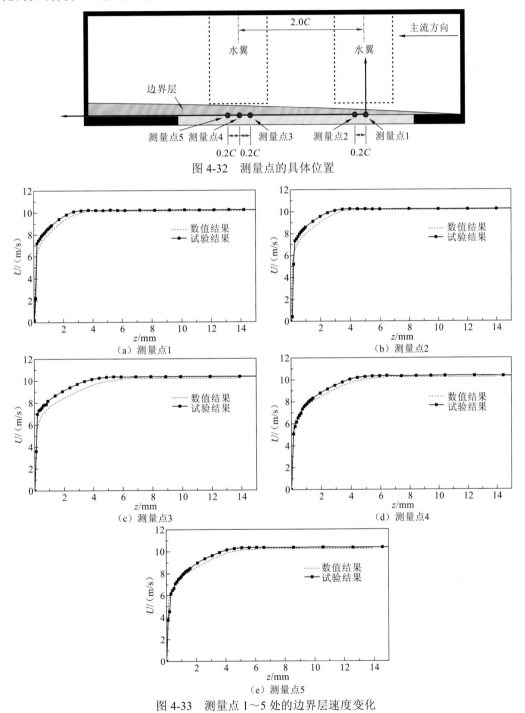

图 4-32　测量点的具体位置

图 4-33　测量点 1～5 处的边界层速度变化

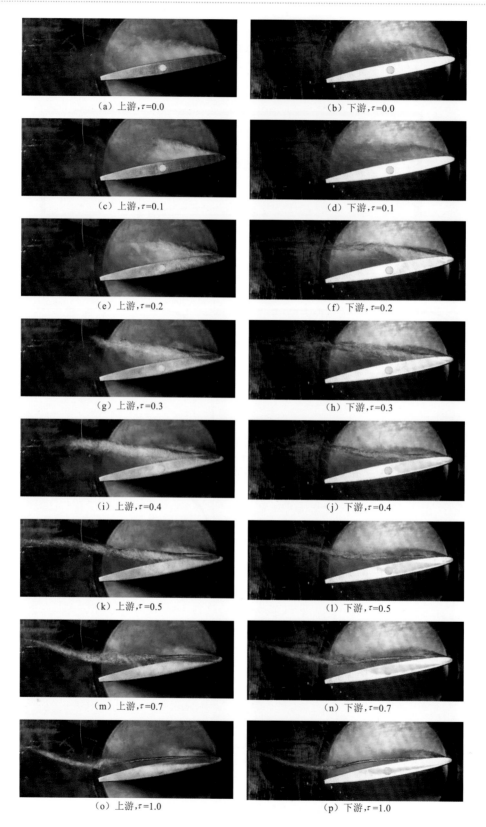

(a) 上游, $\tau=0.0$ (b) 下游, $\tau=0.0$

(c) 上游, $\tau=0.1$ (d) 下游, $\tau=0.1$

(e) 上游, $\tau=0.2$ (f) 下游, $\tau=0.2$

(g) 上游, $\tau=0.3$ (h) 下游, $\tau=0.3$

(i) 上游, $\tau=0.4$ (j) 下游, $\tau=0.4$

(k) 上游, $\tau=0.5$ (l) 下游, $\tau=0.5$

(m) 上游, $\tau=0.7$ (n) 下游, $\tau=0.7$

(o) 上游, $\tau=1.0$ (p) 下游, $\tau=1.0$

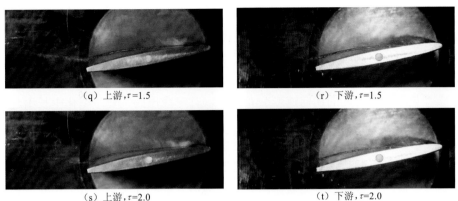

(q) 上游,$\tau=1.5$　　　　　　　　(r) 下游,$\tau=1.5$

(s) 上游,$\tau=2.0$　　　　　　　　(t) 下游,$\tau=2.0$

图 4-34　上、下游位置处间隙空化形态的对比

4.7　本 章 小 结

空化的发生将会显著改变 TLV 的演变行为及当地的流场结构。本章基于模拟数据，细致分析了 TLV 空化的演变特点及空化对 TLV 强度、切向速度的影响，并分别利用涡量输运方程、湍动能输运方程深入分析了空化对涡量、湍动能分布的影响。此外，本章还基于试验数据揭示了边界层对 TLV 空化的影响。本章的主要内容及结论如下。

（1）提出了一个 TLV 空化的新空化数 σ_{v}。传统的空化数未能考虑旋涡强度、半径及不可凝结气体对旋涡空化的影响。为此，本章在第 3 章研究的基础上，提出了一个综合考虑旋涡强度、半径及不可凝结气体对旋涡空化影响的新空化数 σ_{v}。与试验结果的对比表明，该空化数可以更为准确地反映旋涡空化的流动状态。

（2）诠释了空化流动的演变规律。在绕水翼的空化流动中，主要存在两类空化，即水翼吸力面的片空化及叶顶附近的 TLV 空化，两者都明显受到间隙大小的影响。一般而言，间隙越小，流道的实际过流面积越小，绕水翼吸力面的流体流速越高，因而片空化越强。TLV 空化则与 TLV 的演变呈现了高度的相关性。当无量纲间隙大小 $\tau=1.0$ 时，与 TLV 的发展比较类似，TLV 空化的发展阶段可划分为生长阶段、融合阶段及诱导涡耗散阶段。但是受空化的影响，融合阶段的起点被推迟，在生长阶段的后半段才逐渐开始。当无量纲间隙大小 $\tau=0.2$ 时，叶顶间隙附近的空化受片空化演变的影响较大，没有明显的 TLV 空化特征。而当无量纲间隙大小增大至 $\tau=2.0$ 时，TLV 的强度会减弱，因而 TLV 空化的强度也会相应地减弱。另外，在该无量纲间隙大小下，TSV 的强度太小，难以在其涡心处诱发空化，因此此时没有 TSV 与 TLV 空化的融合阶段。该无量纲间隙大小下 TLV 空化的发展过程较为简单，即生长阶段、黏性耗散阶段。

（3）阐明了空化对 TLV 强度、气核分布、切向速度的影响。空化发生后，TLV 的强度主要受片空化演变行为的影响，TLV 空化对其自身强度的影响较小。一般而言，间隙越小，片空化越不稳定，TLV 的强度会呈现相应的准周期性波动。随着间隙的逐渐增大，片空化强度逐渐减小，其不稳定性也逐步减弱，TLV 强度逐渐恢复至无空化时的水平，其波动也会逐渐减小。空化对涡心处的气核分布会产生较为明显的影响，其影响程度取决于空化发生后 TLV 在空间上的稳定性及 TLV 空化的强度。TLV 本身越稳定，TLV 空化强度越低，空化对涡心处气核分布的影响就越小；反之，则有可能显著改变涡心处气核的浓度分布情况。此外，空化发生后，TLV 半径会在一定程度上增大，且在空化区域外围形成"类刚体旋转"的切向速度分布特性，其形成原因主要是空化生长引起的膨胀过程及流动的黏性作用。

（4）揭示了空化对涡量、湍动能分布的影响及其具体作用机制。空化的发生还会显著改变当地的涡量、湍动能分布。本章利用数值模拟数据，较为系统地阐述了间隙空化过程中涡量、湍动能分布的演变规律。对涡量输运方程的分析表明，空化的生长过程是空化涡内部涡量持续减小的原因；而对湍动能输运方程的讨论则表明，湍动能的输运项是空化涡内部湍动能高的主要原因。

（5）研究、分析了边界层对 TLV 空化的影响规律。本章还通过试验观测研究了边界层对 TLV 空化的影响。研究显示，边界层可在一定程度上削弱 TLV 空化的强度，边界层越厚，其对 TLV 空化的抑制作用越显著。该研究表明，增大边界层厚度可以在一定程度上削弱 TSV，进而对间隙空化产生一定的抑制作用。

▶第5章

平直水翼 TLV 空化控制方法

间隙空化一旦发生，将会显著增加水力机械的振动和噪声，并引起大幅度的性能下降，因而如何对间隙空化进行有效抑制一直是人们重点关注的问题。在过去几十年里，研究者提出了多种间隙空化抑制方法，如注水和注气、边界层抽吸、安装涡流发生器与翼尖端板等。但是，这些方法要么结构复杂，难以在实际中推广应用；要么适用的工况范围有限，一旦偏离设计工况，可能引起更为严重的空化。

为此，本书基于对间隙空化演变行为的深入认识，提出了一种悬臂式沟槽（overhanging grooves，OHGs）TLV 空化抑制器，并就其对 NACA0009 TLV 空化流动的抑制效果开展一系列的试验与数值研究。

5.1 OHGs TLV 空化抑制器

图 5-1 分别给出了原始水翼、反空化凸缘（anti-cavitation lip，ACL）（或裙边）、传统沟槽（conventional grooves，CGs）及 OHGs TLV 空化抑制器的结构示意图。可以看到，OHGs TLV 空化抑制器既可以通过其凸出叶片吸力面的部分形成类似 ACL 的凸缘结构，又可以利用相邻两个细长条之间的间隙自然形成类似 CGs 的沟槽结构，兼具了 ACL 及 CGs 的特点，有望产生理想的间隙空化抑制效果。图 5-2 进一步给出了 OHGs TLV 空化抑制器的主要结构参数，包括无量纲化的细长条宽度 W_{b1}、相邻细长条之间的距离 W_{b2}、细长条高出水翼吸力面的高度 H_b 及其厚度 T_b，其定义为

$$W_{b1} = \frac{Width_1}{h} \tag{5-1}$$

$$W_{b2} = \frac{Width_2}{h} \tag{5-2}$$

$$H_b = \frac{Height}{h} \tag{5-3}$$

$$T_b = \frac{Thickness}{h} \tag{5-4}$$

式中：$Width_1$、$Width_2$、$Height$、$Thickness$ 分别为细长条宽度、相邻细长条之间的距离、细长条高出水翼吸力面的高度及其厚度的实际大小；$h = 10$ mm，为水翼的最大厚度。根据 Dreyer[1] 的研究，当沟槽与来流方向之间的夹角 β 为 45°时，沟槽对间隙空化的抑制效果最为显著，因此在本书中该夹角为 45°。图 5-2 中的虚线为各细长条端部的包络线，通过等距偏移水翼的轮廓获得。为了避免引起额外的空化，细长条的端部进行了圆角处理，其圆角半径为 $R_1 = 0.5 W_{b1}$。此外，由于 OHGs 自身具有一定的厚度，加装空化抑制装置会在一定程度上改变间隙的大小。为了便于比较，本书将间隙大小定义为间隙处壁面到水翼端部或 OHGs 表面的最短距离，如图 5-3 所示。

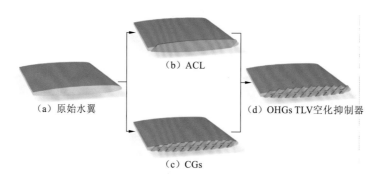

（a）原始水翼　　（b）ACL　　（c）CGs　　（d）OHGs TLV空化抑制器

图 5-1　原始水翼、ACL、CGs 及 OHGs TLV 空化抑制器的结构示意图

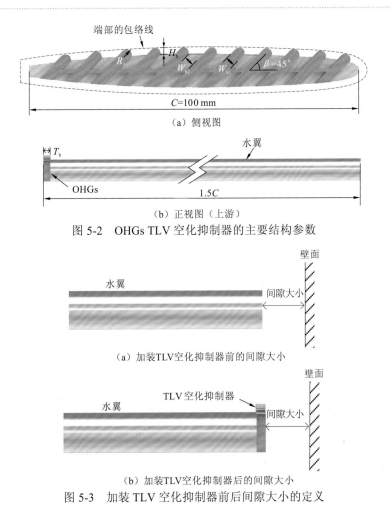

（a）侧视图

（b）正视图（上游）

图 5-2　OHGs TLV 空化抑制器的主要结构参数

（a）加装TLV空化抑制器前的间隙大小

（b）加装TLV空化抑制器后的间隙大小

图 5-3　加装 TLV 空化抑制器前后间隙大小的定义

5.2　OHGs 对 TLV 空化的抑制效果及优化设计

5.2.1　不同空化抑制装置的效果对比

本书首先对比了不同空化抑制装置（ACL、CGs、OHGs）对不同间隙大小下的叶顶间隙空化的抑制效果。图 5-4 给出了试验中原始水翼及安装 ACL、CGs、OHGs 三种空化抑制装置的实物照片。在本组对比试验中，OHGs 的高度 H_b 及厚度 T_b 均为 0.2，细长条的宽度 W_{b1} 及相邻细长条之间的距离 W_{b2} 均为 0.4。相应地，为了避免几何尺寸对空化的影响，ACL 的高度也为 0.2，CGs 的沟槽宽度及沟槽间距均为 0.2，各空化抑制装置的厚度均为 0.2。在试验中各装置均直接用胶水粘在水翼端部。试验结果如图 5-5 所示。可以看到，当间隙较大，如 $\tau=1.0\sim2.0$ 时，ACL 可以较为明显地削弱间隙空化的强度，但是当间隙较小，如 $\tau=0.1\sim0.3$ 时，其对间隙空化的影响很小；与之相反，CGs 在小间隙下可以产生较好的间隙空化抑制效果，但是随着间隙的增大，其抑制效果显著减弱；而对于 OHGs 而言，无论是在大间隙还是在小间隙情况下，其均能很好地抑制间隙空化的发展。与原始水翼及另外两种空化抑制装置相比，安装 OHGs 后，小间隙下的间隙空化得到了较小程度的削弱，而当无量纲间隙大小 τ 增大至 0.7 时，间隙空化已经被显著抑制。随着间隙的进一步增大，其抑制效果更为明显，当无量纲间隙大小 τ 为 2.0 时，加装 OHGs 的间隙空化已经基本被抑制。本书的结果表明，OHGs 能在较大的间隙变化范围内很好地抑制间隙空化，是一种很有潜力的叶顶间隙空化抑制装置。

（a）原始水翼　　　　　　　　　　　　　　（b）ACL

（c）CGs　　　　　　　　　　　　　　　（d）OHGs

图 5-4　原始水翼及安装不同空化抑制装置的实物照片

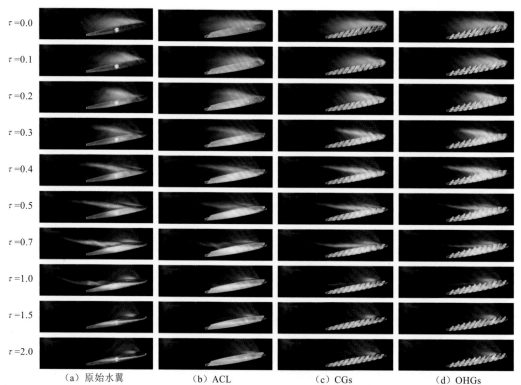

（a）原始水翼　　　　（b）ACL　　　　（c）CGs　　　　（d）OHGs

图 5-5　原始水翼及安装 ACL、CGs、OHGs 后的间隙空化流动

5.2.2　OHGs 结构参数的优化设计

与其他被动式空化抑制装置类似，OHGs 的结构参数也会对其抑制效果产生重大影响。为此，本书进一步开展了一系列对比试验，以对比不同结构参数对其抑制效果的影响，寻求一个效果较好的参数组合。为了简化参数的组合，本书中细长条的宽度 W_{b1} 和相邻两个细长条之间的距离 W_{b2} 相等，均为 W_b。本试验中，OHGs 的具体结构参数的选取范围见表 5-1。

表 5-1　OHGs 结构参数选取范围

OHGs 结构参数	选取范围
宽度 W_b	0.2、0.3、0.4、0.5
高度 H_b	0.1、0.2、0.3
厚度 T_b	0.1、0.2

图 5-6 给出了 W_b 在取不同值时，间隙空化的形态。可以看到，整体上，四个不同的 W_b 取值对各个间隙大小下的间隙空化，尤其是中等间隙及大间隙（$\tau=0.7$、2.0），均能产生较为显著的抑制效果。但是，需要注意的是，随着 W_b 的增大，大间隙情况下 TSV 引发的空化逐渐增强。该处的空化将会随着 TLV 与 TSV 的融合过程逐渐被卷吸到 TLV 附近，成为 TLV 空化的一部分。因此，$W_b=0.2$ 应当是更好的选择。图 5-7 进一步比较了不同 H_b 对 OHGs 空化抑制效果的影响。可以看到，随着 H_b 的增大，OHGs 的抑制效果越来越好。当无量纲间隙大小 τ 为 1.5 时，细长条突出高度 $H_b=0.3$ 的 OHGs 已经基本抑制了 TLV 空化的发生。此外，图 5-8 还给出了不同厚度 T_b 下间隙空化的形态对比。可以看到，$T_b=0.2$ 时 TLV 空化的强度更弱。

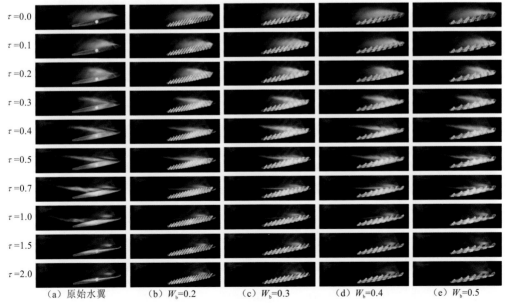

图5-6　不同宽度 W_b 对OHGs空化抑制效果的影响（$H_b=0.2$，$T_b=0.1$）

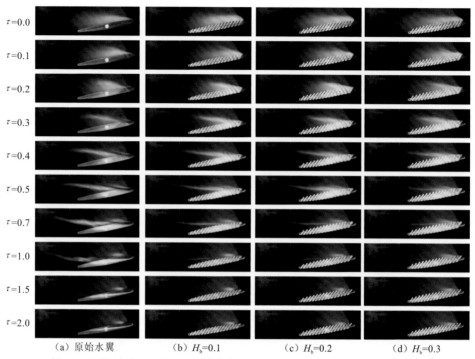

$\tau=0.0$
$\tau=0.1$
$\tau=0.2$
$\tau=0.3$
$\tau=0.4$
$\tau=0.5$
$\tau=0.7$
$\tau=1.0$
$\tau=1.5$
$\tau=2.0$

（a）原始水翼　　（b）$H_b=0.1$　　（c）$H_b=0.2$　　（d）$H_b=0.3$

图 5-7　不同高度 H_b 对 OHGs 空化抑制效果的影响（$W_b = 0.2$，$T_b = 0.1$）

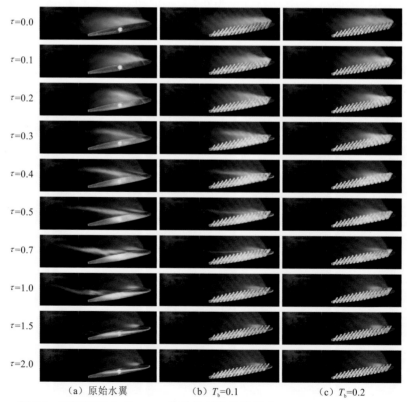

$\tau=0.0$
$\tau=0.1$
$\tau=0.2$
$\tau=0.3$
$\tau=0.4$
$\tau=0.5$
$\tau=0.7$
$\tau=1.0$
$\tau=1.5$
$\tau=2.0$

（a）原始水翼　　　　（b）$T_b=0.1$　　　　（c）$T_b=0.2$

图 5-8　不同厚度 T_b 对 OHGs 空化抑制效果的影响（$W_b = 0.2$，$H_b = 0.3$）

应当注意的是，以上讨论仅是较为初步的优化设计，其目的主要是初步探求该空化控制装置的潜力。在今后的研究中，将会进一步开展基于最优化理论模型的优化设计。

5.2.3　最佳的 OHGs 参数组合

基于上述试验结果，在本书测试的所有参数组合中，效果最好的参数组合为 $W_b=0.2$，$H_b=0.3$，$T_b=0.2$，见表 5-2。本书还进一步测量了加装 OHGs 对水翼升力、阻力特性的影响。其中，升力系数的定义见式（1-31），阻力系数的定义为

$$C_d = \frac{F_x}{0.5\rho U_{-\infty}^2 SC} \tag{5-5}$$

式中：F_x 为水翼受到的阻力大小；S 为水翼的实际展长。

表 5-2　测试中抑制效果最佳的参数组合

参数	值
宽度 W_b	0.2
高度 H_b	0.3
厚度 T_b	0.2

受试验装置的限制，试验中仅能对 τ 为 0.15 和 0.8 两个典型间隙大小下的升力系数、阻力系数进行监测，如图 5-9 所示。可以看到，加装 OHGs 对水翼升力、阻力特性的影响很小，基本可以忽略。

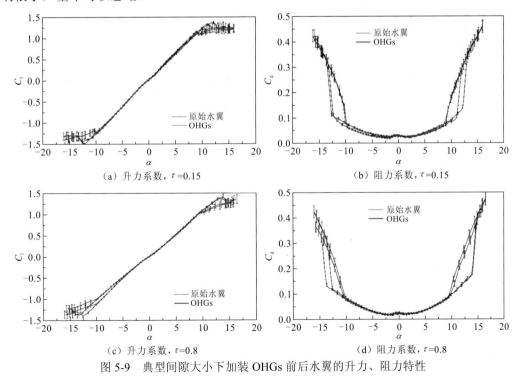

（a）升力系数，$\tau=0.15$　　　　（b）阻力系数，$\tau=0.15$

（c）升力系数，$\tau=0.8$　　　　（d）阻力系数，$\tau=0.8$

图 5-9　典型间隙大小下加装 OHGs 前后水翼的升力、阻力特性

为了更好地研究 OHGs 对 TLV 空化的抑制效果,本书还开展了相应的数值模拟研究。图 5-10～图 5-12 分别给出了三个典型间隙大小下,加装 OHGs 前后试验观测和数值模拟得到的 TLV 空化形态对比。可以看到,虽然数值模拟结果略微低估了 TLV 空化的强度,但是整体上对 TLV 空化的预报与试验结果吻合得还是比较好的。基于数值模拟结果,图 5-13 进一步对比了加装 OHGs 前后叶顶间隙附近无量纲化的 TLV 和 TSV 空化总体积大小 V_{cav} 的变化。V_{cav} 的定义为

$$V_{\text{cav}} = \frac{V_{\text{TLV}} + V_{\text{TSV}}}{V_{\text{hydrofoil}}} \times 1\,000 \qquad (5\text{-}6)$$

式中:V_{TLV}、V_{TSV} 分别为 TLV 和 TSV 空化的体积大小;$V_{\text{hydrofoil}}$ 为水翼的体积,其大小为

$$V_{\text{hydrofoil}} = A_{\text{sec}} S \qquad (5\text{-}7)$$

其中:A_{sec} 为水翼的投影面积;S 为水翼展长,其大小为 $1.5C$。从图 5-13 可以看到:当无量纲间隙大小 τ 为 0.2 时,加装 OHGs 后在叶顶间隙附近 TLV 及 TSV 的无量纲化总体积大小为 3.143,相较于未加装 OHGs 时的总体积减小了约 32%;当无量纲间隙大小增加至 0.7 时,TLV 空化得到了显著抑制,加装 OHGs 后,TLV 及 TSV 的空化总体积锐减至加装前的 10% 左右;对大间隙工况而言,TLV 空化基本上已经被抑制,其空化体积大小仅为加装 OHGs 前的 3% 左右。

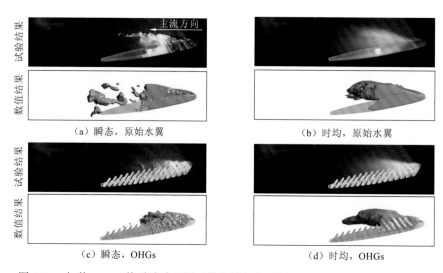

（a）瞬态,原始水翼　　　　　　　　　（b）时均,原始水翼

（c）瞬态,OHGs　　　　　　　　　（d）时均,OHGs

图 5-10　加装 OHGs 前后试验观测及数值模拟得到的 TLV 空化形态对比,$\tau=0.2$

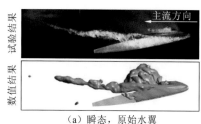 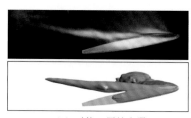

（a）瞬态,原始水翼　　　　　　　　　（b）时均,原始水翼

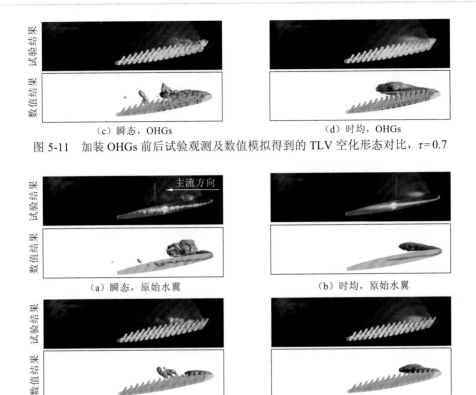

图 5-11　加装 OHGs 前后试验观测及数值模拟得到的 TLV 空化形态对比，$\tau=0.7$

图 5-12　加装 OHGs 前后试验观测及数值模拟得到的 TLV 空化形态对比，$\tau=2.0$

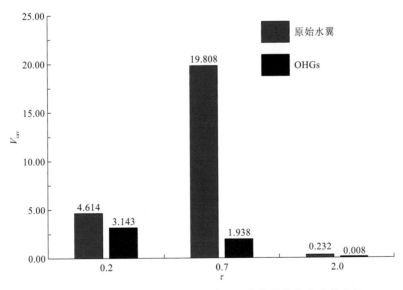

图 5-13　加装 OHGs 前后叶顶间隙附近空化总体积大小的变化

5.3　OHGs 对 TLV 空化的抑制机理

TLV 空化的发展高度依赖于当地旋涡结构的演变行为，因此，若要深入理解 OHGs 对 TLV 空化的具体抑制机制，有必要对加装 OHGs 前后叶顶间隙附近的旋涡结构进行细致分析。图 5-14 给出了无空化数值模拟结果中三个典型间隙大小（$\tau=0.2$、0.7、2.0）下加装 OHGs 前后在叶顶间隙附近的旋涡结构，其中旋涡结构显示的标准为基于时均速度场的 Q 准则等值面（$Q=1.2\times10^6\ \mathrm{s}^{-2}$）。从图 5-14 可以看到，加装 OHGs 后 TLV 的强度得到了显著的抑制。当间隙较小时，对于原始水翼而言，在水翼的 3/4 弦长处依然可以观察到较为明显的 TLV 结构，但是加装 OHGs 后，在水翼 1/4 弦长附近 TLV 就已经基本被破坏。对于中等间隙和大间隙工况而言，情况也基本类似，加装 OHGs 后，TLV 的结构均得到了明显的削弱。图 5-15 进一步给出了某个典型时刻各间隙大小情况下在下游 $x/C=1.0$ 断面上 TLV 附近的切向速度分布，其中的点代表该截面上可以观察到的涡心。对于 $\tau=0.2$ 而言，受壁面和诱导涡的影响，即便是原始水翼，TLV 也很快被耗散，发展至该断面时已经破碎为众多的小旋涡，这也是在原始水翼中 TLV 空化难以发展到下游的原因。加装 OHGs 则会进一步增强该耗散过程，从图 5-15 可以看到，加装 OHGs 后在 $x/C=1.0$ 断面上可以观察到更多的细小旋涡，进而进一步抑制 TLV 空化的发展。此外，从图 5-15 还可以看到，对于中等间隙和大间隙而言，OHGs 的存在会增大 TLV 的半径，这也会对 TLV 空化的抑制产生积极作用。

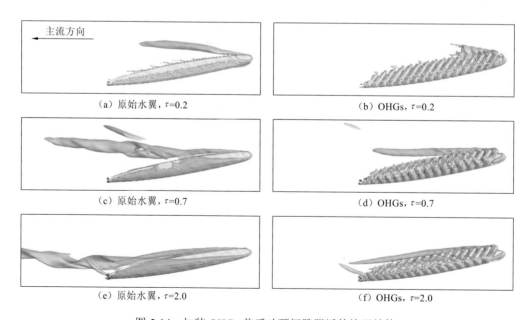

（a）原始水翼，$\tau=0.2$　　　　　　　　　（b）OHGs，$\tau=0.2$

（c）原始水翼，$\tau=0.7$　　　　　　　　　（d）OHGs，$\tau=0.7$

（e）原始水翼，$\tau=2.0$　　　　　　　　　（f）OHGs，$\tau=2.0$

图 5-14　加装 OHGs 前后叶顶间隙附近的旋涡结构

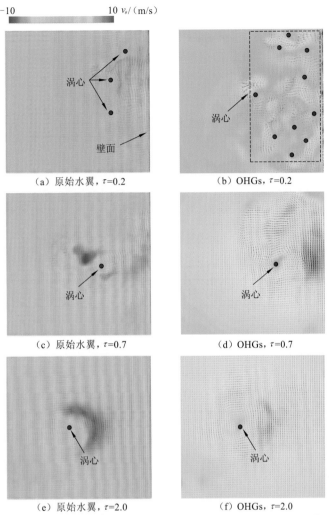

图 5-15　加装 OHGs 前后在断面 $x/C = 1.0$ 上 TLV 附近的切向速度分布

为了定量显示 OHGs 对 TLV 的影响,表 5-3 给出了各间隙大小情况下在下游 $x/C = 1.0$ 断面上加装 OHGs 前后 TLV 的环量、半径及其涡心处压力系数的变化。其中,涡心处的压力系数可由式（5-8）给出:

$$C_{\mathrm{p,min}} = -\beta_0 \left(\frac{\Gamma}{U_{-\infty} r_{\mathrm{c}}} \right)^2 \tag{5-8}$$

式中: β_0 为常数,其大小由涡模型确定。本书采用的涡模型为 Lamb-Oseen 涡模型,相应的 β_0 为 0.044[1]。需要注意的是,由于当 $\tau = 0.2$ 时,该断面上已经不能观察到完整的 TLV 结构,没有给出该间隙大小下 TLV 的半径及其涡心处的压力系数。从表 5-3 可以发现,对于小间隙而言,相比于加装 OHGs 前,加装 OHGs 后该截面上旋涡的总环量得到了减小。图 5-16 进一步给出了 $x/C = 0.25$ 断面上的流向涡量分布及间隙附近的局部放大图。通过图 5-16 的对比可以发现,OHGs 在水翼顶部产生的沟槽结构显著影响了间隙内部的旋涡结构。对于原始水翼而言,TSV 和诱导涡的发展相对独立;但是加装 OHGs 后,即便是在间隙内部，两者已经呈现出很强的相互作用、相互掺混。掺混过程将会快速耗散 TSV 的强度，进而削弱下游断面上的总环量，有利于抑制 TLV 空化。对于中等间隙和大间隙而言，OHGs 对 TLV 环量的削弱效果比较微弱，甚至可能会略微增大 TLV 的环量，这可能是由 OHGs 改变了叶顶处的负载导致的。但是，OHGs 突出吸力面的部分会对 TLV 和 TSV 的融合过程产生一定的阻碍作用，进而增大融合后 TLV 的半径，如图 5-16（c）～（f）所示。这会在很大程度上影响涡心处的压力分布。如表 5-3 所示，当无量纲间隙大小为 0.7 和 2.0 时，未加装 OHGs 时，其涡心处的压力系数 $C_{p,min}$ 分别为-5.446、-2.156。根据 Dreyer[1] 的观测，对应于 TLV 空化，初生的涡心处压力系数为-2 左右。加装 OHGs 后，由于其涡半径分别增大为加装前的 2.5 倍、1.8 倍，其涡心处的压力系数分别增大为-0.791、-0.728，均远高于临界值-2，因而加装 OHGs 后该断面上的 TLV 空化已经基本被抑制。

表 5-3 加装 OHGs 前后 TLV 的环量、半径及其涡心处压力系数的变化

参数	$\tau=0.2$		$\tau=0.7$		$\tau=2.0$	
	原始水翼	OHGs	原始水翼	OHGs	原始水翼	OHGs
$\Gamma/（m^2/s）$	0.196	0.172	0.445	0.424	0.350	0.366
r_c/m	—	—	0.004	0.010	0.005	0.009
$C_{p,min}$	—	—	-5.446	-0.791	-2.156	-0.728

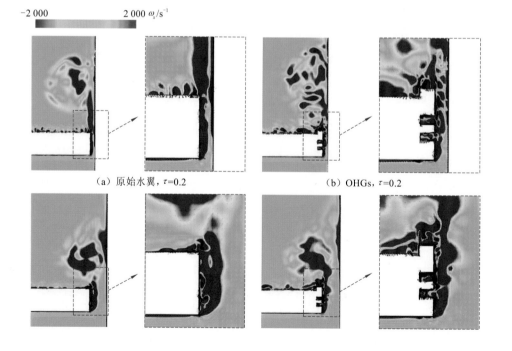

（a）原始水翼，$\tau=0.2$ （b）OHGs，$\tau=0.2$

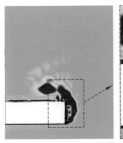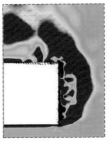

（e）原始水翼，$\tau=2.0$　　　　　　　（f）OHGs，$\tau=2.0$

图 5-16　加装 OHGs 前后在 $x/C=0.25$ 断面上间隙附近的流向涡量分布

从以上分析可以发现：对于小间隙而言，OHGs 可以显著加快 TSV 的耗散，削弱 TLV 的环量，进而抑制 TLV 空化；对于中等间隙和大间隙而言，OHGs 会阻碍 TLV 和 TSV 的融合过程，增大融合后 TLV 的半径，进而减小涡心处的压力下降，抑制 TLV 空化的发生。在各个间隙大小情况下，OHGs 均能有效地抑制 TLV 空化。

5.4　本章小结

TLV 空化的控制是工程实践中迫切希望得到解决的问题。为此，本章提出了 OHGs TLV 空化抑制器，并对其进行了较为深入的研究分析。本章的主要工作如下。

（1）基于对 TLV 空化的认识，提出了 OHGs TLV 空化抑制器，并对其效果进行了试验验证。结果表明，OHGs 较好地结合了 ACL 和 CGs 的优点，在较大的间隙范围内均能对 TLV 空化产生理想的抑制效果。

（2）在此基础上，本章利用试验手段，对 OHGs 的关键参数（宽度 W_b、高度 H_b 及厚度 T_b）进行了优化设计，并分析了优化设计后的 OHGs 对水翼水动力学性能的影响。此外，本书还利用数值模拟方法，针对三个典型间隙大小（$\tau=0.2$、0.7、2.0）下 OHGs 的抑制效果进行了定量的评估。结果表明：针对本书研究的翼型，效果最佳的参数组合为 $W_b=0.2$，$H_b=0.3$，$T_b=0.2$；优化设计后的 OHGs 对水翼升力、阻力性能的影响很小，可以忽略；对于三个典型间隙大小而言，加装 OHGs 后 TLV 空化的总体积分别约为加装前的 68%、10%、3%，抑制效果显著。

（3）利用数值模拟结果，本章还进一步分析了 OHGs 对 TLV 空化的具体抑制机制。结果表明：对于小间隙而言，OHGs 可以显著加快 TSV 的耗散，削弱 TLV 的环量，进而抑制 TLV 空化；对于中等间隙和大间隙而言，OHGs 会阻碍 TLV 和 TSV 的融合过程，增大融合后 TLV 的半径，进而减小涡心处的压力下降，抑制 TLV 空化的发生。在各个间隙大小情况下，OHGs 均能有效地抑制 TLV 空化。

综上所述，OHGs TLV 空化抑制器结构简单，适用间隙范围广，是一种在工程实践中非常具有潜力的被动式 TLV 空化抑制装置。

第 6 章

推进泵试验与数值模拟方法

本章主要对所选用的数值模拟方法和推进泵的模型试验进行介绍，在检验网格敏感性并选取合适网格数量的基础上采用 ANSYS CFX 软件对推进泵的流场进行数值计算，结合高精度的试验分别对 SST-CC 湍流模型、LES WALE 模型耦合 ZGB 空化模型的两种方法进行数值验证，以验证数值模拟结果的准确性。

6.1　推进泵几何模型及坐标系统设定

6.1.1　推进泵几何模型

本书所选用的模型为带前置定子的推进泵模型，其主要由导管、转子、定子及轴套组成，转子作为推进泵最为重要的组成部分，其几何精度将会对数值计算结果的精度产生影响，为了保证几何精度，采用高精度的建模软件 Croe 对推进泵的转子进行几何建模，推进泵的几何模型如图 6-1 所示。

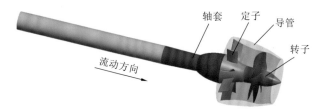

图 6-1　推进泵几何模型示意图

推进泵的主要几何参数如下：叶轮特征直径 $D=0.1664\,\mathrm{m}$，单边叶顶梢隙 $h_{\mathrm{tip}}=1\,\mathrm{mm}$，设计工况下的进速系数 $J_{\mathrm{D}}=1$，空化性能试验时转速为 $n_{\mathrm{c}}=1500\,\mathrm{r/min}$，敞水性能试验时转速为 $n_{\mathrm{nc}}=1320\,\mathrm{r/min}$，叶轮叶片数为 6，导叶叶片数为 8。

6.1.2　坐标系统设定

为了方便研究推进泵外流场，现对外流场新建一个坐标系 $X_1Y_1Z_1$，如图 6-2 所示，而对于叶轮域内流场的分析则不采用该坐标系。新坐标系的坐标原点为导管出口中心，Z_1 轴为桨轴中心线，桨轴中心距离壁面 0.3 m。整个导管的长度为 0.18 m，计算域入口与导管入口的距离为 0.71 m，计算域出口距离导管出口 1.71 m。

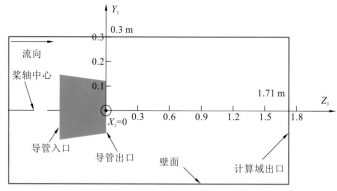

图 6-2　推进泵外流场坐标系统

6.2　推进泵主要性能参数定义

推进泵主要性能参数的定义如下。

进速系数：

$$J = U_Z / (n_m D) \tag{6-1}$$

推进泵总推力系数：

$$K_T = T_T / (\rho_1 n_m^2 D^4) \tag{6-2}$$

转子推力系数：

$$K_{TP} = T_P / (\rho_1 n_m^2 D^4) \tag{6-3}$$

导管推力系数：

$$K_{TD} = T_D / (\rho_1 n_m^2 D^4) \tag{6-4}$$

扭矩系数：

$$K_Q = Q_p / (\rho_1 n_m^2 D^5) \tag{6-5}$$

敞水效率：

$$\eta_0 = J \cdot K_T / (2\pi K_Q) \tag{6-6}$$

转速空化数：

$$\sigma_n = 2(p_1 - p_v) / (\rho_1 n_m^2 D^2) \tag{6-7}$$

流速系数：

$$C_V = V_{local} / (n_m \pi D) \tag{6-8}$$

式中：n_m 为转子转速，r/min；U_Z 为轴向来流速度，m/s；D 为叶轮特征直径，m；T_T 为推进泵总推力，N；T_P 为转子推力，N；T_D 为导管力，N；Q_p 为转模或转子扭矩，N·m；ρ_1 为水的密度，kg/m³；σ_n 为转速空化数，将实桨桨叶在 12 时位置时，0.9R 处的转速空化数作为试验工况的转速空化数；p_1 为计算域入口平均压力，Pa；p_v 为饱和蒸汽压，Pa；V_{local} 为当地的绝对流速，m/s。

6.3　空化水洞简介

本书的推进泵叶顶间隙空化试验主要在上海船舶运输科学研究所的 SSSRI 空化水筒试验台进行。所用的设备主要有：①SSSRI 空化水筒试验台，其由德国 Kempf & Remmers 公司制造，整个水筒试验段的长度为 2.6 m，截面为正方形且四周的圆角半径为 $R_1 = 0.15$ m，正方形截面的尺寸为 0.6 m×0.6 m，整个试验台的示意图如图 6-3 所示，试验时，压力调节装置的工作范围为 10～200 kPa，对应的流场流速范围为 0.2～12 m/s；②除气装置；③LDV 仪；④三维坐标架及控制器；⑤叶轮特征直径为 166.4 mm 的推进泵模型。

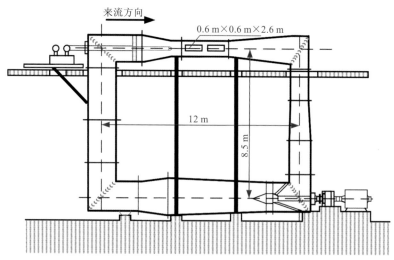

图 6-3　SSSRI 空化水筒试验台示意图

流速测量试验的条件如下：试验时，保持进速系数 $J=0.6$ 和转子转速 $n_m=1\,500$ r/min 不变，并且试验期间水中的相对空气含量 α_1/α_s 约为 0.55（α_1 为水筒内试验水的含气量，α_s 为标准大气压下饱和水的含气量），空化水筒中水的温度为 7.8 ℃。

6.4　试验内容及试验流程

6.4.1　敞水性能试验

推进泵敞水性能试验在上海船舶运输科学研究所的船模拖曳水池中进行，所用的设备主要有：①船模拖曳水池，其主要参数为长 192 m，宽 10 m，深 4.5 m，有效水深为 4.2 m；②试验拖车，其车速范围为 0.2～9 m/s；③荷兰 MARIN 制造的敞水动力仪，该仪器测量的最大推力为 700 N，最大扭矩为 50 N·m；④三个量程为 20 kg 的 MARIN 单分力天平；⑤空气含量仪；⑥推进泵模型，其叶轮特征直径为 166.4 mm，采用 H62 黄铜加工，桨叶和前置定子采用铝合金加工，表面做红色阳极化处理，导管采用有机玻璃加工，表面做抛光处理。

船模拖曳水池敞水性能试验的条件如下：试验时，推进泵桨轴与液面的距离为 2.0D，约为 332 mm。整个试验过程中，船模拖曳水池的温度为 21.6 ℃，并且试验期间水中的相对空气含量 α_1/α_s 约为 0.60。

试验方法如下：试验过程中，保持推进泵转速 $n_{nc}=1\,320$ r/min 不变，通过改变拖车速度的方法来测量不同进速系数 J 下的推进泵外特性数据。船模拖曳水池敞水性能试验如图 6-4 所示（试验时小车前进的方向为正），试验内容如表 6-1 所示。

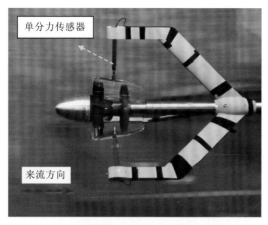

图 6-4　船模拖曳水池敞水性能试验图

表 6-1　船模拖曳水池敞水性能试验测量内容

试验工况	测量仪器	试验测量内容
进速系数 J 的范围：0.2～1.2	MARIN 敞水动力仪	总推力系数 K_T、扭矩系数 K_Q
	MARIN 单分力天平	导管推力系数 K_{TD}

推进泵总推力系数 $K_T = K_{TD} + K_{TP}$，依此可以计算出转子推力系数 K_{TP}，而根据式（6-6）可以计算出敞水效率 η_0。

6.4.2　匀流场空化斗试验

推进泵匀流场空化斗试验在上海船舶运输科学研究所的 SSSRI 空化水筒试验台进行。所用的设备主要有：①SSSRI 空化水筒试验台；②除气装置；③频闪仪；④叶轮特征直径为 166.4 mm 的推进泵模型；⑤J25 动力仪。

推进泵匀流场空化斗试验的条件如下：试验时，水中的相对空气含量 α_1/α_s 约为 0.55，空化水筒中水的温度为 27.6 ℃。

试验方法如下：试验过程中，保持推进泵转速 $n_c = 1\,500$ r/min 不变，在所有叶片中，选择一片能代表全部叶片空化特征的叶片作为观察对象。将频闪仪作为光源，由经验丰富的试验员通过观察来确定转子叶片产生各类型空化的起始位置。通过 SSSRI 空化水筒试验台的压力调节箱改变来流速度或水筒压力，以产生不同空化的起始类型，并由 J25 动力仪记录下相关的试验数据，试验内容如表 6-2 所示。

表 6-2　推进泵匀流场空化斗试验内容

试验工况	试验测量内容
$n_c = 1\,500$ r/min	记录各类型空化开始产生的空间位置
	记录各类型空化起始和消失时的 K_T、σ_n

6.4.3 LDV 试验

试验方法如下：通过 LDV 仪的激光器发射两束绿光，两束绿光的焦点即轴向速度的测量点。在测量完流场中的某一点之后，通过三维坐标系控制器及三维坐标架来控制并改变流场的测量点。选取如图 6-2 所示的坐标系，采用 LDV 仪测量两个不同断面（导管进口上游 100 mm 和导管出口下游 100 mm）处的流场分布。不同方向、不同半径处的测量点如图 6-5 所示，导管入口上游为均匀来流，因此仅测量了 90° 方向不同半径处的流场分布；导管出口下游为非均匀流场，对五个不同方向（0°、22.5°、45°、67.5°、90°）、不同半径处的流场分布进行了测量，并对流速梯度较大的区域测速点进行了加密。LDV 试验图如图 6-6 所示，LDV 试验内容如表 6-3 所示。

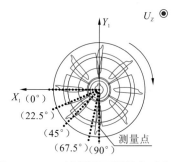

图 6-5　LDV 流场断面测量点示意图

图 6-6　LDV 试验图

表 6-3　LDV 试验测量内容

试验工况	试验测量内容
进速系数 $J=0.6$（转速空化数为 10）	所选断面流场的流速系数 C_V

6.4.4　高速摄影试验

空化工况下推进泵的高速摄影试验在上海船舶运输科学研究所的 SSSRI 空化水筒试验台进行。所用的设备主要有：①SSSRI 空化水筒试验台；②除气装置；③频闪仪；④叶轮特征直径为 166.4 mm 的推进泵模型；⑤J25 动力仪；⑥pco.dimax S4 高速相机。

试验方法如下：试验过程中，保持推进泵转速 n_c=1 500 r/min 不变，在所有叶片中，选择一片能代表全部叶片空化特征的叶片作为观察对象。将频闪仪作为光源，通过 SSSRI 空化水筒试验台的压力调节箱改变水筒压力，由此来产生不同的转速空化数工况。

试验中，频闪仪的频率与叶轮旋转速度有一定的关联，频闪仪的频率 f_s 为

$$f_s = \frac{360 \times n_C}{\theta_p} \tag{6-9}$$

式中：n_C 为叶轮叶片的旋转速度，rad/s；θ_p 为叶轮叶片转过的角度，(°)。

本次试验中，高速相机每 1/3 600 s 拍摄一次，即叶轮叶片每转过 2.5° 拍摄一次，试验内容如表 6-4 所示。

表 6-4　推进泵高速摄影试验测量内容

试验工况	试验测量内容
进速系数 J=0.6（n_c=1 500 r/min）	典型工况下的推进泵梢隙涡空化高速摄像（σ_n=4.17、2）

6.4.5　模型试验工况汇总

各模型试验时的试验工况和测量参数如表 6.5 所示。

表 6-5　各试验工况表

试验	工况	测量参数
敞水性能试验	J=0.2～1.2（固定转速 1 320 r/min）	总推力系数 K_T、扭矩系数 K_Q 及导管推力系数 K_{TD}
LDV 试验	J=0.6（σ_n=10，固定转速 1 500 r/min）	导管上游及下游 100 mm 断面的流速系数 C_V
匀流场空化斗试验	固定转速 1 500 r/min	记录各类型空化起始位置，并测量相应转速空化数 σ_n 和总推力系数 K_T
高速摄影试验	σ_n=4.17 和 2（固定转速 1 500 r/min）	对各工况下的梢隙涡空化的演变过程进行拍摄

6.5 数值模型及方法

传统的研究方法包括理论研究和试验研究。理论研究因拥有概括性的结论得到了广泛的使用，但在计算过程中，通常会对研究对象做各种假设和简化，这种假设和简化会使计算得到的流场中存在非线性流动的情况，其很难通过理论计算直接获得解析值。试验可以对流场中的相关物理量进行直接测量，因此被视为理论研究的进一步延伸，但试验容易受到模型几何精度、试验设备等因素的影响，造成试验测量精度的下降，并且试验测量的成本也较高。数值模拟方法可以在一定程度上克服以上两种研究方法的缺陷，是对传统的理论分析和试验方法的补充与扩展，随着计算机技术的发展，数值模拟方法相比前两种方法更具优势，其不但能够有效降低试验费用，节约人力、财力，而且能获得大量精细的流场数据。

数值模拟是指采用计算机技术对流场中的相关物理量进行求解的过程。在求解过程中，将流场用大量的空间离散点来表征，根据相关的基本原理和方法将这些离散点与连续物理场进行关联，并在不同变量之间构建方程组，然后对方程组进行求解，进而得到物理场内各个变量的近似值。此外，通过数值模拟功能还能求得其他相关变量参数。例如，在推进泵的数值模拟中，除了流场对应的物理信息外，还能获得许多与推进泵流场相关的参数——推进泵叶片的推力系数、扭矩系数、导管推力系数及敞水效率等。

6.5.1 控制方程

对于三维不可压缩流动，假设气、液两相流的问题采用均相模型并忽略两相间的滑移速度，可得连续性方程和动量方程。

连续性方程：

$$\frac{\partial \rho_m}{\partial t} + \nabla(\rho_m u) = 0 \tag{6-10}$$

动量方程：

$$\frac{\partial(\rho_m u_i)}{\partial t} + \frac{\partial}{\partial x_j}(\rho_m u_i u_j) = -\frac{\partial p}{\partial x_i} + \frac{\partial}{\partial x_j}\left(\mu_m \frac{\partial u_i}{\partial x_j}\right) + S_{Mi} \tag{6-11}$$

混合流体密度：

$$\rho_m = \rho_v \alpha_v + \rho_l(1 - \alpha_v) \tag{6-12}$$

混合流体层流黏度：

$$\mu_m = \mu_v \alpha_v + \mu_l(1 - \alpha_v) \tag{6-13}$$

式中：ρ_v、ρ_l 为气相和液相的密度，kg/m^3；μ_v、μ_l 为气相和液相的层流黏度，$Pa·s$；u_i 为多相流体速度矢量的 i 向分量，m/s；p 为流体压力，Pa；S_{Mi} 为动量方程的广义源项，$kg/(m^2·s^2)$。

6.5.2　湍流模拟方法

湍流模拟方法包括：直接数值模拟、LES 及雷诺时均模型。推进泵叶顶梢隙流场十分复杂，为了对梢隙流场进行精细求解，需要采用高精度的数值计算方法，采用 LES 方法可获得梢隙流场中局部的流动细节，而直接数值模拟对于推进泵这种高雷诺数的流动还不适用。若对所有有关推进泵的问题都采用 LES 方法进行求解，将耗费大量的资源。因此，在保证计算精度要求的前提下，可考虑使用雷诺时均模型代替 LES 方法，能有效提高计算效率，节省计算资源，如在对推进泵外特性进行数值模拟时可优先考虑雷诺时均模型。

1. SST-CC 湍流模型

Menter[22]提出的 k-ω SST 湍流模型充分考虑了湍流剪切应力的输运，对于逆压梯度区中的流动分离现象的预报极具优势，相比 Wilcox k-ω 模型和 Baseline k-ω 模型得到了更为广泛的应用。其中，湍动能输运方程为

$$\frac{\partial(\rho_{\mathrm{m}}k)}{\partial t}+\frac{\partial}{\partial x_j}(\rho_{\mathrm{m}}u_j k)=\frac{\partial}{\partial x_j}\left(\Gamma_k\frac{\partial k}{\partial x_j}\right)+G_k-Y_k+S_k \tag{6-14}$$

湍动频率输运方程为

$$\frac{\partial(\rho_{\mathrm{m}}\omega)}{\partial t}+\frac{\partial}{\partial x_j}(\rho_{\mathrm{m}}u_j\omega)=\frac{\partial}{\partial x_j}\left(\Gamma_\omega\frac{\partial \omega}{\partial x_j}\right)+G_\omega-Y_\omega+D_\omega+S_\omega \tag{6-15}$$

基于 Boussinesq 假说，湍动能生成项为

$$G_k=2\mu_t S_{ij}S_{ij} \tag{6-16}$$

湍动频率生成项为

$$G_\omega=\frac{\alpha_\infty}{\alpha_\infty^*}\frac{\rho_{\mathrm{m}}}{\mu_t}G_k \tag{6-17}$$

湍动能耗散项为

$$Y_k=\beta_\infty^*\rho_{\mathrm{m}}k\omega \tag{6-18}$$

湍动频率耗散项为

$$Y_\omega=\beta_i\rho_{\mathrm{m}}\omega^2 \tag{6-19}$$

湍动频率交叉扩散项为

$$D_\omega=2(1-F_1)\rho_{\mathrm{m}}\frac{1}{\sigma_{\omega2}}\frac{1}{\omega}\frac{\partial k}{\partial x_j}\frac{\partial \omega}{\partial x_j} \tag{6-20}$$

湍流中剪切应力的输运作用在 k-ω SST 湍流模型中有显著的体现，并且在 Baseline k-ω 模型的基础上限制了涡黏度，湍流黏度可以表示为

$$\mu_t=\frac{\rho_{\mathrm{m}}k}{\omega}\frac{1}{\max\{1/\alpha_\infty^*,\sqrt{2S_{ij}S_{ij}}F_2/a_1\omega\}} \tag{6-21}$$

湍动能普朗特数为

$$\sigma_k = \frac{1}{F_1 / \sigma_{k1} + (1 - F_1) / \sigma_{k2}} \tag{6-22}$$

湍动频率普朗特数为

$$\sigma_\omega = \frac{1}{F_1 / \sigma_{\omega 1} + (1 - F_1) / \sigma_{\omega 2}} \tag{6-23}$$

湍动频率生成项系数为

$$\alpha_\infty = F_1 \alpha_{\infty 1} + (1 - F_1) \alpha_{\infty 2} \tag{6-24}$$

湍动频率耗散项系数为

$$\beta_i = F_1 \beta_{i1} + (1 - F_1) \beta_{i2} \tag{6-25}$$

式中：ω 为湍动频率；Γ_k 为湍动能有效扩散率，$\Gamma_k = \mu + \mu_t / \sigma_k$；$\Gamma_\omega$ 为湍动频率有效扩散率，$\Gamma_\omega = \mu + \mu_t / \sigma_\omega$；$S_k$、$S_\omega$ 为用户自定义源项；F_1、F_2 为混合函数，$F_1 = \tanh(\Phi_1^4)$，$F_2 = \tanh(\Phi_2^2)$，$\Phi_1 = \min \left\{ \max \left\{ \frac{\sqrt{k}}{0.09 \omega y}, \frac{500\,\mu m}{\rho_m y^2 \omega} \right\}, \frac{4 \rho k}{\sigma_{\omega 2} D_\omega^+ y^2} \right\}$，$D_\omega^+ = \max \left\{ 2 \rho_m \frac{1}{\sigma_{\omega 2}} \frac{1}{\omega} \frac{\partial k}{\partial x_j} \frac{\partial \omega}{\partial x_j}, 10^{-10} \right\}$，$\Phi_2 = \max \left\{ \frac{2\sqrt{k}}{0.09 \omega y}, \frac{500\,\mu m}{\rho_m y^2 \omega} \right\}$；$S_{ij}$ 为应变率张量的分量，$S_{ij} = \frac{1}{2} \left(\frac{\partial u_i}{\partial x_j} + \frac{\partial u_j}{\partial x_i} \right)$；$\alpha_{\infty 1} = \frac{\beta_{i1}}{\beta_\infty^*} - \frac{\kappa^2}{\sigma_{\omega 1} \sqrt{\beta_\infty^*}}$；$\alpha_{\infty 2} = \frac{\beta_{i2}}{\beta_\infty^*} - \frac{\kappa^2}{\sigma_{\omega 2} \sqrt{\beta_\infty^*}}$；$\alpha_\infty^* = 1$；$\beta_\infty^* = 0.09$；$a_1 = 0.31$；$\sigma_{k1} = 1.176$；$\sigma_{\omega 1} = 2$；$\sigma_{k2} = 1$；$\sigma_{\omega 2} = 1.168$；$\beta_{i1} = 0.075$；$\beta_{i2} = 0.0828$；$\kappa = 0.41$。

涡流黏度模型用于计算旋转和大曲率流动时具有明显缺陷，因此 Spalart 和 Shur[23] 提出了旋转修正函数 f_{rot}。Smirnov 和 Menter[24] 将其用于修正 k-ω SST 湍流模型，形成了考虑旋转与曲率修正的 SST-CC 湍流模型，即将 k-ω SST 湍流模型中的湍动能生成项 G_k 修正为 $G_k f_{rot}$。在 SST-CC 湍流模型中，通过对旋转修正函数进行限定来提高稳定性。

湍动能生成项修正系数：

$$f_r' = \max \{0, 1 + C_{scale} (\tilde{f}_r - 1)\} \tag{6-26}$$

限定后的旋转修正函数：

$$\tilde{f}_r = \max \{\min(f_{rot}, 1.25), 0\} \tag{6-27}$$

旋转修正函数：

$$\overline{\Omega}_{ij} = \frac{1}{2} \left(\frac{\partial \overline{u}_i}{\partial x_j} - \frac{\partial \overline{u}_j}{\partial x_i} \cdot \frac{\partial \overline{u}_j}{\partial x_i} \right) \tag{6-28}$$

$$f_{rot} = (1 + C_{r1}) \frac{2 r^*}{1 + r^*} [1 - C_{r3} \arctan(C_{r2} \tilde{r})] - C_{r1} \tag{6-29}$$

式中：C_{scale} 为比例系数，默认值为 1；$C_{r1} = 1.0$；$C_{r2} = 2.0$；$C_{r3} = 1.0$；$r^* = \sqrt{2 S_{ij} S_{ij}} \sqrt{2 \Omega_{ij} \Omega_{ij}}$，$\Omega_{ij}$ 为涡张量的分量，$\Omega_{ij} = \frac{1}{2} \left[\left(\frac{\partial u_i}{\partial x_j} - \frac{\partial u_j}{\partial x_i} \right) + 2 \varepsilon_{mji} \Omega_m^{rot} \right]$，$\varepsilon_{mji}$ 为置换张量分量，Ω_m^{rot} 为系统旋转涡量，无系统旋转时为 0；$\tilde{r} = 2 \Omega_{ik} S_{jk} \left[\frac{dS_{ij}}{dt} + (\varepsilon_{imn} S_{jn} + \varepsilon_{jmn} S_{in}) \Omega_m^{rot} \right] \frac{1}{\sqrt{2 \Omega_{ij} \Omega_{ij}} D^3}$，$D = \sqrt{\max \{2 S_{ij} S_{ij}, 0.09 \omega^2\}}$。

2. LES WALE 模型

（1）LES 方法。LES 技术的基本原理是通过对 Navier-Stokes 方程进行滤波，将大尺度和小尺度的涡分离，滤波过程可以有效地滤除尺度小于滤波宽度或网格间距的涡流。

被滤变量：

$$\overline{\varPhi}(x) = \int_{D_1} \varPhi(x')G(x;x')\mathrm{d}x' \tag{6-30}$$

式中：D_1 为流体域；$\varPhi(x')$ 为与时间有关的任意变量；$G(x;x')$ 为滤波函数。

可将空间域离散为有限的控制体隐式地进行过滤。此时，被滤变量可以表示为

$$\overline{\varPhi}(x) = \frac{1}{V_{\text{cell}}} \int_{V_{\text{cell}}} \varPhi(x')\mathrm{d}x' \tag{6-31}$$

此时，滤波函数为

$$G(x;x') = \begin{cases} 1/V_{\text{cell}}, & x' \in V_{\text{cell}} \\ 0, & x' \notin V_{\text{cell}} \end{cases} \tag{6-32}$$

式中：V_{cell} 为控制体。

LES 的连续性方程：

$$\frac{\partial \rho_{\text{m}}}{\partial t} + \frac{\partial}{\partial x_j}(\rho_{\text{m}}\overline{u}_j) = 0 \tag{6-33}$$

LES 的动量方程：

$$\frac{\partial(\rho_{\text{m}}\overline{u}_i)}{\partial t} + \frac{\partial}{\partial x_j}(\rho_{\text{m}}\overline{u}_i\overline{u}_j) = -\frac{\partial \overline{p}}{\partial x_i} + \frac{\partial}{\partial x_j}\left(\mu_{\text{m}}\frac{\partial \overline{u}_i}{\partial x_j}\right) - \frac{\partial \tau_{ij}^{\text{s}}}{\partial x_j} \tag{6-34}$$

式中：$\overline{u}_i$、$\overline{p}$ 为被滤定的流体速度矢量的 i 向分量和压力；$\tau_{ij}^{\text{s}} \equiv \overline{u_i u_j} - \overline{u}_i\overline{u}_j$ 为亚网格尺度的应力张量分量，包含小尺度的作用。

（2）WALE 模型。在 WALE 模型中，使用涡黏度模型将亚网格尺度的应力张量与大尺度应变率张量分量 $\overline{S}_{ij}$ 结合，亚网格尺度的应力张量分量可以表示为

$$\tau_{ij}^{\text{s}} = -2\upsilon_{\text{sgs}}\overline{S}_{ij} + \frac{\delta_{ij}}{3}\tau_{kk}^{\text{s}} \tag{6-35}$$

式中：$\overline{S}_{ij} = \frac{1}{2}\left(\frac{\partial \overline{u}_i}{\partial x_j} + \frac{\partial \overline{u}_j}{\partial x_i}\right)$，为大尺度应变率张量分量；$\upsilon_{\text{sgs}}$ 为亚网格尺度或大涡的湍流涡黏度；τ_{kk}^{s} 为 τ_{ij}^{s} 的正应力部分。

为使模型封闭，需要引入 υ_{sgs} 的数学模型。Nicoud 和 Ducros[25] 提出了适用于壁面的当地涡黏度模型用于计算。WALE 模型中的 υ_{sgs} 可表示为

$$\upsilon_{\text{sgs}} = (C_{\text{w}}\Delta)^2 \frac{(S_{ij}^d S_{ij}^d)^{3/2}}{(\overline{S}_{ij}\overline{S}_{ij})^{5/2} + (S_{ij}^d S_{ij}^d)^{5/4}} \tag{6-36}$$

式中：C_{w} 为 WALE 模型的模型常数，默认为 0.5；Δ 为网格尺寸；S_{ij}^d 为速度梯度张量平方的对称部分，$S_{ij}^d = \frac{1}{2}(\overline{g}_{ij}^2 + \overline{g}_{ji}^2) - \frac{1}{3}\delta_{ij}\overline{g}_{kk}^2$，$\overline{g}_{ij}^2 = \overline{g}_{ik}\overline{g}_{kj}$，$\overline{g}_{ij}$ 为被滤定的速度梯度张量的

分量，$\bar{g}_{ij} = \dfrac{\partial \bar{u}_i}{\partial x_j}$。

S_{ij}^d 也可以用涡张量表示为

$$S_{ij}^d = \bar{S}_{ik}\bar{S}_{kj} + \bar{\Omega}_{ik}\bar{\Omega}_{kj} - \frac{1}{3}\delta_{ij}(\bar{S}_{mn}\bar{S}_{mn} - \bar{\Omega}_{mn}\bar{\Omega}_{mn}) \tag{6-37}$$

式中：$\bar{\Omega}_{ij}$ 为被滤定的涡张量分量，$\bar{\Omega}_{ij} = \dfrac{1}{2}\left(\dfrac{\partial \bar{u}_i}{\partial x_j} - \dfrac{\partial \bar{u}_j}{\partial x_i}\right)$。

WALE 模型是一个类似于 Smagorinsky 模型的代数模型，但克服了 Smagorinsky 模型的一些已知缺陷，WALE 模型在壁面层流中几乎不产生涡黏性，因此可以较好地捕捉到从层流到湍流的过渡。

6.5.3 空化模型

空化模型的选取对推进泵内空化数值求解的结果非常重要，基于均相流假设和输运方程可以得到各种空化模型，如 Schnerr 空化模型、ZGB 空化模型及 Singhal 空化模型等。相关的研究表明[26-27]，ZGB 空化模型能够很好地预测轴流式或混流式推进泵叶轮域的空化，因此本书选取 ZGB 空化模型对推进泵的空化工况进行数值模拟。ZGB 空化模型将简化的 Rayleigh-Plesset 方程[28]作为相间传质模型，简化的 Rayleigh-Plesset 方程可用来描述液体中气泡生长与压力的关系：

$$R_b\frac{d^2 R_b}{dt^2} + \frac{3}{2}\left(\frac{dR_b}{dt}\right)^2 = \left(\frac{p_v - p}{\rho_l}\right) - \frac{2S_0}{\rho_l R_b} \tag{6-38}$$

式中：S_0 为气、液间的表面张力系数；ρ_l 为液体密度；p_v 为气泡表面气压，可视为饱和蒸汽压；p 为当地流场压力；R_b 为气泡半径。

忽略式（6-38）中的二阶项和表面张力，可表示为

$$\frac{dR_b}{dt} = \sqrt{\frac{2}{3}\frac{p_v - p}{\rho_l}} \tag{6-39}$$

气泡体积变化速率为

$$\frac{dV_b}{dt} = \frac{d}{dt}\left(\frac{4}{3}\pi R_b^3\right) = 4\pi R_b^2\sqrt{\frac{2}{3}\frac{p_v - p}{\rho_l}} \tag{6-40}$$

气泡质量变化速率为

$$\frac{dm_b}{dt} = \rho_v\frac{dV_b}{dt} = 4\pi R_b^2\rho_v\sqrt{\frac{2}{3}\frac{p_v - p}{\rho_l}} \tag{6-41}$$

单位体积的总相间传质速率为

$$m_{vl} = N_b\frac{dm_b}{dt} = N_b 4\pi R_b^2\rho_v\sqrt{\frac{2}{3}\frac{p_v - p}{\rho_l}} = \frac{3\alpha_v\rho_v}{R_b}\sqrt{\frac{2}{3}\frac{p_v - p}{\rho_l}} \tag{6-42}$$

蒸发和凝结过程的质量源项为

$$\dot{m}^+ / \dot{m}^- = F \frac{3\alpha_\mathrm{v}\rho_\mathrm{v}}{R_\mathrm{b}} \sqrt{\frac{2}{3}\frac{|p_\mathrm{v}-p|}{\rho_\mathrm{l}}} \operatorname{sgn}(p_\mathrm{v}-p) \tag{6-43}$$

式中：ρ_v 为气体密度；N_b 为气泡单位体积（气泡密集度值）；α_v 为气体体积分数，$\alpha_\mathrm{v}=4\pi R_\mathrm{b}^3 N_\mathrm{b}/3$；$F$ 为经验校正系数。

尽管式（6-43）可以用于蒸发和凝结过程，但是对于蒸发过程还需要进一步改进。蒸发通常在气核表面发生，空化发生后，随着蒸汽体积分数的增加，气核密度相应减小。为了模拟这个过程，ZGB 空化模型在蒸发时用 $\alpha_\mathrm{nuc}(1-\alpha_\mathrm{v})$ 代替。因此，ZGB 空化模型中的蒸发过程质量源项可表示为[29]

$$\dot{m}^+ = F_\mathrm{vap} \frac{3\alpha_\mathrm{nuc}(1-\alpha_\mathrm{v})\rho_\mathrm{v}}{R_\mathrm{b}} \sqrt{\frac{2}{3}\frac{p_\mathrm{v}-p}{\rho_\mathrm{l}}} \tag{6-44}$$

凝结过程质量源项为

$$\dot{m}^- = F_\mathrm{cond} \frac{3\alpha_\mathrm{v}\rho_\mathrm{v}}{R_\mathrm{b}} \sqrt{\frac{2}{3}\frac{p-p_\mathrm{v}}{\rho_\mathrm{l}}} \tag{6-45}$$

式中：R_b 为气泡半径，$R_\mathrm{b}=10^{-6}$ m；α_nuc 为气核体积分数，$\alpha_\mathrm{nuc}=5\times10^{-4}$；$F_\mathrm{vap}$ 为蒸发系数，$F_\mathrm{vap}=50$；F_cond 为凝结系数，$F_\mathrm{cond}=0.01$。

6.6　计算域及计算设置

在对推进泵进行数值模拟时，需要确保数值模拟计算域与试验段的大小一致。在确定计算域的大小后，对计算域进行划分，包括：含有 6 叶片的叶轮域、含有 8 叶片的定子域及长方体流道域，整个推进泵的计算域如图 6-7 所示。

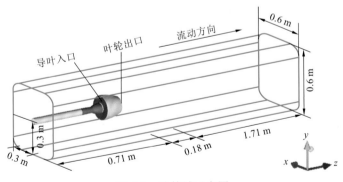

图 6-7　计算域示意图

长方体流道的截面尺寸为 0.6 m×0.6 m，四周圆角半径 $R_1=0.15$ m，长方体流道长为 2.6 m，桨轴中心与长方体流道截面的几何中心重合，导叶入口距离进口 0.71 m，导管在流向方向的长度为 0.18 m。

该部分模拟主要分为两个部分：定常无空化性能数值模拟和非定常空化数值模拟。

（1）定常无空化性能数值模拟。边界条件设置：进口边界采用速度进口，其值由相应工况的进速系数决定，出口采用压力边界条件（大小为 1 atm）；流体设置为 21.6 ℃的水；整个计算域侧面的边界条件采用全滑移条件；推进泵叶片、导管外表面和导叶采用无滑移壁面条件；需要注意的是，叶轮室壁面设置为反转壁面条件；叶轮进口与导叶出口、叶轮出口与导管出口设置为动静交界面，其余区域设置为静静交界面；湍流模型为 SST-CC 湍流模型。

在计算过程中，采用有限体积法对控制方程进行离散，采用二阶迎风格式对对流项离散，扩散项离散采用中心差分格式，时间项离散采用二阶隐式差分格式[30]，残差的收敛精度为 10^{-5}。

（2）非定常空化数值模拟。选择进速系数 $J=0.6$，对不同转速空化数工况下的推进泵流场进行数值模拟，转速空化数依次为 10、4.17 和 2。在本书的推进泵非定常空化数值模拟中，首先进行定常无空化数值模拟，待计算稳定后加入空化模型进行定常空化数值模拟，最后以稳定收敛的稳态空化结果为初始解，进行推进泵非定常空化数值模拟。

进口采用压力进口边界条件，其值由相应工况下的空化数决定，进口的气相体积分数设置为 0，液相体积分数设置为 1；出口采用速度出口边界条件；所有固壁条件设置与定常无空化模拟时保持一致；叶轮进口与导叶出口、叶轮出口与导管出口设置为 Transient Rotor Stator，其余区域设置为静静交界面；采用 LES WALE 模型，空化模型设置为 ZGB 空化模型，饱和蒸汽压设置为 4245.5 Pa（试验测量）。在进行推进泵非定常空化工况的数值模拟时，数值模拟的时间步长十分重要，时间步长的计算公式为

$$\Delta t = \Delta \cdot \text{Courant} / V_{\text{in}} \tag{6-46}$$

式中：Δ 为三维网格尺寸大小，$\Delta = \sqrt[3]{(\Delta x \cdot \Delta y \cdot \Delta z)}$；Courant 为柯朗数，在使用 LES WALE 模型进行计算时，必须保证在单个时间步长内流体流经的网格数小于 1；V_{in} 为进口流速，m/s。

根据式（6-46），最终将时间步长设置为叶轮每旋转 0.75° 计算一次，计算时长为 18 个旋转周期。

在计算过程中，采用有限体积法对控制方程进行离散，采用高精度格式对对流项离散，瞬态项离散采用二阶向后欧拉格式，扩散项离散采用中心差分格式，时间项离散采用二阶隐式差分格式。每个时间步长内的迭代步数为 20，残差的收敛精度为 10^{-4}。

6.7　网格划分及网格无关性分析

6.7.1　网格划分策略

本书采用 ANSYS ICEM 软件对整个计算域进行结构化网格划分，如图 6-8 所示。

叶轮作为推进泵中最为重要的部件，其网格质量对计算结果有很大的影响，并且本书重点研究的是推进泵叶顶梢隙处的流场，其叶顶区域的网格生成对于叶顶梢隙涡流场的细节捕捉至关重要，该处的网格会影响数值计算的滤波尺度，因此需要对叶顶区域的网格质量、网格长宽比和单元网格长度进行控制。

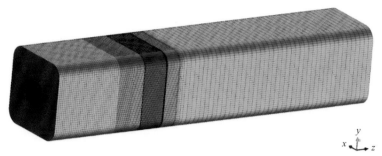

图 6-8　计算域结构化网格

为了提高叶轮的网格质量，整个叶轮使用 J 形拓扑结构，如图 6-9（a）所示，在推进泵叶片周围使用 O 形拓扑来提高叶片周围的网格质量。为了更好地求解梢隙区域的泄漏流动结构，叶顶 1 mm 梢隙内布置 30 层网格，并在叶片厚度方向布置 18 个网格节点，以保证推进泵叶片表面的 y^+ 满足计算要求，如图 6-9（c）所示。

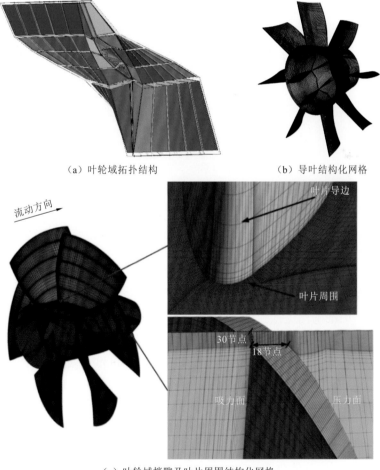

（a）叶轮域拓扑结构　　　　　（b）导叶结构化网格

（c）叶轮域梢隙及叶片周围结构化网格
图 6-9　叶轮和导叶结构化网格

6.7.2 无空化工况结果可靠性分析

不同进速系数工况下推进泵的性能曲线如图 6-10 所示。当进速系数 $J=0.2$ 时，流场中流速较低，导管推力与拖车前进的方向保持一致。随着进速系数 J 的逐渐增大，导管推力方向与拖车前进的方向相反并逐渐增大，推进泵的扭矩系数和推力系数逐渐减小，敞水效率呈先增加后减小的趋势。当进速系数 $J=0.8$ 时，推进泵的敞水效率达到最大值，为 55.11%。当进速系数 $J=1.2$ 时，推进泵的数值模拟结果与试验测量结果的相对误差达到最大值，最大相对误差为 4.2%，这是由于该工况下推进泵计算域内流体的流动分离较为严重，相对误差加大。其余工况的相对误差均较小。

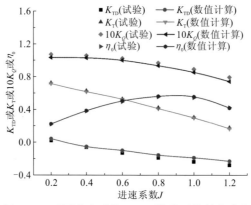

图 6-10　不同进速系数工况下推进泵的性能曲线

总体而言，数值模拟得到的结果与试验测量值的相对误差较小，因此对于推进泵的外特性而言，SST-CC 湍流模型已经能满足计算的精度要求。

6.7.3 空化工况结果可靠性分析

为了对 LES WALE 模型的准确性进行验证，分别基于 LDV 数据和高速摄影图片对 LES WALE 模型的准确性进行验证。现选取进速系数为 0.6 时的不同转速空化数工况进行研究，LDV 试验时转速空化数为 10，高速摄影试验时转速空化数为 4.17 和 2。

分别选取导管进口上游 100 mm 和导管出口下游 100 mm 处的断面进行研究。将数值计算得到的两个断面的时均轴向流速系数与 LDV 试验得到的两个断面的轴向流速系数进行对比分析。当位于导管进口上游 100 mm 断面时，可以看到数值模拟结果和试验结果吻合得较好，如图 6-11 所示；当位于导管出口下游 100 mm 断面时，数值模拟结果与试验测量结果的大体分布是一致的，在靠近桨毂中心处，由于受到尾流场的影响较大，两者存在一些偏差，但总体分布趋势较为吻合，如图 6-12 所示，这也验证了数值模拟方法的可靠性。

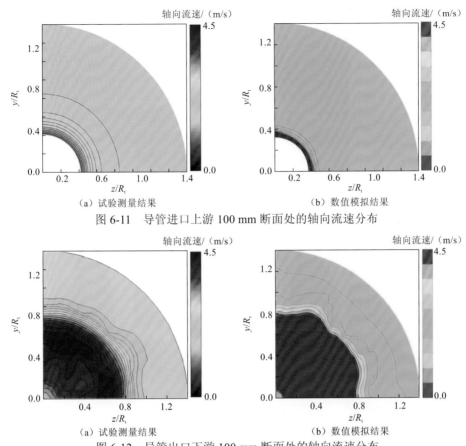

（a）试验测量结果　　　　　　　　　　　　　（b）数值模拟结果

图 6-11　导管进口上游 100 mm 断面处的轴向流速分布

（a）试验测量结果　　　　　　　　　　　　　（b）数值模拟结果

图 6-12　导管出口下游 100 mm 断面处的轴向流速分布

R_t 为推进泵叶轮的特征半径

当转速空化数 $\sigma_n = 4.17$ 时，数值模拟结果和试验结果的对比如图 6-13（a）所示，数值模拟得到的气相体积分数等值面（$\alpha_v = 0.1$）与高速摄影拍摄的推进泵梢隙涡空化具有较好的吻合性，并且数值模拟得到的推进泵梢隙涡空化的起始位置与试验得到的梢隙涡空化起始位置基本吻合。当转速空化数 $\sigma_n = 2$ 时，推进泵叶顶梢隙处的梢隙涡空化已经发展得较为严重，数值模拟对推进泵梢隙涡空化的起始位置及梢隙涡空化在叶片随边处的旋拧现象都进行了较好的预测，如图 6-13（b）所示。

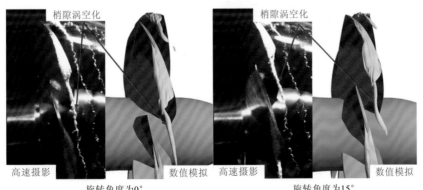

梢隙涡空化　　　　　　　　　　　　　　梢隙涡空化

高速摄影　　　　数值模拟　　　　高速摄影　　　　数值模拟

旋转角度为0°　　　　　　　　　　　旋转角度为15°

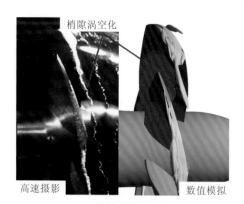

（a）转速空化数σ_n=4.17

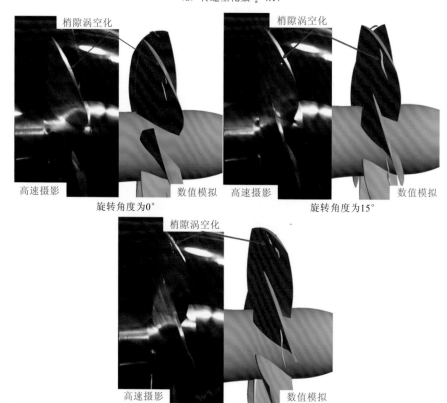

（b）转速空化数σ_n=2

图 6-13　不同转速空化数工况数值模拟结果和试验结果的对比

　　图 6-14 是推进泵叶轮桨盘面位置中某一叶片叶顶梢隙中的压力脉动能量图谱，能量图谱满足-7/3 斜率的惯性子区规律。并且，数值计算得到的叶片表面的平均 y^+ 为 2.45，满足 LES WALE 模型的计算要求。对图 6-11～图 6-14 的分析表明：LES WALE 模型耦合 ZGB 空化模型能对推进泵叶顶梢隙涡空化流场进行准确的求解。

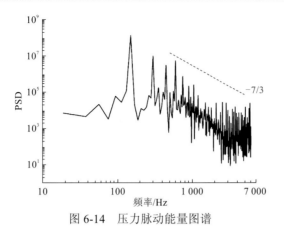

图 6-14　压力脉动能量图谱

6.8　本 章 小 结

　　本章对所用的数值模拟方法和相关的模型试验进行了简单介绍，数值模型包括 SST-CC 湍流模型、LES WALE 模型及 ZGB 空化模型，模型试验包括敞水性能试验、LDV 试验及高速摄影试验。基于 ANSYS ICEM 构造的全结构化网格对推进泵的整个计算域进行数值模拟，并结合相应的模型试验，对数值模拟的准确性展开讨论，主要结论如下。

　　（1）对推进泵整个计算域的网格敏感性进行分析，并选取敞水性能参数作为评价指标，最终选取了网络数为 2 414 万的网格进行计算分析。

　　（2）将 SST-CC 湍流模型计算得到的推进泵敞水性能与船模拖曳水池试验得到的推进泵敞水性能参数进行对比分析发现，SST-CC 湍流模型计算得到的敞水性能参数与试验测量得到的值吻合较好，最大相对误差为 4.2%，在对推进泵的敞水性能进行计算时，SST-CC 湍流模型能满足计算精度要求。

　　（3）在对推进泵梢隙涡空化流场进行数值模拟时，选取了 LES WALE 模型进行数值计算，将 LES 得到的导管进口上游 100 mm 和导管出口下游 100 mm 断面的轴向流速分布与 LDV 试验的测量值进行对比，发现数值模拟结果与试验结果较为吻合；将数值模拟得到的梢隙涡空化与高速摄影图像进行对比，发现数值模拟得到的梢隙涡空化与试验测量吻合较好；对推进泵叶顶梢隙处的压力脉动进行了监测，监测点的压力脉动能量图谱满足-7/3 斜率的惯性子区规律。所有这些结果验证了 LES WALE 模型耦合 ZGB 空化模型能够对推进泵梢隙涡空化流场进行精细、准确的求解。

▶第7章

推进泵 TLV 空化非定常特性

在推进泵叶轮域内，若强剪切力使局部压力低于饱和蒸汽压，就会在该区域发生空化。随着空化从初生到发展剧烈，不但会对推进泵内部的流动稳定性产生不利影响，降低推进泵的推进效率，而且会引发振动和噪声，对水下作战平台的性能产生很大的影响，因此对不同空化工况下的推进泵外特性及外流场展开研究，掌握空化对推进泵外特性和流场影响的规律，可为今后合理减少和避免空化现象的发生，以及分析与控制推进泵的空化流场提供理论依据。

本章选择进速系数 $J=0.6$，通过推进泵的空化斗曲线选择了三个空化工况，即无空化工况（$\sigma_n=10$）、TLV 初生空化工况（$\sigma_n=4.17$）及 TLV 剧烈空化工况（$\sigma_n=2$），并对所选取的典型空化工况（$\sigma_n=2$）的 TLV 的时空演变特性进行分析。同时，对 TLV 空化从无到发展较为剧烈的过程展开研究，分析其对推进泵外流场、外特性及压力脉动的影响。

7.1 推进泵空化工况的选取

匀流场时推进泵的空化斗试验在 6.4.2 小节已经进行了介绍，在试验过程中会对各类型空化的起始位置及该工况下的转速空化数 σ_n 和推进泵的总推力系数 K_T 进行记录，得到匀流场时的推进泵空化斗曲线，如图 7-1 所示。试验中，推进泵流场中各类型的空化包括压力面空化、吸力面空化、TLV 空化、导管空化及流场中的泡空化。

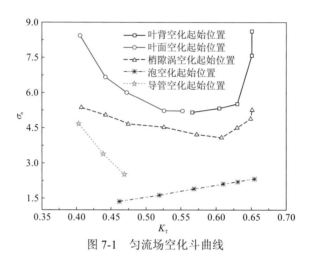

图 7-1 匀流场空化斗曲线

选择进速系数 $J=0.6$ 的工况进行研究，根据进速系数 $J=0.6$ 时的总推力系数 K_T，在图 7-1 的曲线中寻找对应的各类型空化的初始空化数。各类型空化起始位置的试验照片分别如图 7-2（a）～（d）所示。

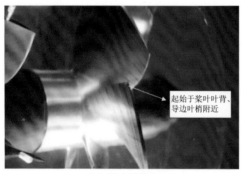

（a）吸力面空化

（b）TLV空化

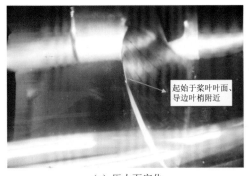

（c）压力面空化　　　　　　　　　　　（d）导管入口处空化

图 7-2　不同类型空化起始位置的试验照片

当进速系数 $J=0.6$ 时，根据匀流场时的推进泵空化斗曲线，选取转速空化数依次为 10、4.17 及 2 的工况。当转速空化数 $\sigma_n=10$ 时，整个推进泵流场内都没有发生空化（$\sigma_n=5.28$ 时，叶片吸力面最先出现空化）；当转速空化数 $\sigma_n=4.17$（TLV 空化初生和叶片吸力面的片空化）时，推进泵 TLV 空化初生；当转速空化数 $\sigma_n=2$（叶顶间隙空化和叶片吸力面的片空化，叶轮域外则没有出现空化）时，TLV 空化发展得较为剧烈。为了更全面地了解推进泵周围复杂的流动情况，选取这三个典型的转速空化数工况进行深入研究。

7.2　典型空化工况下叶顶间隙空化时空演变特性

当转速空化数 $\sigma_n=2$ 时，叶轮域内 TLV 空化发展得较为剧烈，该工况下的 TLV 空化流场的流动现象较为丰富，因此选择该工况的高速摄影图片对 TLV 空化的时空演变进行分析。

当转速空化数 $\sigma_n=2$ 时，不同时刻的 TLV 空化发展如图 7-3 所示。从图 7-3 中可以清楚地看到，此时推进泵叶轮内部的空化发展得较为严重，TLV 空化带具有较长的长度。叶顶间隙空化产生后，由于叶片吸力面与压力面之间压差的作用，叶顶间隙空化经叶顶间隙逐渐向叶梢吸力面处流动，并与主流相互作用形成了 TLV 空化。需要注意的是，TLV 空化的旋转方向与叶片旋转的方向相反。当叶片旋转角度为 0° 时，TLV 空化起始于叶顶弦长的 1/3 处，如图 7-3（a）所示。由于 TLV 空化对叶顶间隙空化的卷吸作用，会在叶顶区域形成一个类似于三角形的稳定空化区域，如图 7-3（b）中的 1 所示。随着 TLV 空化逐渐向下游发展，在靠近叶片随边处，TLV 空化逐渐旋拧结成一团，并且保持旋转方向不变，一起向下游发展，如图 7-3（c）所示。随着叶片的旋转，当运动至 22.5° 时，可以清楚地看到尾部的 TLV 空化带不连续，如图 7-3（d）中的 4 所示，此处的 TLV 空化呈现云状，TLV 空化带呈现出明显的非定常特性，主要表现为：一是 TLV 空化带在运动过程中一直在做旋拧运动；二是 TLV 空化带的位置是变化的，呈现随机波动的空间运动曲线。在 TLV 空化带下游区域，TLV 空化带周围出现了类似涡丝的结构，根据 Miorini 等[31]的研究，该涡丝的出现导致了 TLV 空化的不稳定；从 TLV 空化带脱落的空化会逐渐向下一级叶片的 TLV 空化区域发展，如图 7-3（f）所示。

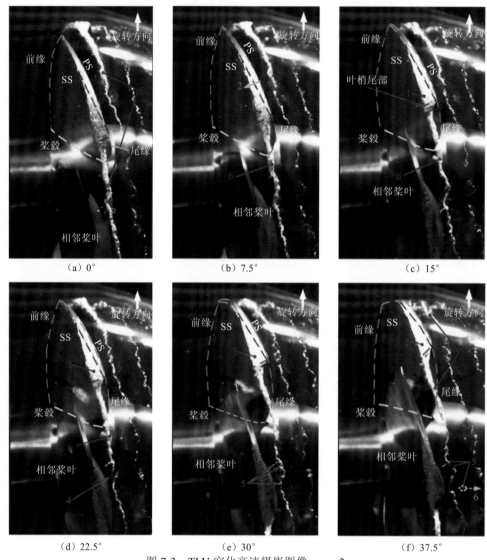

图 7-3　TLV 空化高速摄影图像，$\sigma_n=2$

1 表示叶顶间隙流流经叶顶间隙并与主流相互作用形成的稳定的三角形区域空化；2 表示由于压力面和吸力面压差的作用，流体经叶顶间隙由压力面向吸力面流动；3 表示 TLV 空化在叶梢尾缘处拧结并旋转；4 表示在 TLV 空化带中，有部分区域出现云状空化，导致 TLV 空化不连续；5 表示在 TLV 空化附近，有类似于角涡一样的涡丝；6 表示从 TLV 空化中脱落的空化逐渐向下一级叶片的 TLV 空化处发展；SS 表示吸力面；PS 表示压力面

7.3 不同空化工况下推进泵外流场特性分析

为了研究 TLV 空化的发展对推进泵外流场的影响，现选取 yz 平面（即中纵剖面）的流速系数和湍动能系数云图进行分析。湍动能系数的定义如下：

$$C_k = \sqrt{1.5k} / (\pi nD) \tag{7-1}$$

不同转速空化数工况下，推进泵外流场中纵剖面时均流速系数分布云图如图 7-4 所示。在整个推进泵的外流场中，桨轴及导管的周围存在低流速系数区域，并且随着转速空化数的减小，转轴及导管周围的低流速系数区域的范围明显扩大；在导管出口中心处，由于毂涡的作用，该区域内的流速系数较低，且该低速区被经叶轮叶片作用后的高速流体所包围，随着转速空化数的逐渐减小，该低速流体的量级和范围不断缩小；对于导管后的旋转射流场，随着转速空化数的降低，整个导管后的流场时均流速系数逐渐增大。

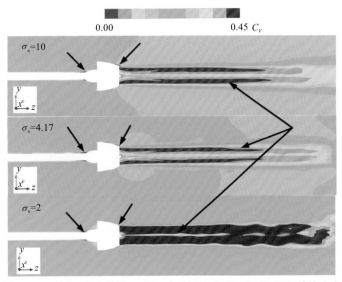

图 7-4   不同转速空化数工况下推进泵中纵剖面时均流速系数分布

不同转速空化数工况下，推进泵外流场中纵剖面湍动能系数分布云图如图 7-5 所示。湍动能高的区域主要出现在导管出流的高速射流区域，并且在尾水锥流场后的桨轴中心区域，由于受到毂涡的作用，也存在很强的湍动能。在高速射流区，湍动能较大的区域出现在靠近整个计算域出口、经推进泵叶轮作用的射流与来流相互作用的区域。

为了对推进泵外流场中的射流特性进行研究，在流场中分别布置监测点进行监测。线 1 为叶轮出口至计算域出口的桨轴中心处，在线 1 上均匀地布置了 13 个监测点。并且，叶轮域出口至计算域出口均匀布置 5 条线，从左往右依次为线 2～线 6（$y \geqslant 0$），且在每条线上均匀布置 11 个监测点。

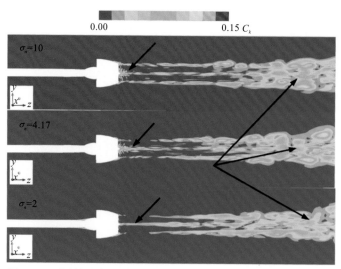

图 7-5　不同转速空化数工况下推进泵中纵剖面湍动能系数分布

推进泵外流场中线 1 上监测点的流速系数分布如图 7-6（a）所示。随着流体逐渐往下游发展，流场的流速系数逐渐增加，相对于转速空化数 $\sigma_n=2$ 的工况，转速空化数 $\sigma_n=10$ 或 4.17 时桨轴中心处的流速系数随 z 的增加变化较为平缓，而转速空化数 $\sigma_n=2$ 时桨轴中心处流速系数的变化较为剧烈，尤其是射流场下游区域。流场线 1 上监测点的湍动能系数分布如图 7-6（b）所示，不同转速空化数工况下桨轴中心处的湍动能系数分布较为复杂，当转速空化数 $\sigma_n=10$ 和 4.17 时，湍动能最大的地方出现在计算域的出口，湍动能随 z 的增加总体呈现上升趋势，而转速空化数 $\sigma_n=2$ 时的最大湍动能系数出现在 $z=0.85$ m 附近；在计算域出口，转速空化数为 2 时的湍动能要明显小于其余两个转速空化数工况。

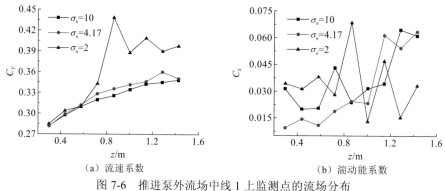

（a）流速系数　　　　　　　　　　　（b）湍动能系数

图 7-6　推进泵外流场中线 1 上监测点的流场分布

推进泵外流场中线 2～线 6 上的流速系数分布如图 7-7 所示。在桨轴中心，即 $y=0$ 处，由于受到毂涡的作用，该处流场的流速较低，随着 y 的逐渐增大，流速系数先增大后减小，三个转速空化数工况下的射流场轴向流速系数的分布规律基本一致，但随着转速空化数的降低，射流场的平均轴向流速系数却是逐渐增加的，这是因为转速空化数的降低，使得叶片表面的载荷增加，导致叶片对流体做功的能力增强；当转速空化数较大时，随着监测点逐渐往下游移动，射流区的范围不断扩大，射流区与层流区之间的交界点不断向 y 轴正向移动，当转速空化数较小时，随着监测点逐渐往下游移动，射流半径先增加后保持不变。

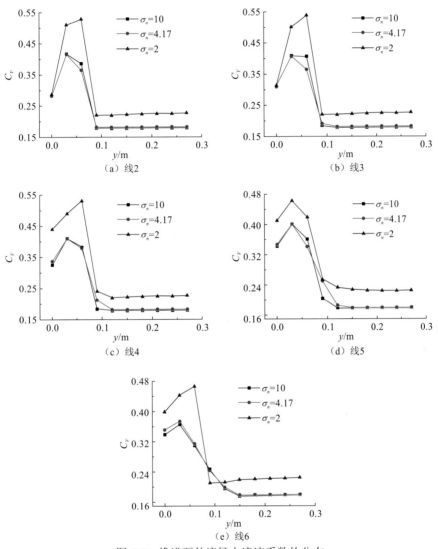

图 7-7　推进泵外流场中流速系数的分布

推进泵外流场中线 2～线 6 上的湍动能系数分布如图 7-8 所示。受到毂涡的影响，在桨轴中心处（$y=0$）的湍动能系数较大；在射流区域，流体为高速旋转射流，因此该区域的流体具有较大的湍动能系数，湍动能系数较大的值出现在 $y=0.052\,\mathrm{m}$ 附近，正好对应叶片半径的 0.75 处，该区域为叶片做功最强的区域，因此该处拥有最大的湍动能系数；当靠近壁面层流区时，不同转速空化数工况下的湍动能系数趋于一致，基本为 0；随着射流逐渐往下游发展，总体而言，湍动能系数为 0 的临界点逐渐往 y 轴正向发展，即射流半径随着流体往下游发展而逐渐扩大。

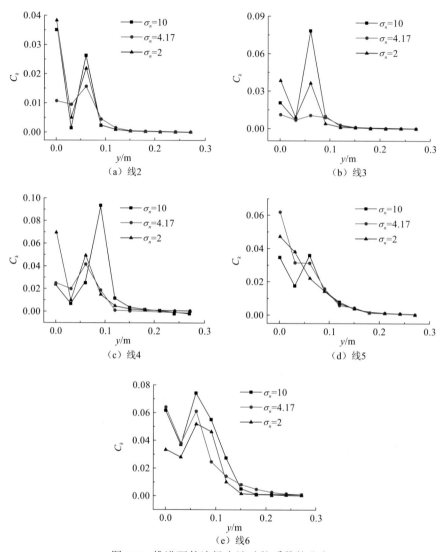

图 7-8　推进泵外流场中湍动能系数的分布

7.4　不同空化工况下推进泵外特性分析

TLV 空化的发展对推进泵的外流场产生了很大的影响，如轴向流速系数和湍动能系数分布。而流场的变化必然会引起推进泵外特性的改变，以下将对不同转速空化数工况下的推进泵的外特性展开分析。

在叶片的一个旋转周期内，分别对不同转速空化数工况下的推进泵总推力系数 K_T、扭矩系数 K_Q 及敞水效率 η_0 等的变化规律展开研究,研究推进泵叶轮域内由无空化到 TLV 初生空化及 TLV 剧烈空化时的推进泵外特性的变化。一个叶片旋转周期内，推进泵系统总推力系数的变化如图 7-9 所示。在一个叶片旋转周期内，推进泵总推力系数呈现类周期的变化规律。当转速空化数 $\sigma_n = 10$ 和 4.17 时，可以看到两个叶片的总推力系数相差不大，说明 TLV 空化的初生对推进泵叶片总推力系数的影响较小。当转速空化数降低至 2 时，推进泵叶轮域内的 TLV 空化发展得较为剧烈，且叶片吸力面也出现了较大面积的片空化，此处片空化的出现使得推进泵总推力系数降低，在该转速空化数工况下，推进泵的总推力性能受空化的影响较大。

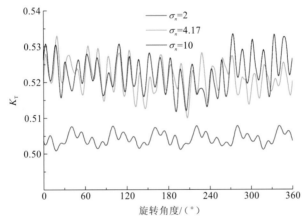

图 7-9　一个旋转周期内推进泵总推力系数的变化（数值模拟）

　一个叶片旋转周期内，推进泵系统的扭矩系数变化如图 7-10 中可以看到：一个旋转周期内，推进泵扭矩系数随时间的变化呈现类周期的变化规律，在转速空化数 $\sigma_n = 10$ 和 4.17 工况下，推进泵的扭矩系数较为接近，但转速空化数为 4.17 时的推进泵扭矩系数仍然大于转速空化数为 10 的工况；当转速空化数 $\sigma_n = 2$ 时，推进泵的扭矩系数要明显大于其余两个转速空化数工况；随着转速空化数的降低，叶片表面的载荷逐渐增大，导致推进泵的扭矩系数逐渐变大。

　不同转速空化数下推进泵的外特性参数如表 7-1 所示，随着转速空化数 σ_n 的逐渐减小，推进泵叶轮域内由无空化到 TLV 初生空化时，推进泵的敞水效率由 54.62% 变为 53.27%，此时的 TLV 空化对推进泵的推进效率影响较小；而当 TLV 剧烈空化时，叶片吸力面也出现了较大面积的空化，推进泵的推进效率出现了明显的下降，敞水效率由 53.27% 下降到 50.34%，说明该空化工况已经对推进泵的性能产生了很大的影响。

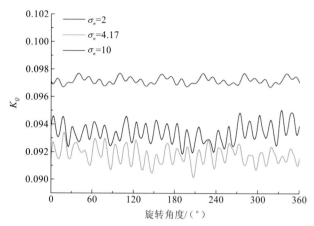

图 7-10 一个旋转周期内推进泵扭矩系数的变化（数值模拟）

表 7-1 不同转速空化数下推进泵的外特性参数

工况	K_T	$10K_Q$	η_0
$\sigma_n = 10$	0.526	0.92	54.62%
$\sigma_n = 4.17$	0.521 5	0.94	53.27%
$\sigma_n = 2$	0.505	0.968	50.34%

无量纲参数 r_{local} 和时均压力系数 C_p 的定义如下：

$$r_{local} = r/0.083\,2 \tag{7-2}$$

式中：r 为当地点的半径，m。

$$C_p = \frac{p - p_0}{0.5\rho n^2 D^2} \tag{7-3}$$

式中：p 为压力，Pa；p_0 为标准大气压，Pa。

选取 $r_{local}=0.5$、0.7 及 0.9 处的截面，分别对不同转速空化数工况下推进泵叶片表面弦长方向的时均压力系数分布进行研究，如图 7-11 所示。同一截面处，随着转速空化数的逐渐降低，该处叶片表面的时均压力系数逐渐降低，整个叶片表面时均压力系数波动较大的位置出现在叶片导边处。当转速空化数为 2 时，推进泵叶片吸力面在流向处于 0.02～0.32 时已经出现了片空化，而其余两个工况叶片吸力面则没有出现空化，如图 7-11（a）所示；随着 r_{local} 的逐渐增大，即截面沿径向向叶梢方向移动，转速空化数为 2 时推进泵叶片吸力面的片空化不断向下游发展，已经发展至流向=0.5 处，其余两个工况的推进泵叶片吸力面仍没有出现片空化，如图 7-11（b）所示；当 $r_{local}=0.9$ 时，相比于其余两个转速空化数工况，转速空化数为 2 时叶片吸力面出现了较大面积的空化，片空化已经发展至流向=0.7 处，如图 7-11（c）所示，由此进一步说明该空化工况下推进泵的性能已经受到了较大的影响。

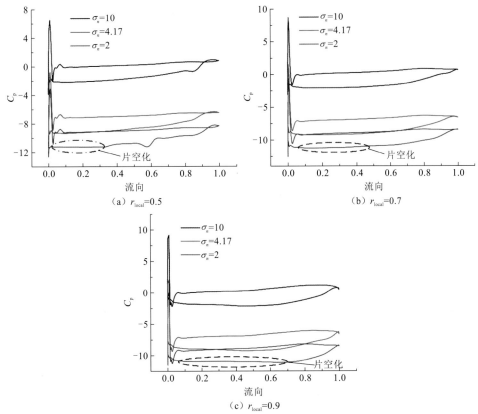

图 7-11　不同转速空化数工况下推进泵叶片表面时均压力系数分布

7.5　推进泵内空化体积及压力脉动特性研究

随着转速空化数的逐渐降低，TLV 空化的发展对推进泵空化体积和压力脉动产生了很大的影响，并且呈现出很强的非定常特性，为了掌握这种非定常特性和内在联系，对推进泵内部空化体积、压力脉动及流量之间的关系进行深入研究，掌握推进泵叶轮旋转过程中流场结构的非定常变化规律。

选取转速空化数 $\sigma_n = 2$ 的典型空化工况，对叶片旋转过程中叶轮域内空化体积的变化规律进行研究。该空化工况下，推进泵叶轮域内空化体积随时间的变化关系如图 7-12 所示。从图 7-12 中可以看出，随着时间的变化，推进泵叶轮域内的空化体积呈现类周期的变化规律，并且空化体积波动趋于稳定，说明非定常工况计算已经收敛。

图 7-13 为推进泵叶轮域进出口流量差（$Q_{out} - Q_{in}$）与叶轮域内空穴总体积对时间的一阶导（dV_{cav}/dt）的变化曲线。从图 7-13 中可以看出，叶轮域进出口流量差曲线与空化体积对时间的一阶导曲线吻合得较好。当叶片旋转角度为 300°～350° 时，由于推进泵 TLV 空化的脱落形态由二维转变为三维，呈现出高度不规则的流动状态，dV_{cav}/dt 在一定程度上低估了叶轮域进出口流量差 $Q_{out} - Q_{in}$。

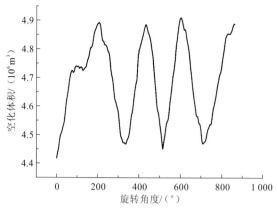

图 7-12 叶轮域内空化体积随时间的变化关系

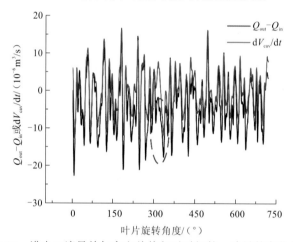

图 7-13 进出口流量差与空穴总体积对时间的一阶导的变化关系

Ji 等[32]基于非稳态的伯努利方程和数值模拟结果，推导了简化的一维模型用于描述空化体积的变化与压力脉动的关系（原始的一维模型），其表达式为

$$p_j = p_d + \rho \frac{L_1}{A} \frac{\mathrm{d}^2 V_{cav}}{\mathrm{d}t^2} \qquad (7\text{-}4)$$

式中：p_d 为叶轮域出口压力，Pa；p_j 为监测点的压力，Pa；L_1 为空化出现位置与计算域出口的距离，m；A 为过流断面面积，m^2。

Wang 等[33]在 Ji 等[32]的基础上，考虑流体流动状态及几何参数，对原始的一维模型中的系数进行修正（修正的一维模型），表达式为

$$p_j = p_d + \Delta E_k + \rho \frac{\mathrm{d}^2 V_{cav}}{\mathrm{d}t^2} \int_j^d \frac{1}{A_s} \mathrm{d}s \qquad (7\text{-}5)$$

式中：ΔE_k 为单位体积的动能，$kg/(m \cdot s^2)$；A_s 为任意截面的过流面积，m^2。

叶轮域进口监测点的压力与式（7-4）、式（7-5）计算得到的压力对比如图 7-14 所示。原始的一维模型计算得到的压力与数值计算的压力有较大的差距，而修正的一维模型和数值计算得到的压力更加吻合，两者压力的变化趋势基本一致。但修正的一维模型得到的压力与数值计算的压力在局部峰值上略有差别，这主要是由于式（7-5）的求解过程中

未充分考虑叶顶间隙处的流动及叶轮域内的损失，但修正的一维模型可以对压力脉动周期进行较好的预测。

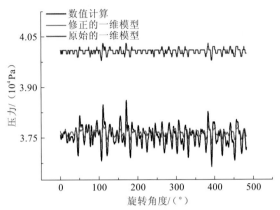

图 7-14　监测点模型预测和数值计算得到的压力对比

为了研究推进泵叶顶间隙内的压力脉动情况，现在叶轮域内布置 8 个监测点，8 个监测点的位置如图 7-15 所示（8 个点在 z 轴方向的投影即叶轮域几何中心）。

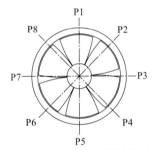

图 7-15　叶轮域内压力测量点示意图

当转速空化数 $\sigma_n=4.17$ 时，一个旋转周期内叶轮域内监测点 P1～P4 的压力脉动随旋转角度的变化关系如图 7-16 所示。从图 7-16 中可以看出，四个监测点虽然在径向的位置相同，但压力曲线图存在相位差，并且压力的波峰和波谷略有差别。

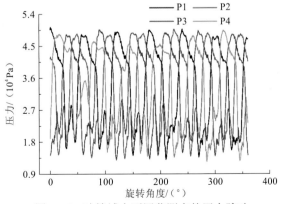

图 7-16　叶轮域内不同监测点的压力脉动

对转速空化数为 4.17 时叶顶间隙内的四个监测点（P1～P4）的压力脉动做快速傅里叶变换，如图 7-17 所示。监测点 P1～P4 的主频为 6 倍的转频，并且一阶主频对应的幅值基本没有差别，因此只需要研究一个监测点即可。以下将选择监测点 P1 进行研究。

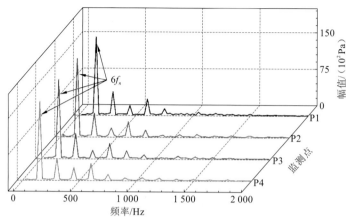

图 7-17   不同转速空化数下叶轮域内监测点 P1～P4 的快速傅里叶变换

f_n 为转频

一个旋转周期内推进泵叶顶间隙内监测点 P1 的压力脉动随时间的变化如图 7-18 所示。在一个叶片旋转周期内，可以看到监测点 P1 出现了 6 次波峰，正好与叶轮叶片数对应。随着转速空化数的逐渐降低，监测点 P1 的平均压力也在逐渐降低，尤其是当转速空化数 $\sigma_n=2$ 时，监测点 P1 的最低压力已经达到饱和蒸汽压，即转速空化数 $\sigma_n=2$ 时，推进泵叶顶间隙内已经出现了空化。

对不同转速空化数工况下监测点 P1 的压力脉动进行快速傅里叶变换，得到的频谱图如图 7-19 所示。幅值最大的地方出现在 6 倍转频处；一倍叶频对应的最大幅值随转速空化数的降低而逐渐减小，这主要是受到推进泵 TLV 空化的影响，如图 7-20（a）所示；当转速空化数为 4.17 时，三倍叶频对应的幅值最大，而转速空化数为 10 和 2 时三倍叶频对应的幅值基本相当，说明 TLV 空化的初生对三倍叶频的幅值有很大影响，如图 7-20（b）所示。

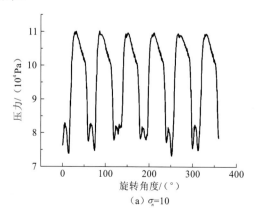

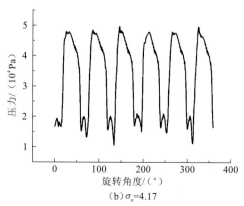

（a）$\sigma_n=10$ （b）$\sigma_n=4.17$

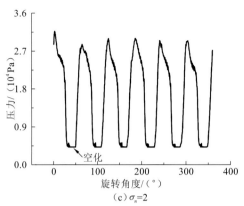

（c）$\sigma_n=2$

图 7-18　不同转速空化数下叶轮域内监测点 P1 的压力脉动

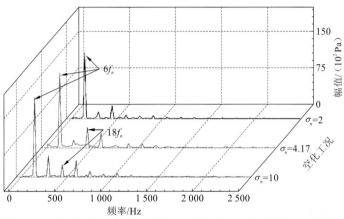

图 7-19　不同转速空化数下叶轮域内监测点 P1 的快速傅里叶变换

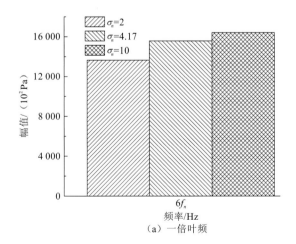

（a）一倍叶频

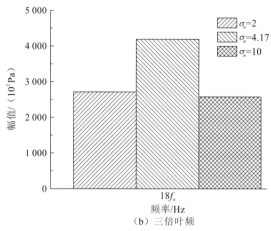

（b）三倍叶频

图 7-20 不同转速空化数下的频谱分析

7.6 本 章 小 结

当进速系数 $J=0.6$ 时，本章基于推进泵空化斗曲线，根据 TLV 空化的临界线选取了转速空化数 $\sigma_n=10$（无空化工况）、4.17（TLV 初生空化）及 2（TLV 剧烈空化）的工况，分别对三个转速空化数工况下的推进泵外特性、外流场特性及叶顶间隙处的压力脉动进行了深入研究，主要结论如下。

（1）当转速空化数 $\sigma_n=2$ 时，由于 TLV 空化的卷吸作用，卷吸来自叶顶间隙的空化并在叶梢吸力面附近形成了稳定的类三角形空化区；在 TLV 空化的下游区域，TLV 空化带呈现很强的非定常特性，且 TLV 空化带周围出现了许多引起 TLV 空化带不稳定的涡丝结构；从 TLV 空化带脱落的空化会向下一级叶片压力面逐渐发展，影响下一级叶片的 TLV 空化流场。

（2）随着转速空化数的逐渐降低，推进泵叶片表面的载荷逐渐增加，使得整个导管后的流场平均流速系数逐渐增加，但在导管出口的桨轴中心处，由于受到毂涡的作用，该区域拥有较低的流速系数；相较于流速系数的分布规律，射流场的湍动能系数分布更加复杂，整个射流区的桨轴中心处拥有较大的湍动能系数，湍动能系数较大的值出现在叶片做功最强的区域。

（3）推进泵的总推力系数 K_T、扭矩系数 K_Q 是影响推进泵推进效率的重要参数。当进速系数一定时，随着转速空化数 σ_n 的逐渐减小，推进泵叶顶由无空化状态过渡到 TLV 初生空化再到 TLV 剧烈空化，推进泵的总推力系数 K_T 逐渐减小，但扭矩系数 K_Q 反而呈增大的趋势，TLV 空化的发展使得叶片表面的压差减小，造成推进泵叶片做功的能力下降，进而导致推进泵的敞水效率 η_0 逐步下降。

（4）当转速空化数 $\sigma_n=2$ 时，推进泵叶轮域内的空化体积呈现出很强的非定常特性；叶轮域进出口流量差曲线与空化体积对时间的一阶导曲线总体上吻合得较好，并且在叶轮进口处监测的压力脉动与修正的一维模型计算得到的压力吻合得也较好。对不同转速空化数工况下监测点 P1 的压力脉动进行快速傅里叶变换，结果表明幅值最大的地方出现在 6 倍转频处，与推进泵叶轮叶片数一致；一倍叶频对应的最大幅值随着转速空化数的降低而减小，这主要是受到推进泵 TLV 空化的影响；此外，TLV 空化的初生对三倍叶频的幅值有很大的影响。

第 8 章

推进泵 TLV 空化结构辨识及其演变特性

第 7 章的研究表明空化,尤其是 TLV 空化的发展,对推进泵的外流场、外特性及叶顶间隙处的压力脉动都产生了很大的影响,但目前对推进泵 TLV 空化的认识不够深入,需要对其流场结构进行深入研究;同时,TLV 空化还受到自身涡结构演变的影响。因此,有必要对其涡行为进行深入研究,来揭示 TLV 空化流场结构及其演变规律。

推进泵叶顶间隙处的空化流场复杂,涡结构对其结果的影响很大,但目前的涡识别方法都是基于单相流发展而来的,对于辨识推进泵叶顶间隙空化流场的涡结构还存在一定的困难,因此需要对这些涡识别方法进行调整,以适应这种复杂空化流场涡结构的应用。本章采用不同的涡识别方法对推进泵 TLV 空化流场进行深层次研究,阐明推进泵 TLV 空化流在不同时刻涡结构特性的演变过程及相关机理。

8.1 不同涡识别方法的简介

"流体的本质就是涡"[34]，涡广泛存在于各类复杂的湍流运动中，任何流动现象的产生和演化都与涡存在密切的联系[35]。在推进泵叶顶间隙空化流场中，存在大量尺度和强度各异的涡结构，这些涡结构在湍流生成和维持过程中发挥着巨大的作用，因此，准确识别叶顶间隙流场中的涡结构对于深入揭示相关的流动机理具有重要的意义。为了对涡结构进行准确识别，科研工作者提出了不同的涡识别方法，如第一代涡识别方法、第二代涡识别方法及第三代涡识别方法[36]。

8.1.1 第一代涡识别方法

涡量用来描述流体微团的旋转运动，根据相关定义，涡量为速度的旋度，即 $\omega = \nabla \times V$。根据 Cauchy-Stokes 分解，将涡量定义为流体微团绕旋转中心做刚体运动时角速度的 2 倍，Cauchy-Stokes 分解如下：

$$\nabla V = A + B = \frac{1}{2}(\nabla V + \nabla V^{\mathrm{T}}) + \frac{1}{2}(\nabla V - \nabla V^{\mathrm{T}}) \tag{8-1}$$

式中：∇V 为速度梯度张量，分解为对称部分 A 和反对称部分 B，B 为涡量张量。

8.1.2 第二代涡识别方法

因为涡量不能直接代表涡，所以基于第一代涡识别方法很难取得令人满意的效果。为了能够更清晰地认识内部涡的结构，广大学者在第一代涡识别方法的基础上提出了第二代涡识别方法。速度梯度张量 ∇V 的特征方程为

$$\lambda^3 + P\lambda^2 + Q\lambda + R = 0 \tag{8-2}$$

式中：P、Q、R 为速度梯度张量的三个不变量。

根据式（8-1），A 和 B 分量的表达式为

$$A_{ij} = \frac{1}{2}\left(\frac{\partial u_i}{\partial x_j} + \frac{\partial u_j}{\partial x_i}\right) \tag{8-3}$$

$$B_{ij} = \frac{1}{2}\left(\frac{\partial u_i}{\partial x_j} - \frac{\partial u_j}{\partial x_i}\right) \tag{8-4}$$

若特征方程（8-2）有三个特征值，分别为 λ_1、λ_2 和 λ_3，则 P、Q 和 R 可以表示为

$$P = -(\lambda_1 + \lambda_2 + \lambda_3) = -\mathrm{tr}(\nabla V) \tag{8-5}$$

$$Q = \lambda_1\lambda_2 + \lambda_2\lambda_3 + \lambda_3\lambda_1 = -\frac{1}{2}[\mathrm{tr}(\nabla V^2) + \mathrm{tr}(\nabla V)^2] \tag{8-6}$$

$$R = -\lambda_1\lambda_2\lambda_3 = -\det(\nabla V) \tag{8-7}$$

其中，tr 表示矩阵的迹；det 表示矩阵的行列式。

对于不可压缩流体而言，根据连续性方程，P 的表达式为

$$P = \frac{\partial u}{\partial x} + \frac{\partial v}{\partial y} + \frac{\partial w}{\partial z} = 0 \tag{8-8}$$

式中：u、v、w 分别为 x、y、z 方向的速度。

1）Q 准则[37]

根据式（8-1）中的 Cauchy-Stokes 分解，使用速度梯度张量中的第二个不变量来表示涡结构，Q 的表达式可以表示为

$$Q = \frac{1}{2}(\|\boldsymbol{B}\|_F^2 - \|\boldsymbol{A}\|_F^2) \tag{8-9}$$

其中，$\|\ \|_F$ 表示矩阵的 Frobenius 范数。

用 $Q > 0$ 的区域表示旋涡区，要求涡结构中不但要包含反对称张量 $\boldsymbol{B}$，而且反对称张量 $\boldsymbol{B}$ 要能克服对称张量 $\boldsymbol{A}$ 带来的影响。

2）λ_2 准则[38]

当流场中存在较强的黏性效应时，Jeong 和 Hussain[39]发现使用平面上压强极小值的方法来识别涡结构已经行不通。因此，他们在分析不可压缩的 Navier-Stokes 方程时忽略方程中的黏性项，得到关于 λ_2 的表达式：

$$\boldsymbol{A}^2 + \boldsymbol{B}^2 = -\frac{\nabla(\nabla p)}{\rho_1} \tag{8-10}$$

式中：p 为流场的压力，Pa；ρ_1 为流体的密度，kg/m^3。

当 $\boldsymbol{A}^2 + \boldsymbol{B}^2$ 存在两个负的特征值时，压强在这两个特征值对应的特征向量组成的平面内存在极小值。当特征值存在关系 $\lambda_1 > \lambda_2 > \lambda_3$，且 $\lambda_2 < 0$ 时，用 $\lambda_2 < 0$ 来表示涡结构。

3）Δ 准则[40]

对于式（8-2）中速度梯度的特征方程，假设特征方程存在三个不同的特征值，则存在如下两种情况：三个解全部为实数解，或者三个解为一个实数解和两个虚数解。根据 Chong 等[41]的临界点理论，特征方程存在一对共轭特征值，即满足第三种情况，而 Δ 的表达式为

$$\Delta = \left(\frac{Q}{3}\right)^3 + \left(\frac{R}{2}\right)^2 \tag{8-11}$$

$$Q = Q - \frac{P^2}{3} \tag{8-12}$$

$$R = R + \frac{2P^3}{27} - \frac{PQ}{3} \tag{8-13}$$

4）λ_{ci} 准则[42-43]

λ_{ci} 准则基于 Δ 准则并且是对 Δ 准则的进一步发展，即当 $\Delta > 0$ 时，特征方程式（8-2）的特征值依次为 $\lambda_1 = \lambda_r$，$\lambda_{2,3} = \lambda_{cr} \pm i\lambda_{ci}$，特征值对应的特征向量依次为 $\boldsymbol{v}_1 = \boldsymbol{v}_r$，$\boldsymbol{v}_{2,3} = \boldsymbol{v}_{cr} \pm i\boldsymbol{v}_{ci}$。

速度梯度张量可以用特征值和特征向量表示为

$$\nabla V = \begin{bmatrix} v_r & v_{cr} & v_{ci} \end{bmatrix} \begin{bmatrix} \lambda_r & 0 & 0 \\ 0 & \lambda_{cr} & \lambda_{ci} \\ 0 & -\lambda_{ci} & \lambda_{cr} \end{bmatrix} \begin{bmatrix} v_r & v_{cr} & v_{ci} \end{bmatrix}^{-1} \tag{8-14}$$

式中：λ_r 为实特征值；λ_{cr} 为共轭特征值的实部；λ_{ci} 共轭特征值的虚部。

在这种方法中，λ_{ci} 为共轭特征值的虚部，即用 $\lambda_{ci}>0$ 表示流场中的涡结构，λ_{ci} 也被称为当地的旋转强度。

8.1.3 第三代涡识别方法

涡是有方向的，第二代涡识别方法无法体现涡的方向，因此不能全面识别涡结构，为了克服这样的缺点，Liu 等[44]提出了改进的涡识别方法。

1）Ω 涡识别方法[45]

根据式（8-1），流体运动可以分解成旋转运动和剪切变形，但是涡量不能表示流体的旋转，因此对涡量进行了进一步分解，将涡量分解为旋转运动和非旋转运动，即

$$\omega = R + S \tag{8-15}$$

式中：R 为旋转部分的涡量；S 为非旋转部分的涡量。

引入一个无量纲参数 Ω，用来表示旋转部分的涡量占总涡量的比例，根据定义，Ω 的表达式如下：

$$\Omega = \frac{\|B\|_F^2}{\|A\|_F^2 + \|B\|_F^2 + \varepsilon} \tag{8-16}$$

其中：$\|B\|_F^2$ 表示旋转部分的涡量；$\|A\|_F^2$ 表示非旋转部分的涡量；ε 为正无穷小，为了防止分母为零，$\varepsilon = C_k \times (\|B\|_F^2 - \|A\|_F^2)_{max}$，$C_k$ 为一常数，在实际运用中，需要对无穷小数 ε 进行调整[46]。

对于 Ω 涡识别方法而言，Ω 的大小可以很好地衡量当地流体的旋转强度。Ω 的取值范围为 $0 \leqslant \Omega \leqslant 1$，当 $\Omega=1$ 时，表示流体是纯刚体旋转；一般而言，Ω 在 0.5 左右具有较高的精度。当 $\Omega>0.5$ 时，表示反对称张量 B 相比于对称张量 A 占优，因此可以选用略大于 0.5 的 Ω 来预测涡的结构，建议 Ω 的阈值范围为 0.5～0.6[45]。

2）Liutex 涡识别方法[47-48]

根据式（8-1）中的 Cauchy-Stokes 分解，得到了对称张量 A 和反对称张量 B，但是反对称张量 B 无法表示流体的旋转运动，因此 Liu 等[44]重新定义了流体的刚性旋转，并提出了 Liutex 涡识别方法，由于 Liutex 涡识别方法是一种涡矢量方法，同时具有大小和方向，故 Liutex 涡识别方法的主要步骤如下。

（1）确定方向矢量 r。在初始的 xyz 坐标系下，计算速度梯度张量和特征值，方法参考第二代涡识别方法。根据速度梯度张量的特征值进行判定，当有两个复共轭根时，存在涡结构，这与 λ_{ci} 准则是一致的。在 λ_{ci} 准则中，当存在一对共轭根时，对应的实特征向量

v_r 可以被认作当地流体微团的旋转轴，令涡识别矢量 Liutex 的单位方向矢量 $r = v_r$，但在 Liutex 涡识别方法中，要求 $\langle \omega, v_r \rangle > 0$ 来唯一确定 Liutex 的方向矢量 r。

（2）使用旋转矩阵 Q（也是正交矩阵）将初始的 xyz 坐标系转化至新的坐标系 XYZ，得到的新的坐标系的 Z 轴与旋转轴（r）重合，则在新的坐标系下对速度梯度进行重新分解，得

$$\nabla V_Q = Q \nabla V Q^{\mathrm{T}} = \begin{bmatrix} \dfrac{\partial u_Q}{\partial x_Q} & \dfrac{\partial u_Q}{\partial y_Q} & 0 \\[2mm] \dfrac{\partial v_Q}{\partial x_Q} & \dfrac{\partial v_Q}{\partial y_Q} & 0 \\[2mm] \dfrac{\partial w_Q}{\partial x_Q} & \dfrac{\partial w_Q}{\partial y_Q} & \dfrac{\partial w_Q}{\partial z_Q} \end{bmatrix} \tag{8-17}$$

式中：(u_Q, v_Q, w_Q) 为新的坐标系下的速度分量。

（3）在得到新的坐标系后，进行旋转，得到新的速度梯度张量：

$$\nabla V_\theta = P \nabla V_Q P^{\mathrm{T}} \tag{8-18}$$

式中：$P = \begin{bmatrix} \cos\theta & \sin\theta & 0 \\ -\sin\theta & \cos\theta & 0 \\ 0 & 0 & 1 \end{bmatrix}$，$P$ 为旋转矩阵，θ 为旋转的角度。

（4）确定 Liutex 涡识别方法中 R_r 的大小。将旋转强度 R_r 定义为 $|\partial u_\theta / \partial y_\theta|$ 最小值的两倍，即可得到有关 R_r 的表达式：

$$R_r = \begin{cases} 2(\beta_r - \alpha_r), & \alpha_r^2 - \beta_r^2 < 0, \beta_r > 0 \\ 2(\beta_r - \alpha_r), & \alpha_r^2 - \beta_r^2 < 0, \beta_r < 0 \\ 0 < 0, & \alpha_r^2 - \beta_r^2 \geqslant 0 \end{cases} \tag{8-19}$$

$$\alpha_r = \frac{1}{2} \sqrt{\left(\frac{\partial V}{\partial Y} - \frac{\partial U}{\partial X} \right)^2 + \left(\frac{\partial V}{\partial X} - \frac{\partial U}{\partial Y} \right)^2} \tag{8-20}$$

$$\beta_r = \frac{1}{2} \left(\frac{\partial V}{\partial X} - \frac{\partial U}{\partial Y} \right) \tag{8-21}$$

（5）得到 Liutex 的表达式，即 $R = R_r r$。Liutex 涡识别方法不仅能表示当地涡的旋转强度，还能给出当地旋转轴的信息，因此，Liutex 涡识别方法更能反映流动的本质。

8.2　不同的涡识别方法对 TLV 空化流动结构辨识的对比分析

当推进泵由无空化过渡到 TLV 初生空化及 TLV 剧烈空化时，采用不同的涡识别方法对 TLV 空化的流场结构进行动态识别并进行对比分析，从而获得辨识推进泵 TLV 空化流场结构的最优涡识别方法。

8.2.1 Ω 涡识别方法中 ε 的选取

在 Ω 涡识别方法中，为了防止分母为零，在分母上引入了一个无穷小的正数，其表达式如式（8-16）所示。无穷小的正数 ε 的选取对 Ω 涡识别方法影响很大，下面将对 ε 的选取进行讨论。选取转速空化数 σ_n=4.17 的工况进行研究（叶片旋转角度为 0° 时刻对应 15.25 个周期），其中无量纲轴向系数 λ 的定义如下：

$$\lambda = (Z - 0.067)/0.106 \tag{8-22}$$

式中：Z 为 Z 轴方向的坐标，m。当 λ=0 时，在叶轮域进口；当 λ=-1 时，在叶轮域出口。

选取不同的经过 Z 轴的切平面进行分析，不同切平面的示意图如图 8-1 所示。当 S^*=1 时，位于推进泵叶梢随边处，当 S^*=0 时，位于推进泵叶梢导边处，S^* 的定义如下：

$$S^* = R_t\theta_1/C + 1 \tag{8-23}$$

式中：θ_1 为角度，在叶梢随边处为 0，rad；C 为推进泵叶梢弦长，m；R_t 为推进泵叶轮的特征半径，m。

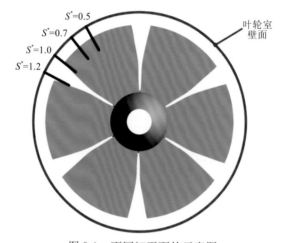

图 8-1 不同切平面的示意图

选取 S^*=0.7 的切平面进行研究，ε 中常数 C_k 的取值对 Ω 涡识别方法的影响如图 8-2 所示。当 C_k=0 时，流场中存在大面积的噪声区域，如图 8-2（a）中的 1 所示；当 C_k=0.1 时，Ω 涡识别方法没有捕捉到流场中的任何涡，但是从速度矢量图中可以清楚地看到涡的存在，分别为分离涡、叶顶间隙流与径向流体相互作用形成的脱离涡、TLV 及上一级叶片的 TLV；随着 C_k 的继续降低，当 C_k=1×10^{-2} 时，Ω 涡识别方法可以捕捉到流场中的角涡，如图 8-2（c）中的 6 所示，但是流场中依然没有捕捉到明显的 TLV 结构；随着 C_k 的继续降低，Ω 涡识别方法可以分辨出推进泵叶顶间隙内的分离涡、TLV、径向流体与叶顶间隙流相互作用形成的脱离涡及诱导涡，如图 8-2（d）所示，虽然此时可以辨识 TLV，但是强度仍然偏弱；当 C_k=1×10^{-4} 时，相比于 C_k=1×10^{-3} 的工况，Ω 涡识别方法捕获到了上一级叶片的 TLV，切平面的速度矢量图较为清晰地显示了该涡的存在，

并且 $C_k = 1 \times 10^{-4}$ 工况的 TLV 强度要明显强于 $C_k = 1 \times 10^{-3}$ 的工况，如图 8-2（e）所示；当 $C_k = 1 \times 10^{-5}$ 时，流场中又出现了噪声。因此，最终选择 $C_k = 1 \times 10^{-4}$，此时可以较好地辨识推进泵 TLV 结构，同时又能保证流场中不出现噪声。

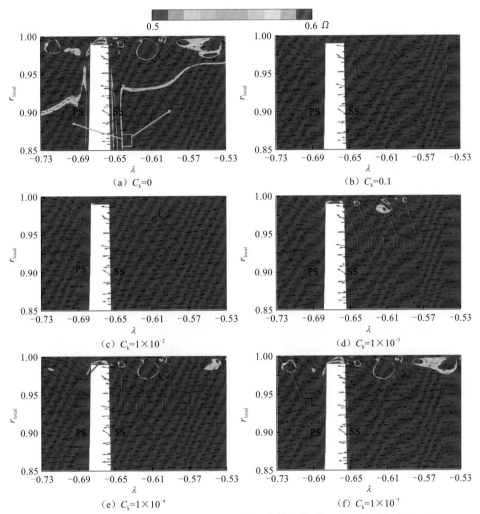

图 8-2　Ω 涡识别方法中 C_k 的影响（C_k 为 ε 中的常数项，叶片旋转角度为 0°）

1 表示流场中的噪声；2 表示推进泵叶顶间隙内的分离涡；3 表示径向流体与叶顶间隙流相互作用，使得流体脱离叶顶间隙流而形成的涡；4 表示推进泵 TLV；5 表示上一级叶片的 TLV；6 表示推进泵叶梢端面拐角处形成的角涡；7 表示诱导涡

8.2.2　不同涡识别方法的对比分析

为了研究不同涡识别方法对 TLV 空化流场中涡结构的辨识效果，现对辨识的不同转速空化数工况下的 TLV 流场中的涡结构进行对比分析，从而获得一种最优的涡识别方法。

当转速空化数 $\sigma_n = 10$ 时，各涡识别方法的等值面如图 8-3 所示（主要包括 Q 准则、λ_2 准则、λ_{ci} 准则、Ω 涡识别方法和 Liutex 涡识别方法）。涡强度较大的地方出现在叶片导边处、随边处、叶顶间隙处及 TLV 区域，如图 8-3 所示。

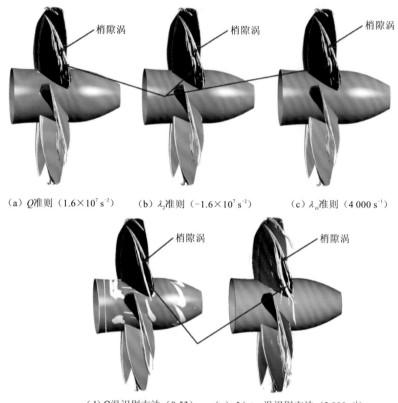

(a) Q 准则（$1.6 \times 10^7\,\mathrm{s}^{-2}$）　　(b) λ_2 准则（$-1.6 \times 10^7\,\mathrm{s}^{-2}$）　　(c) λ_{ci} 准则（$4\,000\,\mathrm{s}^{-1}$）

(d) Ω 涡识别方法（0.53）　　(e) Liutex 涡识别方法（$3\,000\,\mathrm{s}^{-1}$）

图 8-3　不同涡识别方法的对比（叶片旋转角度为 0°，$\sigma_n = 10$）

Q 准则、λ_2 准则、λ_{ci} 准则辨识的推进泵 TLV 的结构大体一致，并且在 TLV 周围存在其余的涡结构；Ω 涡识别方法和 Liutex 涡识别方法辨识的 TLV 结构大体类似，与其余涡识别方法相比，Ω 涡识别方法可以辨识在轮毂附近的毂涡，而 Liutex 涡识别方法辨识的推进泵 TLV 的长度是最长的，且采用 Liutex 涡识别方法捕捉到的 TLV 已经发展至下一级叶片叶梢弦长的一半处；不同的涡识别方法都能够辨识叶顶间隙流场中的弱涡结构，Q 准则、λ_2 准则、λ_{ci} 准则能辨识的弱涡结构主要集中在叶梢吸力面附近，而 Liutex 涡识别方法辨识的弱涡结构集中在 TLV 的周围。

当转速空化数 $\sigma_n = 4.17$ 时，不同的涡识别方法辨识的推进泵 TLV 等值面如图 8-4 所示。Q 准则、λ_2 准则、λ_{ci} 准则辨识的 TLV 结构大体一致，而 Ω 涡识别方法和 Liutex 涡识别方法辨识的 TLV 结构一致，但 Ω 涡识别方法辨识的 TLV 长度明显短于 Liutex 涡识别方法；Ω 涡识别方法能辨识轮毂附近的毂涡；Liutex 涡识别方法辨识的 TLV 长度和强度明显优于其余几种涡识别方法。

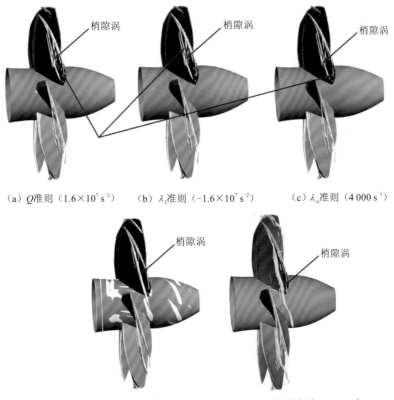

（a）Q 准则（$1.6 \times 10^7\,\mathrm{s}^{-2}$）　　（b）$\lambda_2$ 准则（$-1.6 \times 10^7\,\mathrm{s}^{-2}$）　　（c）$\lambda_{\mathrm{ci}}$ 准则（$4\,000\,\mathrm{s}^{-1}$）

（d）Ω 涡识别方法（0.53）　　（e）Liutex 涡识别方法（$3\,000\,\mathrm{s}^{-1}$）

图 8-4　不同涡识别方法的对比（叶片旋转角度为 $0°$，$\sigma_n = 4.17$）

当转速空化数 $\sigma_n = 2$ 时，不同涡识别方法辨识的 TLV 等值面如图 8-5 所示。Q 准则、λ_2 准则、λ_{ci} 准则辨识的推进泵 TLV 空化流场中的涡结构大体一致；Liutex 涡识别方法辨识的 TLV 强度明显要大于其余几种涡识别方法；随着 TLV 逐渐往下游发展，Q 准则、λ_2 准则、λ_{ci} 准则在相邻叶片压力面处出现间断，但 Ω 涡识别方法和 Liutex 涡识别方法并没有出现这种情况。

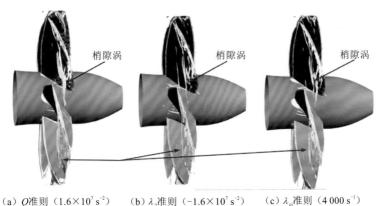

（a）Q 准则（$1.6 \times 10^7\,\mathrm{s}^{-2}$）　　（b）$\lambda_2$ 准则（$-1.6 \times 10^7\,\mathrm{s}^{-2}$）　　（c）$\lambda_{\mathrm{ci}}$ 准则（$4\,000\,\mathrm{s}^{-1}$）

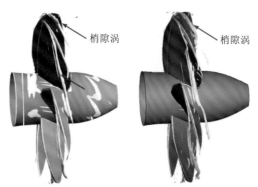

(d) Ω 涡识别方法（0.53）　　(e) Liutex涎识别方法（3 000 s⁻¹）

图 8-5　不同涡识别方法的对比（叶片旋转角度为 0°，$\sigma_n = 2$）

采用不同的涡识别方法辨识不同空化工况下推进泵 TLV 空化流场中的涡结构，并对不同涡识别方法的辨识效果进行对比分析，发现：Q 准则、λ_2 准则、λ_{ci} 准则辨识的 TLV 结构大体一致；Ω 涡识别方法和 Liutex 涡识别方法辨识的 TLV 结构类似，但是 Ω 涡识别方法能辨识轮毂附近的弱涡，Liutex 涡识别方法辨识的 TLV 长度最长。

通过几种涡识别方法辨识效果的对比分析，仍然不能选出一种最优的涡识别方法，现将不同的涡识别方法得到的 TLV 空化流场结构与 TLV 空化结合起来进行分析，如图 8-6 所示。TLV 空化区域应拥有最强的 TLV 强度，而 TLV 的涡心处拥有最强的 TLV 强度，因此 TLV 涡心必须在 TLV 空化区内。由于 Q 准则、λ_2 准则、λ_{ci} 准则辨识的 TLV 结构一致，只选择了 Q 准则进行分析。

Q 准则的阈值的选取对 TLV 的结构影响很大，但阈值的选取不会影响 TLV 涡心的位置，TLV 涡心的位置应在 TLV 空化区内。在 TLV 下游区域，Q 准则辨识的 TLV 结构与 TLV 空化不重合，说明 Q 准则辨识的 TLV 涡心已经不在空化区域内，如图 8-6（a）所示，这不符合 TLV 空化区为涡强度最强的区域的规律，因此不考虑 Q 准则。而 Ω 涡识别方法也存在同样的问题，Ω 涡识别方法无法较好地预测 TLV 的旋拧现象，使得 TLV 尾部偏离 TLV 空化区，此外，Ω 涡识别方法辨识的 TLV 的长度要明显短于 TLV 空化的长度，如图 8-6（b）所示，虽然可以通过阈值的调整来改变 TLV 的长度，但 Ω 涡识别方法中 ε 的调整也较为麻烦，如果调整不合理，甚至会出现噪声，因此也不考虑 Ω 涡识别方法。Liutex 涡识别方法辨识的 TLV 结构较好地与 TLV 空化重合在一起，此外，Liutex 涡识别方法能够对 TLV 的旋拧现象进行较好的预测，因此，本书将采用 Liutex 涡识别方法对 TLV 空化流场进行研究。

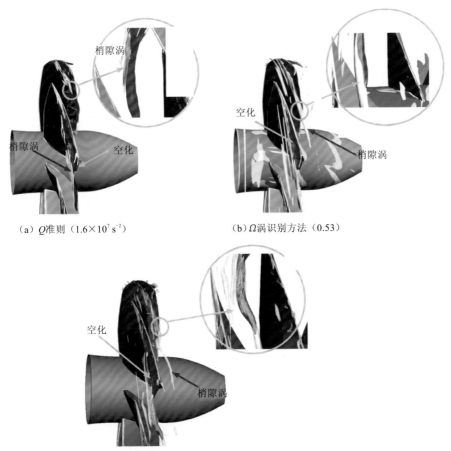

（a）Q 准则（$1.6 \times 10^7 \text{ s}^{-2}$）　　　（b）$\Omega$ 涡识别方法（0.53）

（c）Liutex 涡识别方法（$3\,000 \text{ s}^{-1}$）

图 8-6　不同涡识别方法的辨识效果对比

（叶片旋转角度为 0°，$\sigma_n = 2$，红颜色等值面为 $\alpha_v = 0.1$ 的气相体积分数等值面）

8.3　基于 Liutex 涡识别方法的 TLV 空化流动宏观演变行为分析

　　8.2 节对不同的涡识别方法在推进泵 TLV 流场中的应用进行了探讨，得出了 Liutex 涡识别方法能够较好地辨识推进泵叶顶间隙空化流场中的涡结构，尤其是 TLV 的结论，因此以下对推进泵叶顶间隙空化流场的分析将基于 Liutex 涡识别方法。

　　当叶片旋转角度为 0° 时，Liutex 涡识别方法辨识的不同转速空化数下 TLV 的等值面如图 8-7 所示。随着转速空化数的逐渐降低，可以看到 TLV 有明显的旋拧现象；此外，随着转速空化数的逐渐减小，TLV 逐渐远离叶片吸力面，即与吸力面之间的夹角 θ_t 在不断变大，这也意味着 TLV 下游区域与相邻叶片压力面的距离更近。随着转速空化数 σ_n 的逐渐降低，推进泵 TLV 的长度逐渐变长，而且在 TLV 周围弱涡的长度随着转速空化数的逐渐降低逐渐变长，当转速空化数 $\sigma_n=2$ 时，推进泵 TLV 的长度已经超过相邻叶片的叶梢弦长，如图 8-7（c）所示。

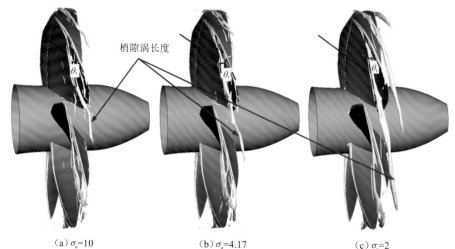

（a）$\sigma_n=10$ （b）$\sigma_n=4.17$ （c）$\sigma_n=2$

图 8-7   不同转速空化数工况下 Liutex 涡识别方法辨识的
TLV 等值面图对比（Liutex = 3 000 s^{-1}）

TLV：当叶片旋转角度为 0°时，推进泵 TLV 的结构如图 8-8（a）所示；当叶片旋转角度为 6°时，下游（靠近相邻叶片的压力面处）的 TLV 的强度有一定程度的减弱，在叶片随边处，由于叶顶间隙有很强的旋拧作用，附近的涡逐渐向 TLV 靠拢，如图 8-8（b）所示；当叶片旋转角度为 12°时，叶片随边处的涡已经和 TLV 扭结在一起，相比于上一时刻，TLV 尾部的强度在逐渐变强，如图 8-8（c）所示；当叶片旋转角度为 18°时，叶片随边处的涡开始与 TLV 分离，并且在 TLV 的尾部，TLV 开始脱落；需要注意的是，TLV 在靠近叶片随边处及其下游区域的强度明显要弱于上游区域的 TLV 强度。在整个叶片的旋转过程中，推进泵的 TLV 尾部是摆动的，并且伴有脱落现象，呈现出明显的非定常现象。

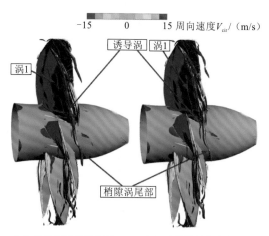

（a）叶片旋转角度为0°   （b）叶片旋转角度为6°

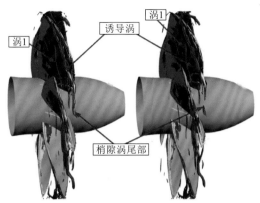

（c）叶片旋转角度为12°　　（d）叶片旋转角度为18°

图 8-8　不同时刻 Liutex 涡识别方法辨识的 TLV 等值面图对比（Liutex = 3 000 s⁻¹）

涡 1：涡 1 位于 TLV 附近区域，其旋转方向与 TLV 方向相同。当叶片旋转角度为 0°时，涡 1 被分成两段，如图 8-8 所示；当叶片旋转角度为 6°时，原先不连续的涡 1 重新旋拧在一起，如图 8-8（b）所示；随着叶片继续旋转，涡 1 的强度逐渐变大，涡 1 的长度也在逐渐变长，并且涡 1 的尾部与相邻叶片压力面的距离也越来越近，分别如图 8-8（c）和（d）所示。

诱导涡：作为推进泵叶梢流场中一种重要的涡，诱导涡与 TLV 息息相关，由于 TLV 的诱导产生了诱导涡，TLV 的强度决定了诱导涡的强度。目前，对于推进泵 TLV 空化流场中诱导涡的相关研究还不多，但是诱导涡的产生对于流动的稳定性也会产生重要影响。因此，本书对诱导涡非定常特性展开研究。

TLV 的运动会对诱导涡产生影响，在叶片旋转过程中，TLV 的摆动导致了诱导涡在该过程中也是摆动的，如图 8-8 所示。当叶片旋转角度为 0°时，叶顶间隙空化流场中的诱导涡聚集在 TLV 的周围，并且与 TLV 的旋转方向相反，但此时流场中的诱导涡并不连续，如图 8-8（a）所示。当叶片旋转角度为 6°时，诱导涡逐渐发展，此时诱导涡主要呈现两个特征：一是诱导涡逐渐向上游发展，越来越靠近叶片导边处；二是诱导涡不断地向下游发展，此时的诱导涡已经达到相邻叶片叶梢弦长的 1/3 处，但仍不连续，如图 8-8（b）所示。当叶片旋转角度为 12°时，随着该时刻的 TLV 的强度逐渐变强，诱导涡的强度也逐渐变强，上一时刻不连续的诱导涡又重新旋拧在一起，并且在下游区域，诱导涡的长度已经发展到相邻叶片叶梢的中部，如图 8-8（c）所示。当叶片旋转至 18°时，下游的 TLV 强度变弱，并且已经发生脱落，导致下游的诱导涡强度也变弱，因此诱导涡在下游区域又出现了中断，如图 8-8（d）所示。

当叶片旋转角度为 0°时，为了对该工况下叶顶间隙流场中的涡结构进行更深入的研究，选取不同的切平面（S^*=0.5、0.7、0.9、1.1、1.3 及 1.5）进行讨论，不同切平面的 Liutex 云图和速度矢量图如图 8-9 所示。当 S^*=0.5 时，在叶顶间隙内，流体由于流动分离产生分离涡，分离涡在叶顶间隙内拥有较高的强度，但分离涡只发展到叶梢厚度的一半处，同时在流场内还存在着涡 1 和涡 2，如图 8-9（a）所示；随着 TLV 往下游发展，

当 $S^*=0.7$ 时，分离涡逐渐发展，并且分离涡的长度已经覆盖了整个叶顶间隙，与 $S^*=0.5$ 时相比，TLV 的强度增强，此时 TLV 与叶片吸力面的距离更远，且涡 1 和涡 2 的强度也更强，如图 8-9（b）所示；当 $S^*=0.9$ 时，切平面已经非常接近推进泵叶片的随边，随着 TLV 强度的进一步增强，涡 1 和涡 2 的强度继续增强，由于涡 2 是 TLV 诱导形成的，随着 TLV 逐渐增强，涡 2 的强度不断变强，并紧紧围绕在 TLV 周围，此时，叶顶间隙处的分离涡已经流出了叶顶间隙，如图 8-9（c）所示；当 $S^*=1.1$ 时，切平面已经远离叶片，受上游分离涡的影响，该平面内依然存在分离涡，通过速度矢量图也可以发现流场中存在分离涡结构，流场中的涡 1 仍然拥有较大的强度，且在 TLV 周围依然存在涡 2，如图 8-9（d）所示；当 $S^*=1.3$ 时，流场的涡结构与 $S^*=1.1$ 时类似，但是 TLV 的旋转导致由 TLV 诱导的涡 2 也跟随着 TLV 旋转，并且由于 TLV 强度的减弱，涡 2 也在逐渐

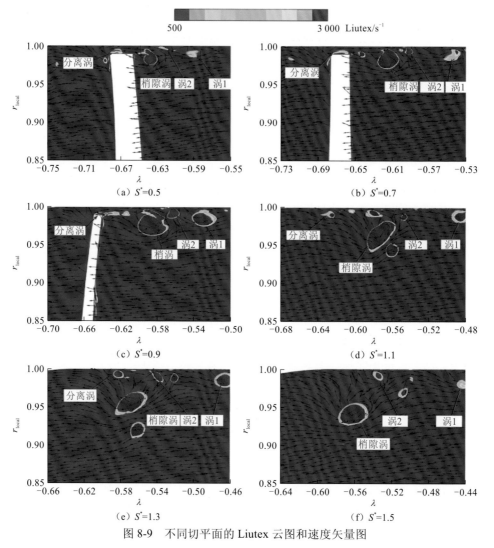

图 8-9　不同切平面的 Liutex 云图和速度矢量图

涡 1 为径向射流与叶顶间隙流相互作用使得流体从 TLV 脱落形成的脱离涡；涡 2 为 TLV 诱导形成诱导涡

远离 TLV，如图 8-9（e）所示；当 S^*=1.5 时，切平面距离叶片较远，TLV 强度的继续减弱，导致由 TLV 诱发的涡 2 与 TLV 的距离达到最远，同时涡 2 的强度也在逐渐减弱，如图 8-9（f）所示；随着叶片 TLV 逐渐往下游发展，TLV 在径向方向不断地向轮毂方向靠近。

8.4　基于 Liutex 涡识别方法的 TLV 空化涡动力学特性分析

TLV 的涡动力学特性对于推进泵 TLV 空化流场的研究至关重要，TLV 的涡动力学特性包括：TLV 涡心位置、涡心处 TLV 的强度及 TLV 的涡核半径。8.3 节基于 Liutex 涡识别方法对 TLV 空化流场中的涡结构及其演变进行了分析，但是依然缺乏涡动力学特性分析，因此需要对涡动力学特性展开分析（选取叶片旋转角度为 0° 的时刻进行研究）。

8.4.1　TLV 涡心位置的变化规律

作为一种矢量的涡识别方法，Liutex 涡识别方法既可以表示涡的旋转强度，又可以表示涡的旋转轴，涡的旋转轴可采用 Liutex 幅值的梯度来识别。Liutex 的旋转轴存在以下关系：

$$\frac{\nabla R_r}{|\nabla R_r|} \cdot r = 1 \tag{8-24}$$

$$\nabla R_r = \begin{pmatrix} \dfrac{\partial R_r}{\partial x} \\ \dfrac{\partial R_r}{\partial y} \\ \dfrac{\partial R_r}{\partial z} \end{pmatrix} \tag{8-25}$$

根据式（8-24），只有在涡心处 Liutex 幅值的梯度与方向不是正交的，而 Liutex 等值面上幅值的梯度方向与 Liutex 方向是正交的。根据这一特征，可以得到基于 Liutex 涡识别方法的 TLV 涡心。

叶片旋转角度为 0° 时，不同转速空化数工况下基于 Liutex 涡识别方法得到的 TLV 涡心位置如图 8-10 所示。径向方向：当转速空化数 σ_n=10 时，随着 S^* 的逐渐增大，TLV 涡心位置逐渐向轮毂方向发展；当 S^*<1 时，TLV 涡心位置缓慢向轮毂方向发展，当 S^*>1 时，TLV 涡心位置迅速向轮毂方向靠近。当 S^*<1 时，不同转速空化数工况下 TLV 涡心位置在径向方向差距不大，而在下游区域（S^*>1），随着转速空化数的减小，TLV 空化逐渐发展，TLV 涡心位置在 S^*=1.4 处出现了很大的变动，说明 TLV 空化的发展使得下游区域的 TLV 涡心位置变得不稳定，但转速空化数 σ_n=4.17 和 2 时，下游区域的 TLV

涡心位置的变化规律一致，如图 8-10（a）所示。轴向方向：不同转速空化数工况下 TLV 涡心位置的分布规律基本一致，但是仍然有些差异，如图 8-10（b）所示。当 $S^*=0.5$ 时，不同转速空化数工况下 TLV 涡心位置在此处基本是重合的，随着 S^* 的逐渐增大，TLV 涡心位置出现了差异；随着转速空化数的逐渐降低，TLV 涡心在轴向的位置却是逐渐减小的。

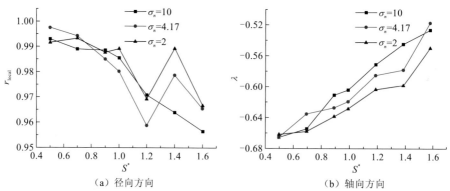

（a）径向方向　　　　　　　　　　　（b）轴向方向

图 8-10　基于 Liutex 涡识别方法获得的不同转速空化数工况下的 TLV 涡心位置

8.4.2　TLV 半径的变化规律

在确定了 TLV 涡心位置后，基于 Liutex 涡识别方法对 TLV 涡核半径进行确定，TLV 涡核半径为 TLV 涡心至 TLV 涡心强度的 95% 处的距离。

基于 Liutex 涡识别方法得到的不同转速空化数工况下 TLV 涡核半径的分布如图 8-11 所示。当转速空化数为 10 时，基于 Liutex 涡识别方法获得的 TLV 涡核半径随着 S^* 的增加出现较大的变化，尤其是在 $S^*=1$ 处，该处正好为叶片随边，TLV 在此处发生旋拧，使得 TLV 涡核半径急剧减小，随着 S^* 的继续增大，TLV 涡核半径逐渐增大；当 TLV 空化初生时，TLV 涡核半径在 $S^*=1$ 处也出现了较大的变动，并在 $S^*=1$ 处达到最大值，该

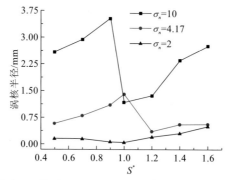

图 8-11　基于 Liutex 涡识别方法获得的不同转速
空化数工况下的 TLV 涡核半径

工况下 TLV 涡核半径的分布规律与转速空化数为 10 的工况保持一致。随着 TLV 空化的发展，当转速空化数为 2 时，S^*逐渐增大，基于 Liutex 涡识别方法获得的 TLV 涡核半径也逐渐增大，并且在 $S^*=1$ 处 TLV 涡核半径也出现了波动；当 $S^*<1.2$ 时，该工况下由 Liutex 涡识别方法获得的 TLV 涡核半径要小于其余两个转速空化数的涡核半径，但当 $S^*>1.2$ 时，空化工况时的 TLV 涡核半径又趋于一致。

8.4.3　TLV 涡心处旋涡强度的变化规律

　　TLV 的强度对推进泵 TLV 空化流场有很大影响，为了掌握 TLV 强度的分布规律，现对不同转速空化数工况下 TLV 涡心处的强度分布展开研究。TLV 涡心处的强度可用 Liutex 幅值表示，Liutex 幅值越大，TLV 涡心的强度也就越大。

　　当转速空化数为 10 时，叶轮域内没有发生空化，随着 S^* 的增大，TLV 涡心处的 Liutex 幅值是逐渐减小的。当转速空化数为 4.17 时，叶轮域内 TLV 空化初生，TLV 涡心处 Liutex 的分布主要表现为：一是 TLV 涡心处的 Liutex 幅值在 $S^*=1$ 处有波动；二是受 TLV 空化的影响，$S^*>1$ 时的 TLV 涡心处也具有较大的 Liutex 幅值。随着转速空化数的继续降低，当 TLV 剧烈空化时，整个 TLV 涡心处的 Liutex 的分布较为复杂，在 TLV 上游区域，TLV 涡心处的 Liutex 幅值突然减小，随后逐渐增加，当 $S^*>1.2$ 时，TLV 涡心处的 Liutex 幅值急剧减小。当 $S^*>1$，转速空化数为 2 时，TLV 涡心处的 Liutex 幅值明显大于其余两个转速空化数工况，说明 TLV 空化的发展，对 TLV 的强度有很大的影响，尤其是下游的 TLV 区域，如图 8-12 所示。

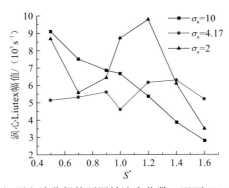

图 8-12　基于 Liutex 涡识别方法获得的不同转速空化数工况下 TLV 涡心强度的分布

8.5　本 章 小 结

　　本章基于不同的涡识别方法对推进泵 TLV 空化流场的涡结构进行辨识，并且对辨识效果进行对比分析，在获得最优的涡识别方法后，对 TLV 空化流场中的涡结构演变规律及 TLV 涡核特性展开研究，主要结论如下。

（1）为了防止分母为零，以及辨识 TLV 流场中更多的弱涡结构，首先对 Ω 涡识别方法中的无穷小正数 ε 进行了探讨，当 ε 中的 $C_k=10\times10^{-4}$ 时，Ω 涡识别方法不仅能辨识流场中的 TLV 结构，还能辨识 TLV 周围的弱涡结构，因此最终选取 $\varepsilon=1\times10^{-4}\times(\|\boldsymbol{B}\|_F^2-\|\boldsymbol{A}\|_F^2)_{max}$。

（2）对不同涡识别方法辨识的 TLV 空化流场涡结构进行对比分析，发现 Q 准则、λ_2 准则、λ_{ci} 准则辨识的 TLV 的大体结构一致，Ω 涡识别方法能辨识轮毂附近的弱涡，而 Liutex 涡识别方法辨识的 TLV 长度最长；将 TLV 涡结构等值面图和 TLV 空化等值面图结合起来进行分析，在下游区域，Q 准则和 Ω 涡识别方法辨识的 TLV 不在 TLV 空化区域内，而 Liutex 涡识别方法辨识的 TLV 与 TLV 空化较好地重合，并且 Liutex 涡识别方法对 TLV 的旋拧现象进行了较好的预测，因此选择 Liutex 涡识别方法对推进泵 TLV 空化流场进行研究。

（3）基于 Liutex 涡识别方法对 TLV 流场进行分析，随着转速空化数的降低，推进泵 TLV 的长度逐渐变长，并且 TLV 空化的发展使得 TLV 逐渐向下一级叶片的压力面靠近；在叶片旋转的过程中，推进泵的 TLV 呈现出明显的非定常现象，使得 TLV 周围的涡结构也呈现非定常现象；随着叶片的旋转，TLV 的尾部伴随有 TLV 脱落现象的发生。

（4）基于 Liutex 涡识别方法对不同转速空化数工况下瞬时的 TLV 涡核特性进行研究。随着 TLV 空化的发展，径向方向的 TLV 涡心位置在下游梢隙涡区域出现了很大的波动，并且 TLV 空化工况时，$S^*>1.2$ 的区域的 TLV 涡核半径逐渐趋于一致；TLV 空化的发展使得 TLV 涡心处的 Liutex 幅值的分布更为复杂，尤其是转速空化数为 2 的工况，TLV 空化的发展使得该工况下的 TLV 涡心处的 Liutex 幅值大于其余两个转速空化数工况，说明 TLV 空化对 TLV 的强度有很大的影响。

第 9 章

推进泵 TLV 空化动力学特性
和湍动能输运分析

　　空化的发生使得推进泵 TLV 流场异常复杂，第 8 章分别基于不同的涡识别方法对推进泵 TLV 空化流场进行了分析，发现 TLV 空化的发展对 TLV 的强度、涡心位置及涡核半径都产生了很大的影响。虽然涡识别方法能辨识 TLV 及 TLV 周围的各种涡，并对其时空演变进行分析，但涡识别方法未能真正揭示背后的流动机理。

　　本章以 LES WALE 模型耦合 ZGB 空化模型精细化的数值模拟结果为基础，利用柱坐标系下的涡量输运方程和湍动能输运方程对推进泵 TLV 空化流场进行深入分析，揭示推进泵叶顶间隙流场内涡与空化的相互作用机制，同时对推进泵 TLV 的湍动能产生机制展开研究，揭示 TLV 空化在叶轮旋转过程中表现出的非定常特性的流动机理。

9.1 坐标系的介绍

在推进泵叶轮域内，流体质点可视为绕 Z 轴的旋转运动，使用柱坐标系，可以更好地描述叶轮域内流体质点的运动。推进泵叶轮域的柱坐标系示意图如图 9-1 所示，Z 轴为旋转轴，将推进泵叶片的基准线与旋转轴的交点作为坐标原点。叶轮域内点 P 的空间位置可以表示为 (r, θ, z)，本章将基于该柱坐标系对叶顶间隙空化流场的流动机理展开研究。

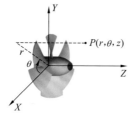

图 9-1　推进泵叶轮域的柱坐标系示意图

9.2　叶顶间隙空化对涡量分布的影响

叶顶间隙空化的发展会对整个叶顶间隙流场中的涡量分布产生很大的影响，为了探讨这种影响，现分别对不同空化工况时的叶顶间隙流场中的轴向涡量和周向涡量分布展开研究。

9.2.1　叶顶间隙空化对轴向涡量分布的影响

不同转速空化数工况下，推进泵叶轮域内叶顶间隙流场的轴向涡量分布云图如图 9-2 所示，轴向涡量较大的地方出现在叶顶间隙区、叶轮室壁面的边界层内及与其相邻的 TLV 流场区域。TLV 涡核处拥有量级较大的正轴向涡量，而叶片吸力面拥有量级较大的负轴向涡量，叶片吸力面处的涡量通过叶顶间隙流体输运至 TLV 涡核周围。

当转速空化数 $\sigma_n = 10$ 时，从图 9-2（a）中可以看到，TLV 涡核处拥有正的轴向涡量，TLV 周围流场具有负的轴向涡量分布，并且当 $S^* = 0.9$ 时，TLV 区域的轴向涡量达到最大，继续往下游流动，TLV 处的轴向涡量开始逐渐减小；当转速空化数 $\sigma_n = 4.17$ 时，相比于转速空化数为 10 的工况，该工况下 TLV 涡核处的轴向涡量拥有更大的量级；当转速空化数 $\sigma_n = 2$ 时，TLV 空化的发展使得下游区域的 TLV 涡核处都具有较大量级的轴向涡量，表明 TLV 空化的发展使得上游涡核处的轴向涡量不断往下游涡核处输运，如图 9-2（c）所示。

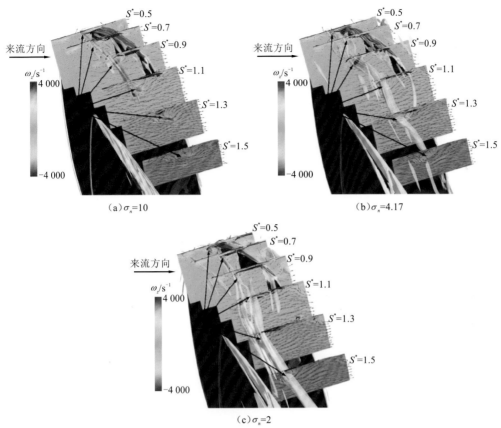

图 9-2　不同转速空化数工况下切平面的轴向涡量分布云图

（等值面为 Liutex＝3 000 s⁻¹）

9.2.2　叶顶间隙空化对周向涡量分布的影响

不同转速空化数工况下，推进泵 TLV 流场的周向涡量分布云图如图 9-3 所示。周向涡量较大的地方出现在叶顶间隙区、叶轮室壁面的边界层内及与其相邻的 TLV 流场区域。TLV、叶顶间隙内的分离涡及叶片吸力面处都拥有较大量级的周向涡量；在分离的壁面边界层，具有量级较大的负周向涡量，即诱导涡区；TLV 卷吸来自叶片吸力面的涡量，将吸力面的周向涡量输送至 TLV 涡核处。

随着 TLV 空化的发展，下游区域的 TLV 涡核处的周向涡量量级逐渐变大，说明 TLV 空化的发展使得 TLV 涡核处的周向涡量逐渐往下游涡核处输运。相比于其余转速空化数工况，转速空化数 σ_n＝2 时诱导涡处周向涡量的量级最大，TLV 空化的发展使得诱导涡处的周向涡量量级有增大的趋势。

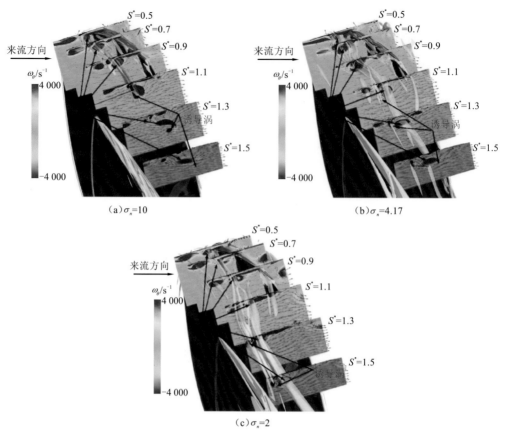

图 9-3　不同转速空化数工况下切平面的周向涡量分布云图（等值面为 Liutex = 3 000 s⁻¹）

9.3　柱坐标系下的涡量输运特性分析

9.3.1　柱坐标系下的涡量输运方程

为了掌握推进泵叶顶间隙流场中空化与涡的相互作用机制，采用柱坐标系下的涡量输运方程对其进行研究与分析。若为无空化工况，主要考虑拉伸扭曲项对涡量场的影响；TLV 空化发生后，不但要考虑拉伸扭曲项的作用，还需要考虑斜压矩项和压缩膨胀项引起的空化流场中涡量的变化。柱坐标系下的涡量输运方程为

$$\frac{\mathrm{d}\boldsymbol{\omega}}{\mathrm{d}t} = (\boldsymbol{\omega}\cdot\nabla)\cdot\boldsymbol{u} - \boldsymbol{\omega}\cdot(\nabla\cdot\boldsymbol{u}) + \frac{1}{\rho^2}\nabla\rho\times\nabla p + \upsilon\nabla^2\boldsymbol{\omega} - 2\nabla\times(\boldsymbol{\omega}_1\times\boldsymbol{u}) \tag{9-1}$$

式中：$\boldsymbol{\omega}$ 为涡量，s⁻¹；$\boldsymbol{u}$ 为相对速度，m/s；$\mathrm{d}\boldsymbol{\omega}/\mathrm{d}t$ 为流体输运造成的涡量随时间的变化；$(\boldsymbol{\omega}\cdot\nabla)\cdot\boldsymbol{u}$ 为涡线拉伸扭曲项，表示涡线拉伸和扭曲引起的流体微团转动惯量的改变而产生的影响；$\boldsymbol{\omega}\cdot(\nabla\cdot\boldsymbol{u})$ 为流体压缩膨胀项，表示流体压缩、膨胀引起的流体微团转动惯量的改变而产生的影响；$\frac{1}{\rho^2}\nabla\rho\times\nabla p$ 为斜压矩项，在正压流体中，该项为零；$\upsilon\nabla^2\boldsymbol{\omega}$ 为黏

性耗散项，表示黏性应力的影响；ω_1 为叶轮旋转速度；$-2\nabla\times(\omega_1\times u)$ 为科氏力项，该项影响旋转坐标系下的相对涡量，需要注意的是，科氏力项只有径向和周向分量，在轴向方向科氏力项的分量为 0。

9.3.2　轴向涡量输运特性分析

在柱坐标系下，轴向和周向各分量均十分重要，因此对轴向和周向方向的涡量输运方程中的各项进行深入分析。首先对轴向进行研究，考虑到科氏力项在轴向方向没有分量，因此不进行研究。

1. 轴向拉伸扭曲项

不同转速空化数工况下，推进泵 TLV 流场的轴向拉伸扭曲项分布如图 9-4 所示。速度梯度的改变引起了流场中轴向涡量的生成，在推进泵 TLV 流场及与其相邻的剪切层区域，都有较高的轴向涡量生成。当转速空化数 $\sigma_n=10$ 时，在上游区域，即 $S^*=0.7$ 和 0.9 处，TLV 涡核处拥有较高的正轴向拉伸值，并且 TLV 涡核周围被负的拉伸值包围，这意味着轴向拉伸扭曲项使得 TLV 涡核处的轴向涡量增加，而其却使 TLV 涡核周围的轴向

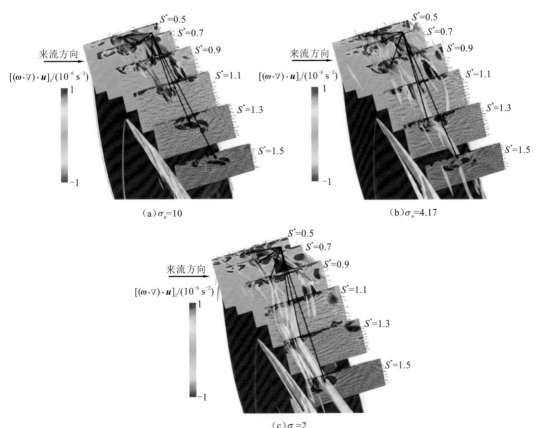

（a）$\sigma_n=10$　　　　　　　　　　（b）$\sigma_n=4.17$

（c）$\sigma_n=2$

图 9-4　不同转速空化数工况下切平面的轴向拉伸扭曲项分布云图（等值面为 Liutex = 3 000 s^{-1}）

涡量减少；当位于下游区域，即 S^*=1.1、1.3 和 1.5 时，TLV 涡核和周围流场的轴向拉伸扭曲项的分布与上游区域的分布正好相反；在叶顶间隙处，分离涡区域的轴向拉伸扭曲项拥有负值，表明叶顶间隙处的轴向涡量不断向 TLV 输运。当转速空化数 σ_n=4.17 时，整个 TLV 涡核处的轴向拉伸扭曲项为负值，且 TLV 周围分布着负的轴向拉伸扭曲项，这表明 TLV 空化初生使得整个 TLV 涡核处的轴向涡量值向外输运；在叶顶间隙处，分离涡区域的轴向拉伸扭曲项拥有负值，此时在壁面剪切层内出现了正的拉伸扭曲项区域。当转速空化数 σ_n=2 时，整个 TLV 涡核处的轴向拉伸扭曲项分布与转速空化数为 4.17 的工况一致，TLV 周围的诱导涡区域拥有正的轴向拉伸扭曲项；与转速空化数为 4.17 的工况相比，在 TLV 涡核周围区域，转速空化数为 2 的工况轴向拉伸扭曲项量级最大，说明 TLV 空化的发展促进了 TLV 涡核与周围流场之间的轴向涡量输运。

2. 轴向黏性耗散项

不同转速空化数工况下，轴向黏性耗散项在 TLV 流场产生的影响如图 9-5 所示。在推进泵叶顶间隙处，由于旋转的叶片和静止的叶轮室壁面的相对运动，产生的轴向黏性

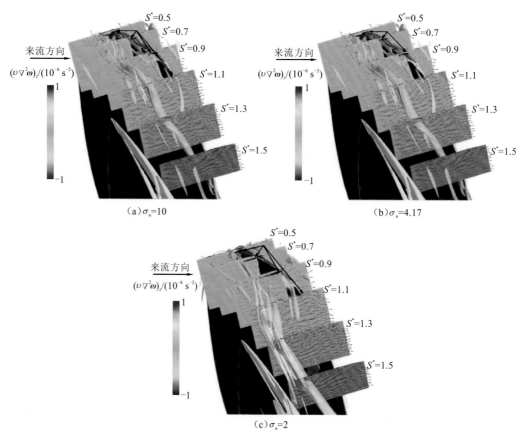

图 9-5　不同转速空化数工况下切平面的轴向黏性耗散项分布云图（等值面为 Liutex=3 000 s⁻¹）

耗散项在该处拥有较大值。随着转速空化数的逐渐降低，叶顶间隙处的轴向黏性耗散项的量级不断增大，并且由于 TLV 的卷吸能力逐渐加强，叶顶间隙处的轴向黏性耗散项会被卷吸至 TLV 涡核周围。

3. 气相体积分数

当转速空化数 $\sigma_n = 10$ 时，整个流场中没有出现空化；当转速空化数 $\sigma_n = 4.17$ 时，TLV 空化已经发生，为 TLV 初生空化工况，只有 $S^* = 0.5$、0.7 及 1.1 平面出现空化，如图 9-6（a）所示，此时的 TLV 空化并不连续；当转速空化数 $\sigma_n = 2$ 时，为 TLV 剧烈空化工况，如图 9-6（b）所示，TLV 空化已经从叶片上游逐渐发展至下一级叶片压力面附近。

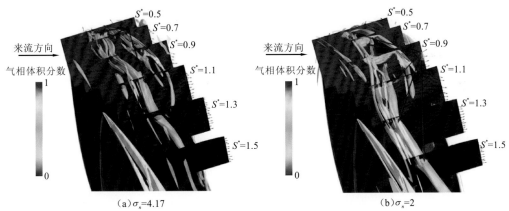

图 9-6　不同转速空化数工况下切平面的气相体积分数分布云图（等值面为 Liutex $= 3\,000\ \mathrm{s}^{-1}$）

4. 轴向压缩膨胀项

流体压缩膨胀项是由于流体相变引起体积的相对变化产生的，在本书的研究中流体的相变主要表现为空化，考虑到转速空化数 $\sigma_n = 10$ 时，整个推进泵流场内都没有发生空化，因此不考虑该工况下该项产生的影响。若轴向涡量为正值，并且速度梯度为正值，则该项会使轴向涡量减少；若轴向涡量为正值，但速度梯度为负值，则该项会使轴向涡量增加。

当转速空化数 $\sigma_n = 4.17$ 时，轴向压缩膨胀项主要出现在 $S^* = 0.5$、0.7 及 1.1 平面，TLV 空化区域的轴向压缩膨胀项为正，如图 9-7（a）所示，但因为整个涡量输运方程中，压缩膨胀项前面有负号，所以在 TLV 空化区域该项的实际值为负值，说明该项会使轴向涡量在 TLV 空化区内减少；但在 TLV 空化核心外围区域有较高的轴向压缩膨胀项，表明 TLV 空化区的轴向涡量逐渐向 TLV 空化区外围输送。当转速空化数 $\sigma_n = 2$ 时，TLV 空化发展得已经较为严重，轴向压缩膨胀项的分布规律与转速空化数为 4.17 的工况类似，从图 9-7（b）中可以清楚地看到，TLV 空化中心的轴向压缩膨胀项为负值；随着切平面从上游往下游发展，TLV 空化区域的轴向压缩膨胀项的量级逐渐增大，并且在 $S^* = 0.9$ 处达到最大，因此该处的轴向涡量变化更为剧烈；切平面继续往下游发展，TLV 空化处的轴向压缩膨胀项的量级又开始逐渐减小，当 $S^*=1.5$ 时，下游的轴向压缩膨胀项达到最小。随着转速空化数的逐渐降低，受到 TLV 空化发展的影响，轴向压缩膨胀项的量级也在逐渐增大。

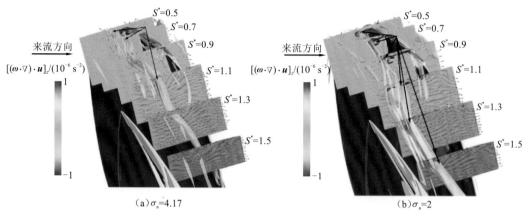

图 9-7　不同转速空化数工况下切平面的轴向压缩膨胀项分布云图（等值面为 Liutex = 3 000 s⁻¹）

5. 轴向斜压矩项

轴向斜压矩项主要出现在气、液交界面处，起到质量传输的作用，不同转速空化数工况下轴向斜压矩项的分布如图 9-8 所示。当转速空化数 $\sigma_n=10$ 时，由于整个计算域内都没有发生空化，该项的作用为 0，仅考虑转速空化数 $\sigma_n=4.17$ 和 2 的工况。当转速空化数 $\sigma_n=4.17$ 时，可以看到轴向斜压矩项主要出现在 $S^*=0.5$、0.7 及 1.1 的空化处，当 $S^*=0.5$ 时，该项的量级最大，随着切平面逐渐往下游发展，该项的量级也在逐渐减小。当转速空化数 $\sigma_n=2$ 时，随着切平面往下游发展，该项在 TSV 空化区的作用不断增强；

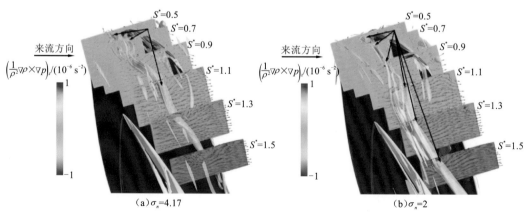

图 9-8　不同转速空化数工况下切平面的轴向斜压矩项分布云图（等值面为 Liutex = 3 000 s⁻¹）

而在 TLV 空化区，随着切平面逐渐往下游发展，轴向斜压矩项的量级先增后减，当 $S^* =$ 0.9 时，该项的量级达到最大值，随着切平面继续往下游运动，该项的量级又开始逐渐减小。相比于转速空化数为 4.17 的工况，随着 TLV 空化的逐渐发展，轴向斜压矩项的量级也在逐渐增加。

6. 轴向各项对比分析

在推进泵 TLV 流场区域，相比于轴向黏性耗散项，轴向拉伸扭曲项拥有较高的量级，说明轴向拉伸扭曲项对轴向涡量场的重新分布影响更大；在叶顶间隙内，随着转速空化数的降低，轴向黏性耗散项的量级也越来越大，该区域轴向黏性耗散项的作用不可忽视。

轴向斜压矩项和轴向压缩膨胀项是引起轴向涡量场变化的主要因素，而轴向涡量场的变化又会诱发空化的发生，虽然轴向斜压矩项和轴向压缩膨胀项对空化都有较大的影响，但轴向压缩膨胀项的量级更大，在对空化的影响中占据主导地位；并且随着转速空化数的逐渐降低，轴向斜压矩项和轴向压缩膨胀项的量级逐渐变大，使得 TLV 处的轴向涡量场变化更加剧烈。

9.3.3　周向涡量输运特性分析

对于叶轮旋转机械而言，各周向分量的变化也十分重要，并且由于坐标系位于叶片上，在周向方向会多出一项科氏力项的作用。

1. 周向拉伸扭曲项

不同转速空化数工况下周向拉伸扭曲项的分布如图 9-9 所示，整个推进泵 TLV 流场及与其相邻的剪切层区都有较高的周向涡量生成，而在叶顶间隙内，分离涡处为负的周向拉伸扭曲项。不同转速空化数工况下，周向拉伸扭曲项在推进泵叶顶间隙流场的分布规律基本一致，即整个 TLV 涡核内为负的周向拉伸扭曲项，TLV 涡核外为正的周向拉伸扭曲项。

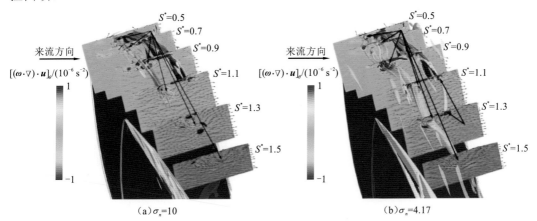

（a）$\sigma_n = 10$　　　　　　　　　　（b）$\sigma_n = 4.17$

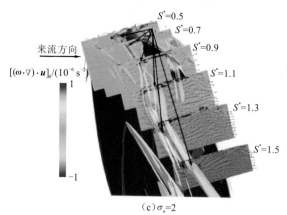

图 9-9　不同转速空化数工况下切平面的周向拉伸扭曲项分布云图（等值面为 Liutex = 3 000 s⁻¹）

　　随着转速空化数的逐渐降低，TLV 及周围相邻流场中的周向拉伸扭曲项的量级越来越大，TLV 涡核处出现最大量级的周向拉伸扭曲项的位置逐渐往下游发展，TLV 空化的发展使得涡量在周向方向的输运作用加剧，并且转速空化数的降低使得叶梢尾流场中的周向拉伸扭曲项的量级逐渐增大，如图 9-9（b）所示。诱导涡为 TLV 流场周围重要的涡，诱导涡处为负的周向拉伸扭曲项，该项使得诱导涡处的周向涡量减少，TLV 空化的发展更是加剧了周向涡量的减少。

2. 周向科氏力项

　　科氏力项的分布对推进泵 TLV 流场的涡量分布有很大的影响，不同转速空化数工况下周向科氏力项的分布如图 9-10 所示。当转速空化数 $\sigma_n = 10$ 时，在叶顶间隙压力边入口的角涡区，由于流体的流动分离，该区域的周向科氏力项拥有较大的量级，随着转速空化数的降低，该角涡区的周向科氏力项的量级逐渐增大；随着切平面逐渐往下游发展，TLV 区的周向科氏力项逐渐由正值变为负值，并且周向科氏力项的量级也在逐渐减小。当转速空化数 $\sigma_n = 4.17$ 时，TLV 涡核处的周向科氏力项的量级随着切平面往下游发展逐渐减小，TLV 周围（诱导涡）被负的周向科氏力项所包围，在 $S^* = 1.1$ 处，周向科氏力

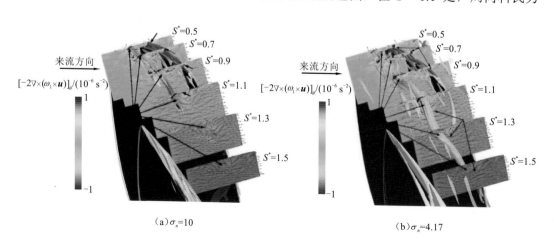

　　（a）$\sigma_n = 10$　　　　　　　　　　　　　　（b）$\sigma_n = 4.17$

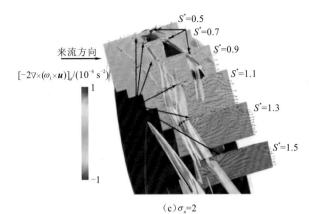

$S^*=0.5$
$S^*=0.7$
$S^*=0.9$
$S^*=1.1$
$S^*=1.3$
$S^*=1.5$

来流方向

$[-2\nabla\times(\omega_1\times\boldsymbol{u})]_\theta/(10^{-6}\,\mathrm{s}^{-2})$

1

−1

（c）$\sigma_n=2$

图 9-10　不同转速空化数工况下切平面的周向科氏力项分布云图（等值面为 Liutex = 3 000 s⁻¹）

项的量级达到最大。相比于其余的转速空化数工况，转速空化数为 2 时的 TLV 涡核处的周向科氏力项的量级要小。随着 TLV 空化的发展，TLV 空化使得 TLV 涡核处的周向科氏力项的量级逐渐减小，而诱导涡处周向科氏力项的量级受 TLV 空化的影响较大，呈逐渐增长的趋势。

3. 周向黏性耗散项

周向黏性耗散项的分布规律和轴向黏性耗散项的分布规律一致，周向黏性耗散项量级较大的地方出现在叶顶间隙处、固体壁面边界层处，如图 9-11 所示。随着转速空化数的逐渐降低，周向黏性耗散项的量级逐渐增大，尤其是在叶顶间隙处。TLV 空化的发展，加大了周向黏性耗散项的作用；随着 TLV 强度的增强，周向黏性耗散项会随着叶顶间隙流一起向 TLV 涡核处发展并在 TLV 涡核周围做旋转运动。

4. 周向压缩膨胀项

周向压缩膨胀项主要作用在流场中的空化区，不同转速空化数工况下，推进泵 TLV 流场中因空化产生的周向压缩膨胀项分布如图 9-12 所示。当转速空化数 $\sigma_n=4.17$ 时，周向压缩膨胀项主要出现在 $S^*=0.5$、0.7 和 1.1 平面处的空化区域，在 TLV 空化区域该项为负值，TLV 空化周围流场拥有正的压缩膨胀项，如图 9-12（a）所示。当转速空化数 $\sigma_n=2$ 时，TLV 空化发展得已经较为严重，TLV 空化区及周围流场区域的周向压缩膨胀项的分布规律一致，都是将 TLV 空化中心的周向涡量向周围流场输运；随着切平面逐渐往下游发展，TLV 空化处的周向压缩膨胀项的量级在不断减少，当发展至 $S^*=1.5$ 平面时，该项的量级达到最小；随着转速空化数的逐渐降低，由于 TLV 空化的逐渐发展，流体体积变化更加剧烈，TLV 空化区域该项的量级也在逐渐增加；在 $S^*=1.3$ 和 1.5 切平面处，诱导涡空化处的周向压缩膨胀项拥有正值，说明在诱导涡处，该项使得诱导涡处的周向涡量增加。

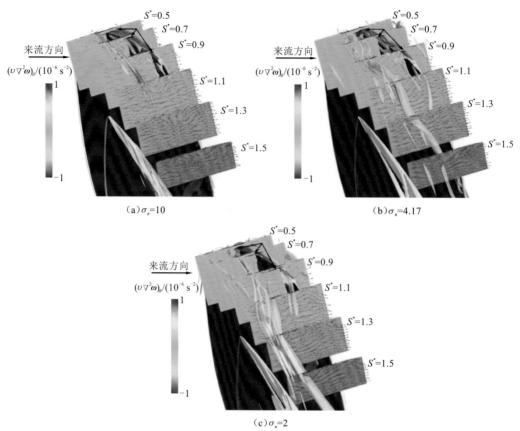

(a)σ_n=10   (b)σ_n=4.17

(c)σ_n=2

图 9-11   不同转速空化数工况下切平面的周向黏性耗散项分布云图（等值面为 Liutex = 3 000 s^{-1}）

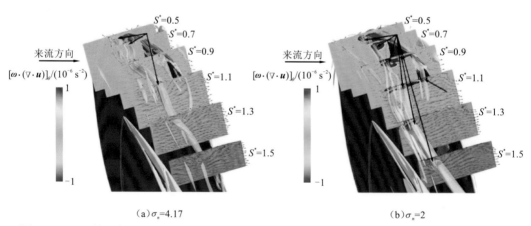

(a)σ_n=4.17   (b)σ_n=2

图 9-12   不同转速空化数工况下切平面的周向压缩膨胀项分布云图（等值面为 Liutex = 3 000 s^{-1}）

5. 周向斜压矩项

周向斜压矩项主要集中在气、液交界面处，其在 TLV 流场的分布如图 9-13 所示。

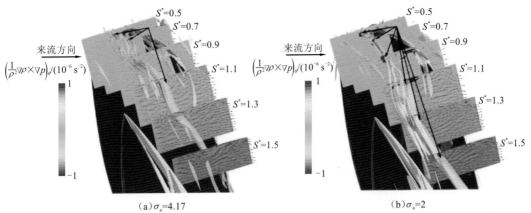

（a）σ_n=4.17　　　　　　　（b）σ_n=2

图 9-13　不同转速空化数工况下切平面的周向斜压矩项分布云图（等值面为 Liutex=3 000 s^{-1}）

当转速空化数 σ_n=4.17 时，可以看到周向斜压矩项主要出现在 S^*=0.5、0.7 和 1.1 的空化处，由于该工况下空化较弱，该项量级较小。当转速空化数 σ_n=2 时，随着切平面往下游发展，该项在叶顶间隙处的量级不断增大，并不断往相邻叶片压力面方向发展；而在 TLV 空化区，随着切平面逐渐往下游发展，周向斜压矩项的量级先增后减，当 S^*=0.9 时，该项的量级达到最大值，随着切平面继续往下游运动，由于 TLV 空化逐渐减弱，该项的量级又开始逐渐减小。

6. 周向各项对比分析

对周向拉伸扭曲项、科氏力项及黏性耗散项进行对比，周向拉伸扭曲项的量级要明显大于其余两项的量级，在叶顶间隙内，周向黏性耗散项的作用也同样不可忽视。对周向斜压矩项和周向压缩膨胀项在 TLV 流场的量级进行对比分析，发现周向压缩膨胀项的量级要大于周向斜压矩项，说明周向压缩膨胀项在空化的产生过程中占主导作用。

9.4　叶顶间隙空化对湍动能分布的影响

叶顶间隙空化的发展会对整个叶顶间隙流场中的湍动能分布产生很大的影响，现对叶顶间隙流场中的湍动能分布展开研究。相关的参数定义如下。

湍动能：

$$k = 0.5(\langle u'_r u'_r \rangle + \langle u'_\theta u'_\theta \rangle + \langle u'_z u'_z \rangle) \tag{9-2}$$

湍流强度：

$$TU = \sqrt{2k / [3(U^{*2} + V^{*2} + W^{*2})]} \tag{9-3}$$

式中：U^* 为时均 x 方向的速度；V^* 为时均 y 方向的速度；W^* 为时均 z 方向的速度。

图 9-14 为推进泵 TLV 流场的湍流强度分布云图，湍流强度较大的地方出现在叶梢压力面角涡处、叶顶间隙的分离涡区及壁面剪切层区域，此外在诱导涡和 TLV 流场区域都有较高的湍流强度分布。相比于其余区域，TLV 及周围流场具有较大的湍流强度。

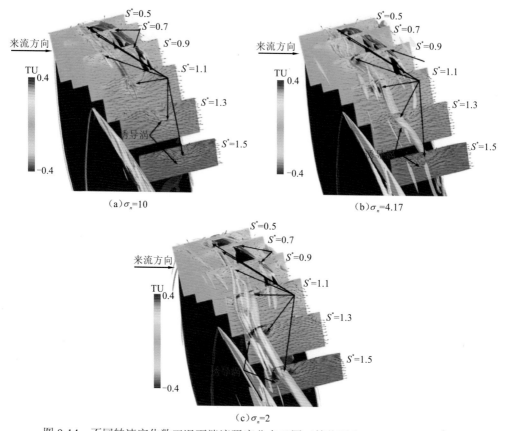

图 9-14　不同转速空化数工况下湍流强度分布云图（等值面为 Liutex = 3 000 s^{-1}）

当转速空化数 $\sigma_n = 10$ 时，随着切平面逐渐向下游发展，TLV 处的湍流强度先是增加而后逐渐减小，在 $S^* = 1.1$ 处达到最大值，这种变化规律与转速空化数 $\sigma_n = 4.17$ 的工况一致，而当转速空化数 $\sigma_n = 2$ 时，随着切平面逐渐往下游发展，TLV 处的湍流强度却是逐渐增加的。TLV 空化的发展使得 TLV 涡核及周围流场的湍流强度逐渐变大，也使得 TLV 涡核处的湍动能逐渐向下游涡核处输运。

不同转速空化数工况下，推进泵 TLV 流场的湍动能分布云图如图 9-15 所示。与湍流强度分布规律一致，湍动能较大的区域出现在叶梢压力面角涡处、叶顶间隙区、TLV 流场区及与其相邻的剪切区。随着 TLV 空化的发展，梢隙涡涡核处最大湍动能出现的位置逐渐往下游发展。

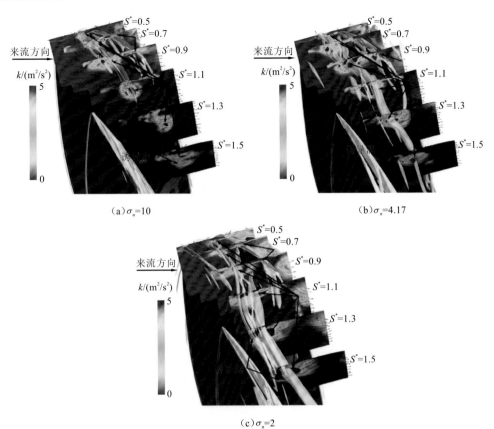

图 9-15　不同转速空化数工况下湍动能分布云图（等值面为 Liutex = 3 000 s⁻¹）

9.5　柱坐标系下的湍动能输运特性分析

9.5.1　柱坐标系下的湍动能输运方程的推导

在柱坐标系下，连续性方程可以表示为

$$\frac{\partial U_z}{\partial z}+\frac{1}{r}\frac{\partial}{\partial r}(rU_r)+\frac{1}{r}\frac{\partial U_\theta}{\partial \theta}=0 \tag{9-4}$$

式中：U_r、U_θ、U_z 分别为柱坐标系下三个方向的瞬时速度，m/s。

三个方向的瞬时速度、平均速度及脉动速度存在以下关系：

$$U_r = U_r^* + u_r' \tag{9-5}$$

$$U_\theta = U_\theta^* + u_\theta' \tag{9-6}$$

$$U_z = U_z^* + u_z' \tag{9-7}$$

式中：U_r^*、U_θ^*、U_z^* 为三个方向的平均速度，m/s；u_r'、u_θ'、u_z' 为三个方向的脉动速度，m/s。

在柱坐标系下，三个方向的动量方程为

$$\frac{\partial U_r}{\partial t}+U_z\frac{\partial U_r}{\partial z}+U_r\frac{\partial U_r}{\partial r}+\frac{U_\theta}{r}\frac{\partial U_r}{\partial \theta}-\frac{U_\theta^2}{r}=-\frac{1}{\rho}\frac{\partial p}{\partial r}+\upsilon\left(\nabla^2 U_r-\frac{U_r}{r^2}-\frac{2}{r^2}\frac{\partial U_\theta}{\partial \theta}\right) \tag{9-8}$$

$$\frac{\partial U_\theta}{\partial t}+U_z\frac{\partial U_\theta}{\partial z}+U_r\frac{\partial U_\theta}{\partial r}+\frac{U_\theta}{r}\frac{\partial U_\theta}{\partial \theta}+\frac{U_r U_\theta}{r}=-\frac{1}{\rho}\frac{1}{r}\frac{\partial p}{\partial \theta}+\upsilon\left(\nabla^2 U_\theta-\frac{U_\theta}{r^2}+\frac{2}{r^2}\frac{\partial U_r}{\partial \theta}\right) \tag{9-9}$$

$$\frac{\partial U_z}{\partial t}+U_z\frac{\partial U_z}{\partial z}+U_r\frac{\partial U_z}{\partial r}+\frac{U_\theta}{r}\frac{\partial U_z}{\partial \theta}=-\frac{1}{\rho}\frac{\partial p}{\partial z}+\upsilon\nabla^2 U_z \tag{9-10}$$

将式（9-5）～式（9-7）代入连续性方程和动量方程中，可以得到三个方向的时均
Navier-Stokes 方程，为

$$\frac{\partial U_r^*}{\partial t}+U_z^*\frac{\partial U_r^*}{\partial z}+U_r^*\frac{\partial U_r^*}{\partial r}=-\frac{1}{\rho}\frac{\partial p^*}{\partial r}+\upsilon\left(\nabla^2 U_r^*-\frac{U_r^*}{r^2}\right)-\frac{\partial\langle u_r' u_z'\rangle}{\partial z}-\frac{1}{r}\frac{\partial}{\partial r}r\langle u_r' u_r'\rangle+\frac{\langle u_\theta' u_\theta'\rangle}{r} \tag{9-11}$$

$$\frac{\partial U_\theta^*}{\partial t}+U_z^*\frac{\partial U_\theta^*}{\partial z}+U_r^*\frac{\partial U_\theta^*}{\partial r}=-\frac{1}{\rho}\frac{1}{r}\frac{\partial p^*}{\partial \theta}+\upsilon\left(\frac{2}{r^2}\frac{\partial U_r^*}{\partial \theta}\right)-\frac{1}{r}\frac{\partial\langle u_\theta' u_\theta'\rangle}{\partial \theta} \tag{9-12}$$

$$\frac{\partial U_z^*}{\partial t}+U_z^*\frac{\partial U_z^*}{\partial z}+U_r^*\frac{\partial U_z^*}{\partial r}=-\frac{1}{\rho}\frac{\partial p^*}{\partial z}+\upsilon\nabla^2 U_z^*-\frac{\partial\langle u_z' u_z'\rangle}{\partial z}-\frac{1}{r}\frac{\partial}{\partial r}r\langle u_r' u_z'\rangle \tag{9-13}$$

式中：p^*为时均压力。

通过分析三个方向的时均 Navier-Stokes 方程可知，湍动能输运方程主要与湍流正应
力项（$\langle u_r' u_r'\rangle\langle u_\theta' u_\theta'\rangle\langle u_z' u_z'\rangle$）及湍流切应力项（$\langle u_r' u_z'\rangle$）有关，湍流应力与湍流产生项基于同一
相对坐标系，由于湍流切应力项的存在，可以抵消旋转坐标系下的科氏力项，输运方程
中不需要考虑科氏力项的作用，将瞬时 Navier-Stokes 方程减去时均 Navier-Stokes 方程得
到脉动 Navier-Stokes 方程，经各种运算后再进行时均，就可以推导出柱坐标系下的湍动
能输运方程：

$$\frac{\partial k}{\partial t}=-2\langle u_i' u_j'\rangle\frac{\partial U_i^*}{\partial x_j}-U_j^*\frac{\partial k}{\partial x_j}-\left(\frac{1}{2}\frac{\partial}{\partial k}\langle u_i' u_i' u_j'\rangle+\frac{1}{\rho}\frac{\partial}{\partial x_j}\langle p' u_j'\rangle\right)+\upsilon\left(\frac{\partial^2 k}{\partial x_j \partial x_j}-\left\langle\frac{\partial u_i'}{\partial x_j}\frac{\partial u_i'}{\partial x_j}\right\rangle\right) \tag{9-14}$$

其中，$-2\langle u_i' u_j'\rangle\dfrac{\partial U_i^*}{\partial x_j}$ 为湍动能生成项。该项大于 0，表示流体通过平均运动向湍流输入能

量；该项小于 0，则会使流场中的湍动能减少。$-U_j^*\dfrac{\partial k}{\partial x_j}$ 为湍动能输运项，代表湍动能在

平均运动上的增长率。$-\dfrac{\partial}{\partial k}\left(\dfrac{1}{2}\langle u_i' u_i' u_j'\rangle\right)-\dfrac{1}{\rho}\dfrac{\partial}{\partial x_j}\langle p' u_j'\rangle+\upsilon\dfrac{\partial^2 k}{\partial x_j \partial x_j}$ 为扩散项，主要包括三部

分：第一部分为 3 阶湍流脉动项产生的扩散，该部分的产生是由于湍流携带的脉动平均
值引起的不规则运动，属于湍流的扩散作用；第二部分为压力速度产生的扩散；第三部
分为分子黏性导致的湍动能的扩散。$-\upsilon\left\langle\dfrac{\partial u_i'}{\partial x_j}\dfrac{\partial u_i'}{\partial x_j}\right\rangle$ 为湍动能耗散项。

9.5.2 TLV 空化流场中无量纲湍流的应力分布特性

在柱坐标系下的湍动能输运方程的推导过程中发现，湍动能输运方程与湍流正应力

项（$\langle u'_r u'_r \rangle$、$\langle u'_\theta u'_\theta \rangle$、$\langle u'_z u'_z \rangle$）及湍流切应力项分量（$\langle u'_r u'_z \rangle$）有关，因此对这几项湍流应力分量开展分析。首先对湍流正应力进行无量纲化，如式（9-15）所示。不同转速空化数工况下无量纲的湍流正应力项分布云图如图 9-16～图 9-18 所示。当无量纲化的湍流正应力项越接近 0 时，说明该项与湍流正应力项的平均值比较接近。

$$qq = 1/3(\langle u'_r u'_r \rangle + \langle u'_\theta u'_\theta \rangle + \langle u'_z u'_z \rangle) \tag{9-15}$$

式中：$\langle u'_r u'_r \rangle$、$\langle u'_\theta u'_\theta \rangle$、$\langle u'_z u'_z \rangle$ 为流体的湍流正应力项。

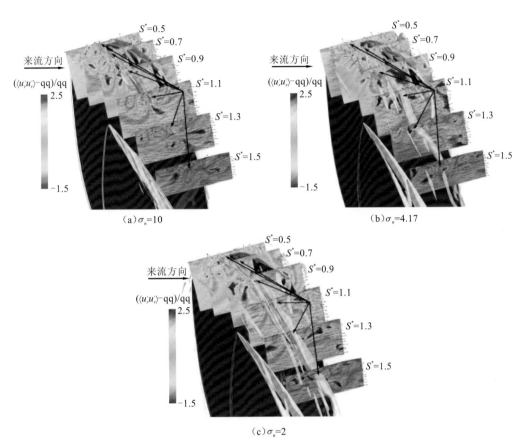

图 9-16　不同转速空化数工况下 $(\langle u'_r u'_r \rangle - qq)/qq$ 的分布云图（等值面为 Liutex = 3 000 s^{-1}）

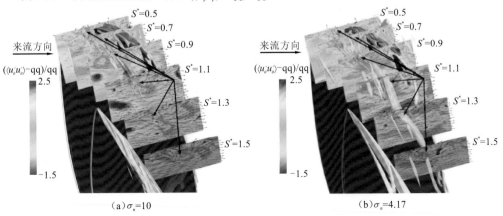

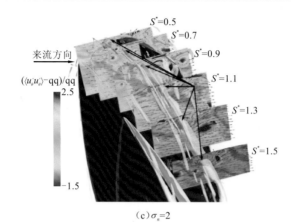

（c）$\sigma_n=2$

图 9-17　不同转速空化数工况下 $(\langle u'_\theta u'_\theta \rangle - qq)/qq$ 的分布云图（等值面为 Liutex $=3\,000\ \mathrm{s}^{-1}$）

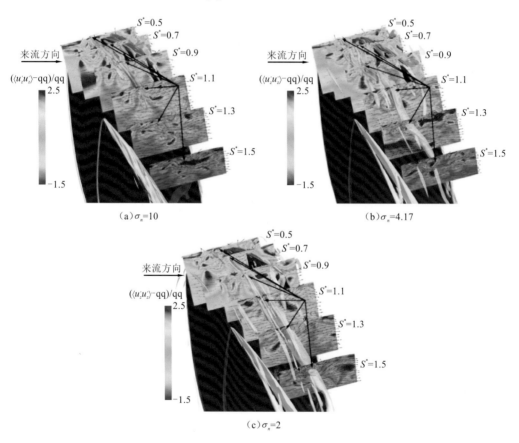

（c）$\sigma_n=2$

图 9-18　不同转速空化数工况下 $(\langle u'_z u'_z \rangle - qq)/qq$ 的分布云图（等值面为 Liutex $=3\,000\ \mathrm{s}^{-1}$）

1. 无量纲湍流正应力项的径向分量

首先，对无量纲化的径向湍流正应力项——$(\langle u'_r u'_r \rangle - qq)/qq$ 进行分析。当转速空化数 $\sigma_n=10$ 时，在上游 TLV 及其相邻的流场区域，径向湍流正应力项 $\langle u'_r u'_r \rangle$ 拥有较大的量级，当 $S^*>1.1$ 时，由于 TLV 的逐渐减弱，TLV 处的 $\langle u_r'u_r'\rangle$ 的量级逐渐减小；当转速空化数 $\sigma_n=4.17$ 时，整个 TLV 涡核区的 $\langle u_r'u_r'\rangle$ 与平均值 qq 较为接近；而当转速空化数 $\sigma_n=2$ 时，TLV 涡核处的 $\langle u_r'u_r'\rangle$ 与平均值 qq 更为接近。在叶顶间隙区，三个空化工况的径向湍流正应力项 $\langle u_r'u_r'\rangle$ 的量级与平均值较为接近；受到梢隙涡空化的影响，TLV 涡核外流场区域的最大量级的径向湍流正应力项 $\langle u_r'u_r'\rangle$ 向远离叶片梢隙涡下游区域的方向移动，并且梢隙涡涡核外较大量级的径向湍流正应力项 $\langle u_r'u_r'\rangle$ 逐渐向轮毂方向发展。

2. 无量纲湍流正应力项的周向分量

无量纲化的周向湍流正应力项 $(\langle u_\theta'u_\theta'\rangle-\mathrm{qq})/\mathrm{qq}$ 的分布云图如图 9-17 所示。当转速空化数 $\sigma_n=10$ 时，TLV 涡核处，$\langle u_\theta'u_\theta'\rangle$ 的量级较为接近平均值 qq，但在下游的诱导涡处，$\langle u_\theta'u_\theta'\rangle$ 拥有较大的量级；其余转速空化数的 $\langle u_\theta'u_\theta'\rangle$ 的分布规律与转速空化数为 10 的工况类似，随着转速空化数的降低，诱导涡处的 $\langle u_\theta'u_\theta'\rangle$ 的量级在逐渐增加。

3. 无量纲湍流正应力项的轴向分量

无量纲化的轴向湍流正应力项 $(\langle u_z'u_z'\rangle-\mathrm{qq})/\mathrm{qq}$ 的分布云图如图 9-18 所示。TLV 涡核处，$\langle u_z'u_z'\rangle$ 与平均值 qq 较为接近，并且随着转速空化数的降低，这种差异逐渐缩小；TLV 涡核外围的流场区域拥有较大量级的轴向湍流正应力项 $\langle u_z'u_z'\rangle$，随着转速空化数的降低，该项的量级逐渐增大；叶顶分离涡区拥有较大量级的轴向湍流正应力项 $\langle u_z'u_z'\rangle$，并且随着转速空化数的减小，分离涡区的轴向湍流正应力项的量级逐渐减小。

4. 湍流正应力项各分量的对比分析

通过对不同转速空化数工况下的推进泵叶顶间隙流场中各湍流正应力项分量进行分析，可以得出以下结论：①湍流正应力项分量在 TLV 涡核处与平均值 qq 较为接近，说明推进泵 TLV 涡心处的湍流场较为均匀；②相比于其余两个方向的湍流正应力项分量，TLV 涡核周围流场的周向湍流正应力项 $\langle u_\theta'u_\theta'\rangle$ 的量级要小得多，并且随着转速空化数的逐渐降低，$\langle u_\theta'u_\theta'\rangle$ 的量级越来越小；③在诱导涡区域，周向湍流正应力项 $\langle u_\theta'u_\theta'\rangle$ 的量级随着转速空化数的降低逐渐增大；④在叶顶间隙区，随着转速空化数的逐渐降低，分离涡区的 $\langle u_z'u_z'\rangle$ 和 $\langle u_\theta'u_\theta'\rangle$ 的量级在逐渐增大，分离涡区 $\langle u_\theta'u_\theta'\rangle$ 高的地方 $\langle u_r'u_r'\rangle$ 反而较低；⑤在左侧与 TLV 相邻的流场区域，$\langle u_r'u_r'\rangle$ 高的地方 $\langle u_\theta'u_\theta'\rangle$ 反而较低。

5. 无量纲湍流切应力项分量

无量纲化的湍流切应力项分量 $\langle u_r'u_z'\rangle/U_{\mathrm{tip}}^2$（$U_{\mathrm{tip}}$ 为叶梢的线速度）的分布云图如图 9-19 所示。当转速空化数 $\sigma_n=10$ 时，在 TLV 涡核周围，存在量级较大的湍流切应力项分量 $\langle u_r'u_z'\rangle$，并且较大量级的湍流切应力项分量区域围绕着 TLV 一起做旋转运动；当转速空化数 $\sigma_n=4.17$ 时，相较于转速空化数为 10 的工况，梢隙涡空化初生使得 TLV 涡核周围的流场区域拥有更大量级的湍流切应力项分量 $\langle u_r'u_z'\rangle$，并且该项的量级在 $S^*=0.9$ 时达到最大；随着转速空化数的继续降低，TLV 涡核周围流场区域的湍流切应力项分量 $\langle u_r' u_z' \rangle$ 的量级逐渐变小，如图 9-19（c）所示。除 TLV 及其相邻的流场区域外，整个流场的湍流切应力项分量 $\langle u_r' u_z' \rangle$ 的分布较为均匀。

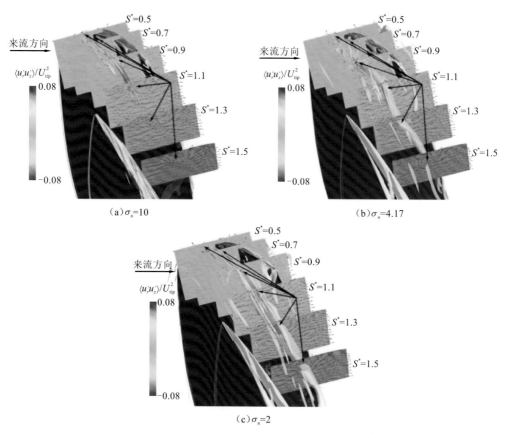

图 9-19　不同转速空化数工况下 $\langle u_r' u_z' \rangle / U_{tip}^2$ 的分布云图（等值面为 Liutex = 3 000 s^{-1}）

9.5.3　TLV 空化流动中湍动能输运特性分析

1. 湍动能生成项

在湍动能输运方程中，湍动能生成项是最为重要的一部分。根据 9.5.2 小节提到的湍流应力项（正应力项和切应力项的一项分量），对应有四项湍动能生成项，下面将针对四项湍流应力项引起的湍动能生成项展开研究。

1）径向湍动能生成项 P_{rr}

不同转速空化数工况下 $\langle u_r' u_r' \rangle$ 引起的湍动能生成项 P_{rr} 的分布云图如图 9-20 所示。推进泵 TLV 涡心处具有较低的湍动能生成项，但在 TLV 涡心周围却具有量级较大的湍

动能生成项 P_{rr}，随着转速空化数的逐渐降低，TLV 周围区域的 P_{rr} 的量级逐渐变大。该湍动能生成项与 $\langle u'_r u'_r \rangle \partial U_r^* / \partial r$ 和 $\langle u'_r u'_z \rangle \partial U_r^* / \partial z$ 有关，随着转速空化数的逐渐降低，TLV 周围 $\langle u'_r u'_r \rangle$ 的作用逐渐变大，而 $\langle u'_r u'_z \rangle$ 的量级变化并不大，这两项的综合作用导致了低转速空化数时，湍动能生成项 P_{rr} 在 TLV 涡心周围具有较大的量级。

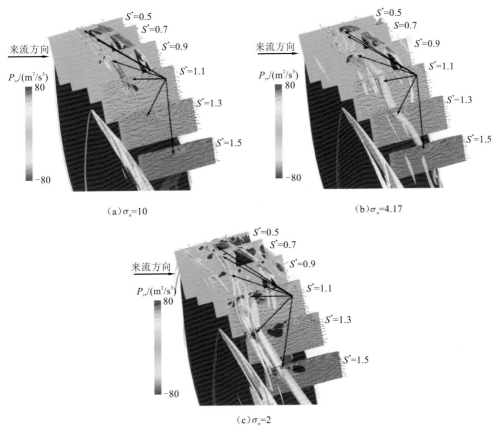

图 9-20　不同转速空化数工况下 $\langle u'_r u'_r \rangle$ 引起的湍动能生成项的分布云图
（等值面为 Liutex = 3 000 s^{-1}）

2）周向湍动能生成项 $P_{\theta\theta}$

由 $\langle u'_\theta u'_\theta \rangle$ 引起的湍动能生成项 $P_{\theta\theta}$ 如图 9-21 所示，该生成项主要与时均径向速度 U_r^* 及 $\langle u'_\theta u'_\theta \rangle$ 有关，相比于其余几项湍流正应力分量，$\langle u'_\theta u'_\theta \rangle$ 在 TLV 及其周围流场拥有较小的量级，此外流场中的时均径向速度 U_r^* 也较低，使得湍动能生成项 $P_{\theta\theta}$ 拥有较小的量级。

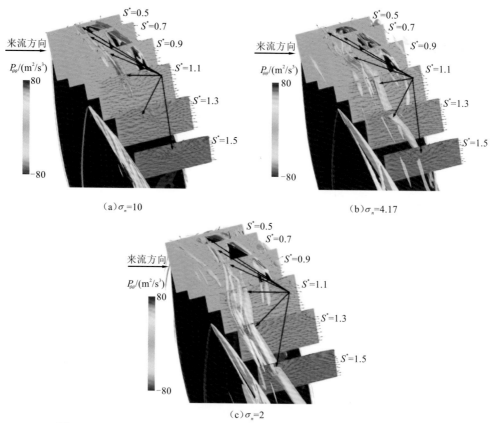

图 9-21　不同转速空化数工况下 $\langle u_\theta' u_\theta' \rangle$ 引起的湍动能生成项的分布云图

（等值面为 Liutex = 3 000 s^{-1}）

3）轴向湍动能生成项 P_{zz}

由 $\langle u_z' u_z' \rangle$ 引起的湍动能生成项 P_{zz} 如图 9-22 所示。在不同转速空化数工况下，TLV 涡心处的湍动能生成项 P_{zz} 较小，该项主要与 $\langle u_z' u_z' \rangle \partial U_z^* / \partial z$ 和 $\langle u_r' u_z' \rangle \partial U_z^* / \partial r$ 有关。$\partial U_z^* / \partial r$ 较小的量级使 $\langle u_r' u_z' \rangle \partial U_z^* / \partial r$ 的量级小于 $\langle u_z' u_z' \rangle \partial U_z^* / \partial z$ 的量级，因此湍动能生成项 P_{zz} 中真正起主导作用的是 $\langle u_z' u_z' \rangle \partial U_z^* / \partial z$；随着转速空化数的逐渐降低，TLV 涡心周围 $\langle u_z' u_z' \rangle$ 的作用越来越大，使得 TLV 涡心周围的湍动能生成项 P_{zz} 的量级越来越大，即平均运动向湍流运动输入的湍动能增加。在叶顶间隙区及壁面剪切层区域，$\langle u_z' u_z' \rangle \partial U_z^* / \partial z$ 的作用使得该区域的湍动能生成项 P_{zz} 也拥有较大的量级。

4）切向湍动能生成项分量 P_{rz}

湍流切应力项分量 $\langle u_r' u_z' \rangle$ 引起的湍动能生成项 P_{rz} 的分布云图如图 9-23 所示。湍动能生成项 P_{rz} 主要与 $\langle u_r' u_z' \rangle \partial U_z^* / \partial z$、$\langle u_r' u_r' \rangle \partial U_z^* / \partial r$、$\langle u_z' u_z' \rangle \partial U_r^* / \partial z$ 及 $\langle u_r' u_z' \rangle \partial U_r^* / \partial r$ 有关，这几项不仅与湍流应力有关，还与径向和轴向的平均流速梯度有关，而在这几项中，起主要作用的还是 $\langle u_r' u_z' \rangle \partial U_z^* / \partial z$ 和 $\langle u_z' u_z' \rangle \partial U_r^* / \partial z$。当转速空化数 $\sigma_n = 4.17$ 和 10 时，叶顶间

隙区的湍动能生成项较小，而当转速空化数 $\sigma_n = 2$ 时，叶顶间隙区的湍动能生成项小于 0，使得叶顶间隙区的湍动能逐渐减少；TLV 周围的流场区域拥有较大的正的湍动能生成项 P_{rz}，使得平均运动向湍流输入能量，TLV 流场不稳定，并且随着转速空化数的降低，这种不稳定现象加剧。

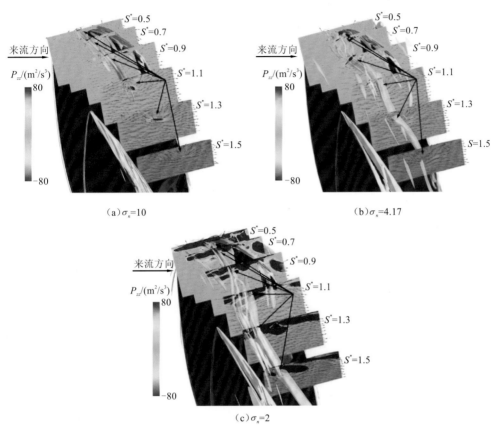

图 9-22　不同转速空化数工况下 $\langle u'_z u'_z \rangle$ 引起的湍动能生成项的分布云图（等值面为 Liutex $= 3\,000\ \mathrm{s}^{-1}$）

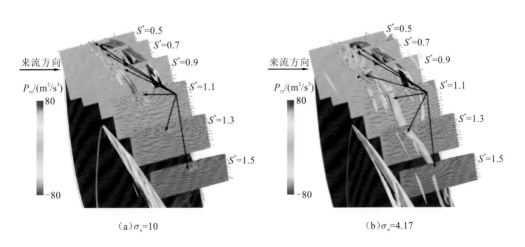

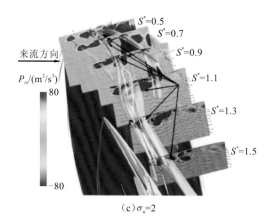

（c）$\sigma_n=2$

图 9-23　不同转速空化数工况下 $\langle u_r'u_z'\rangle$ 引起的湍动能生成项的分布云图（等值面为 Liutex＝3 000 s^{-1}）

5）湍动能生成项各分量对比分析

通过对不同空化工况下的四项湍流应力项引起的湍动能生成项进行探讨，可以得出以下结论：①推进泵叶顶间隙、壁面剪切层及 TLV 周围流场都有较大的湍动能生成，与之相反，在 TLV 涡心处的湍动能生成却比较小，说明 TLV 涡心处的湍动能来自与之相邻的相互作用的剪切流场中；②随着转速空化数的逐渐降低，TLV 周围流场的湍动能生成越来越大；③在四项湍动能生成项中，$P_{\theta\theta}$ 的量级最小，而由湍流切应力项分量 $\langle u_r'u_z'\rangle$ 和湍流正应力项分量 $\langle u_z'u_z'\rangle$ 引起的湍动能生成的量级较大。

2. 其余各项对比分析

下面将对湍动能输运方程中剩余的几项进行研究，包括：湍动能输运项（C_{tran}）、扩散项中的压力速度项（Pr）及 3 阶湍流脉动引起的扩散项（D_{diff}）。选取转速空化数 $\sigma_n=4.17$ 时的工况进行研究。

1）压力速度项 Pr

各湍流应力项分量引起的 TLV 空化流场的压力速度项分布如图 9-24 所示，压力速度项不仅与时均速度分布有关，也与时均的脉动压力梯度有关。

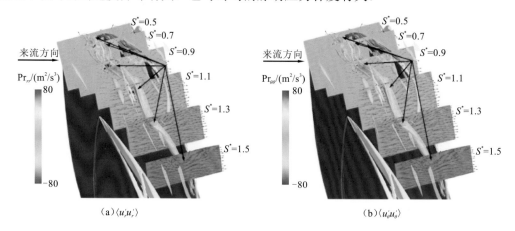

（a）$\langle u_r'u_r'\rangle$　　　　　　　　　　　　　　　　（b）$\langle u_\theta'u_\theta'\rangle$

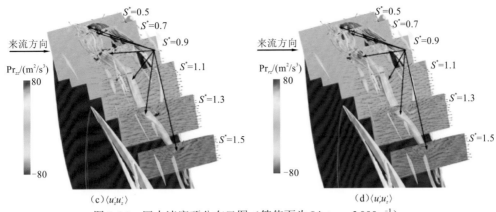

(c) $\langle u'_z u'_z \rangle$　　　　　　　　　　(d) $\langle u'_r u'_z \rangle$

图 9-24　压力速度项分布云图（等值面为 Liutex = 3 000 s^{-1}）

当转速空化数 $\sigma_n = 4.17$ 时，TLV 空化初生，空化的产生使在 TLV 空化周围的脉动压力较大，因此在 $S^* = 0.9$ 处，该项拥有最大的量级，并且在 TLV 尾部，由于 TLV 的不稳定性，压力脉动也拥有较大的量级，但是与空化处的压力脉动相比，量级又小了很多。在这四项湍流应力项分量中，由 $\langle u'_z u'_z \rangle$ 和 $\langle u'_r u'_z \rangle$ 产生的压力速度项量级较大。

2）湍动能输运项 C_{tran}

推进泵 TLV 流场中，湍动能输运项的分布云图如图 9-25 所示，量级较大的湍动能输运项出现在 TLV 及 TLV 周围的流场区域、与 TLV 流场相互作用的壁面剪切层区域。湍动能输运项与湍流应力项密切相关，湍流应力项的梯度直接决定了该项的大小，对比四项湍流应力项分量可知，湍流切应力项分量 $\langle u'_r u'_z \rangle$ 起主要作用，而 $\langle u'_\theta u'_\theta \rangle$ 生成的湍动能输运项的量级较小；随着切平面逐渐往下游发展，湍动能输运项在 $S^* = 1.1$ 平面的量级达到最大。

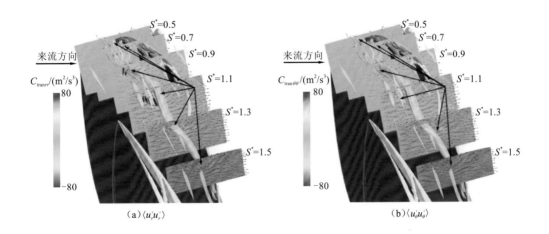

(a) $\langle u'_r u'_r \rangle$　　　　　　　　　　(b) $\langle u'_\theta u'_\theta \rangle$

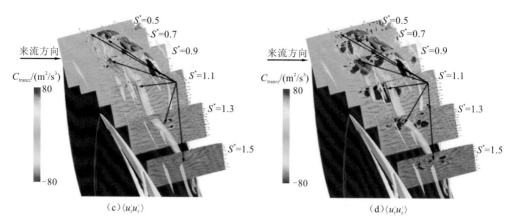

图 9-25　湍动能输运项的分布云图（等值面为 Liutex = 3 000 s⁻¹）

3）3 阶湍流脉动引起的扩散项 D_{diff}

3 阶湍流脉动引起的扩散项的分布云图如图 9-26 所示，湍流正应力项分量 $\langle u'_r u'_r \rangle$、$\langle u'_\theta u'_\theta \rangle$ 及 $\langle u'_z u'_z \rangle$ 引起的扩散项量级较小，而湍流切应力项分量 $\langle u'_r u'_z \rangle$ 引起的扩散项量级较大。量级较大的扩散项出现在 TLV、诱导涡及与 TLV 相互作用的壁面剪切层内。

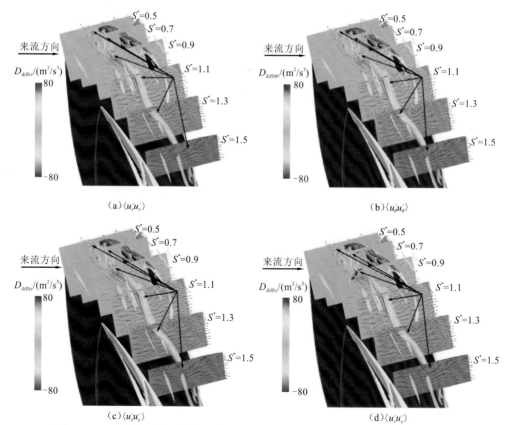

图 9-26　3 阶湍流脉动引起的扩散项的分布云图（等值面为 Liutex = 3 000 s⁻¹）

9.6 本 章 小 结

对于推进泵而言，TLV 空化流场十分重要，其对推进泵的水力性能和隐身性能有着极大的影响，因此需要对深层次的流动机理展开研究。本章分别对柱坐标系下的涡量输运方程和湍动能输运方程中的各项展开讨论，对不同转速空化数工况下推进泵 TLV 空化流场中的涡动力学特性及 TLV 流场的湍动能生成进行深入研究，从而掌握 TLV 空化流场的内在机理，主要结论如下。

（1）由于速度梯度的变化产生了涡量，推进泵叶顶间隙区、TLV 流场及与其相邻的并相互作用的剪切层内都拥有较高的涡量；叶顶间隙流与主流相互作用、卷吸，形成 TLV，TLV 会卷吸来自壁面边界层的流体，使得这部分流体均匀分布在 TLV 四周，被卷吸的这部分流体具有很高的涡量，随着转速空化数的逐渐降低，这种卷吸现象会更加明显，加速了叶顶间隙的泄漏损失。

（2）基于涡量输运方程中的各项对推进泵 TLV 空化流场进行分析。轴向方向：TLV 涡心、叶顶分离涡处拥有负的拉伸扭曲项，拉伸扭曲项使得 TLV 涡心处的轴向涡量减少；在诱导涡处，由于拥有正的拉伸扭曲项，轴向涡量增加，随着转速空化数的逐渐降低，拉伸扭曲项的量级也在逐渐变大；拉伸扭曲项与黏性耗散项相比，拉伸扭曲项的量级要远大于黏性耗散项，但是黏性耗散项在推进泵叶顶间隙区有较大的量级；压缩膨胀项和斜压矩项主要出现在空化处，在 TLV 空化区有负的流体压缩膨胀项，使得 TLV 空化区的轴向涡量减少；但在 TLV 空化核心外围区域有较高的压缩膨胀项，使得当地的轴向涡量增加，同时随着转速空化数的降低，流体压缩膨胀项的量级也在逐渐增大；虽然压缩膨胀项和斜压矩项对 TLV 空化都有重要的影响，但是压缩膨胀项的作用更大。周向方向涡量输运方程中各项的分布规律与轴向方向基本一致，但是在周向方向，多了一项科氏力项的作用，与拉伸扭曲项相比，科氏力项对涡量输运的影响较小。

（3）对不同转速空化数工况下的推进泵 TLV 流场中的四项湍流应力项分量展开研究，包括：湍流正应力项和一项湍流切应力项分量。湍流强度较大的地方出现在叶梢压力面的角涡区、叶顶间隙区、与 TLV 相互作用的壁面剪切层、诱导涡和 TLV 流场区，随着 TLV 逐渐往下游发展，TLV 周围区域的湍流强度逐渐变大，并且湍流强度会随着转速空化数的降低而变强；相比于其余两个方向的湍流正应力项分量的量级，TLV 流场的周向湍流正应力项 $\langle u'_\theta u'_\theta \rangle$ 的量级要小得多，并且随着转速空化数的逐渐降低，$\langle u'_\theta u'_\theta \rangle$ 的量级越来越小，而在诱导涡区域，$\langle u'_\theta u'_\theta \rangle$ 的量级较大；在 TLV 左侧区域，$\langle u'_r u'_r \rangle$ 量级高的区域 $\langle u'_\theta u'_\theta \rangle$ 的量级较低，而在分离涡区，$\langle u'_\theta u'_\theta \rangle$ 量级高的区域 $\langle u'_r u'_r \rangle$ 的量级反而较低。

（4）对柱坐标系下的湍动能输运方程中的各项对推进泵 TLV 空化流场的影响展开分析。湍动能生成项为湍动能输运方程中最为重要的一项，对四项湍流应力项分量引起的湍动能生成项展开分析，结果表明：推进泵叶顶间隙、与 TLV 相互作用的剪切层及 TLV 周围的流场区域都有较大的湍动能生成，与之相反，在 TLV 涡心处的湍动能生成却比较小，说明 TLV 涡心处的湍动能来自与 TLV 相互作用的剪切层中；随着 TLV 空化的逐渐发展,TLV 周围流场的湍动能生成越来越大;在四项湍动能生成项中,由 $\langle u'_\theta u'_\theta \rangle$ 生成的 $P_{\theta\theta}$ 的量级最小,而由 $\langle u'_r u'_z \rangle$ 和 $\langle u'_z u'_z \rangle$ 引起的湍动能生成较大,说明在湍动能生成中,这两项湍流应力项分量起主导作用,$\langle u'_r u'_z \rangle$ 的作用使得 TLV 流场不稳定,随着转速空化数的降低,这种现象更加明显;选取转速空化数为 4.17 的工况对湍动能输运方程中的剩余几项展开研究,发现剩余的几项与湍流应力项及湍流应力项的梯度直接相关,通过对比发现,$\langle u'_r u'_z \rangle$ 对这几项的产生起主导作用,而由 $\langle u'_\theta u'_\theta \rangle$ 产生的项几乎可以忽略不计。

▶第 10 章

推进泵 TLV 空化流场的不稳定及间隙损失

推进泵的叶顶间隙流动，尤其是 TLV 空化的发生，对推进泵的性能有很大的影响。对于 TLV 空化流场的研究不仅仅是展示 TLV 空化的流动结构，更重要的是揭示叶顶间隙泄漏损失产生的机理，进而采取有效措施，减少推进泵叶顶间隙泄漏损失。

第 9 章的分析表明：TLV 空化的发展，促进了 TLV 涡核与周围流场的涡量和湍动能输运，加剧了 TLV 流场的不稳定性。TLV 流场的不稳定性影响叶顶间隙内和叶顶间隙外的混掺作用，对推进泵的叶顶间隙泄漏损失产生影响，为了定量描述这种损失，本章基于 Denton 泄漏损失模型和熵增理论对推进泵叶顶间隙泄漏损失进行分析，并从力学角度对 TLV 的这种不稳定现象及造成 TLV 这种不稳定性的内在机制展开研究。

10.1 推进泵叶顶间隙空化流场的非定常波动特性

当推进泵处于一定的运行工况时，推进泵的 TLV 流场会出现非定常波动，主要表现为叶梢表面的高、低能压力团波动引起叶顶间隙泄漏流的波动。推进泵的这种非定常波动会引起 TLV 流场的不稳定，随着 TLV 空化的发展，这种不稳定现象加剧，当达到一定条件时，就会导致 TLV 的破碎。

10.1.1 推进泵叶顶间隙空化流场波动分析

为了更加清楚地显示推进泵叶梢吸力面处高、低能压力团的运动轨迹，分别对推进泵叶梢的静压扰动系数和泄漏流系数分布进行研究。推进泵叶轮域内静压扰动系数的定义为

$$P_{rms} = \sqrt{\frac{1}{N}\sum_{i=0}^{N-1}[P(t)-\overline{P}]^2} \bigg/ (0.5\rho U_{tip}^2) \tag{10-1}$$

式中：$P(t)$ 为瞬时静压，Pa；$\overline{P}$ 为一个周期内的平均压力，Pa；U_{tip} 为推进泵叶轮域内叶梢的线速度，m/s；N 为统计的周期数；i 为周期数。

根据 Rains[49]泄漏流模型，推进泵叶顶间隙泄漏流系数与叶片表面的压差分布直接相关。叶梢处的叶片表面静压差系数定义如下：

$$\Delta C_p = 2(P_{PS} - P_{SS}) / (\rho U_{tip}^2) \tag{10-2}$$

式中：P_{PS} 为叶片压力面处的压力，Pa；P_{SS} 为叶片吸力面处的压力，Pa。

当转速空化数 $\sigma_n = 10$ 时，选取叶梢的流场进行分析——$r_{local} = 98\%$。分别对叶片-叶片须间展开方向的压力波动云图、叶片表面静压差系数分布及弦长方向的叶顶间隙泄漏流系数的分布进行分析，如图 10-1 所示。

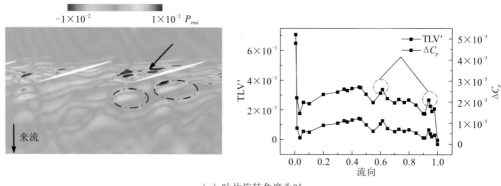

（a）叶片旋转角度为0°

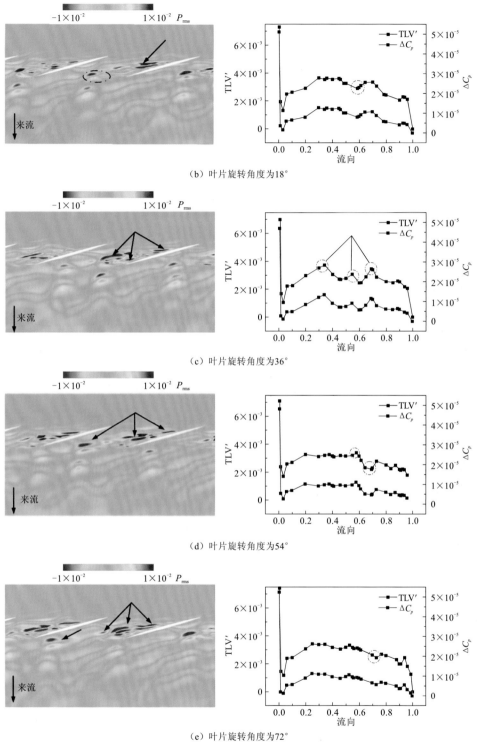

（b）叶片旋转角度为18°

（c）叶片旋转角度为36°

（d）叶片旋转角度为54°

（e）叶片旋转角度为72°

图10-1　推进泵叶轮域内叶梢压力波动云图和弦长方向叶片表面静压差系数
与泄漏流系数的分布（σ_n=10）

TLV'为泄漏流系数

当叶片旋转角度为 0° 时，叶片吸力面被高、低能压力团包围，而叶片压力面附近的压力波动主要受到上一级叶片压力团的影响；叶片吸力面的压力波动起始于叶梢弦长的 20% 处，沿着叶片往下游方向，在靠近 $S^*=0.57$ 的区域，由于受到高能压力团的作用，叶片吸力面处的压强逐渐增大，该区域的泄漏流系数急剧降低；当 $S^*=0.9$ 时，由于受到叶梢尾缘处低能压力团的作用，泄漏流系数在该区域呈现一个小波峰，如图 10-1（a）所示。当叶片旋转角度为 18° 时，叶片吸力面附近的压力团起始于叶梢弦长的 30% 处，并且起始位置的低能压力团的区域范围相比于叶片旋转角度为 0° 的工况减少了许多，当 $S^*=0.5$ 时，叶片压力面附近存在较大面积的低能压力团，由于该区域低能压力团的作用，泄漏流系数逐渐降低，相比于叶片旋转角度为 0° 时的泄漏流系数，该区域附近的泄漏流系数较大，并且在尾流场中存在着向下一级叶片压力面发展的低能压力团，如图 10-1（b）所示。当叶片旋转角度为 36° 时，叶片吸力面处的高能压力团的起始位置又逐渐向前发展，需要注意的是，上一时刻起始位置处的低能压力团已经消失，只有高能压力团存在，在 $S^*=0.4$ 附近，由于受到压力面低能压力团的作用，该处的泄漏流系数降低，而在 $S^*=0.6$ 附近，吸力面高能压力团的作用使得泄漏流系数减小，如图 10-1（c）所示，并且该工况下叶片吸力面附近的压力团分布较为复杂。当叶片旋转角度为 54° 时，如图 10-1（d）所示，当 $S^*=0.7$ 时，泄漏流系数达到最低，上一时刻从叶片尾缘处脱落的压力团随着 TLV 流动并且逐渐向相邻叶片的压力面运动。当叶片旋转角度为 72° 时，叶片吸力面附近的压力团起始于叶梢弦长的 40% 附近，在该区域附近，存在很大范围的低能压力团，上一时刻的高能压力团逐渐发展，并且不断向下游延伸，高能压力团的范围也在逐渐扩大，同时上一时刻 TLV 流场脱落的压力团逐渐向相邻叶片的压力面发展，如图 10-1（e）所示，相比于其余时刻，该工况下沿叶片弦长方向的泄漏流系数分布较为均匀，没有大幅度的泄漏流系数波动。在叶片的整个旋转过程中，叶片的吸力面附近的压力团的起始位置呈周期性波动。

随着 TLV 空化的发展，当转速空化数 $\sigma_n=4.17$ 时，推进泵叶轮域内叶梢处已经出现了 TLV 空化。选取叶梢的流场进行分析——$r_{local}=98\%$。分别对叶片-叶片须间展开方向的压力波动云图、弦长方向的叶片表面静压差系数分布及弦长方向的叶顶间隙泄漏流系数的分布进行分析。该转速空化数工况下，TLV 空化时生时灭，呈现出明显的非定常特性，这种非定常特性在叶梢流场中表现为在叶梢附近存在较大面积的压力波动。与转速空化数 $\sigma_n=10$ 的工况类似，整个静压扰动系数波动较大的区域出现在叶梢吸力面附近及 TLV 流场处，如图 10-2 所示。

当叶片旋转角度为 0° 时，叶片吸力面处的压力团起始于叶梢弦长的 40% 处，此时，叶片吸力面附近有较大面积的低能压力团，并且该低能压力团被周围的高能压力团包围，在 $S^*=0.55$ 附近，由于叶片吸力面高能压力团的作用，泄漏流系数呈现明显的下降趋势，如图 10-2（a）所示。当叶片旋转角度为 18° 时，从图 10-2（b）中可以很明显地看到在叶梢头部也出现了较弱的低能压力脉动，在 $S^*=0.37\sim0.45$ 处，由于叶片吸力面附近出现了较大范围的高能压力团，这一区域拥有较低的泄漏流系数，并且 TLV 区的低能压力团已经发展至下一级叶片的吸力面，影响下一级叶片的泄漏流系数分布，如图 10-2（b）

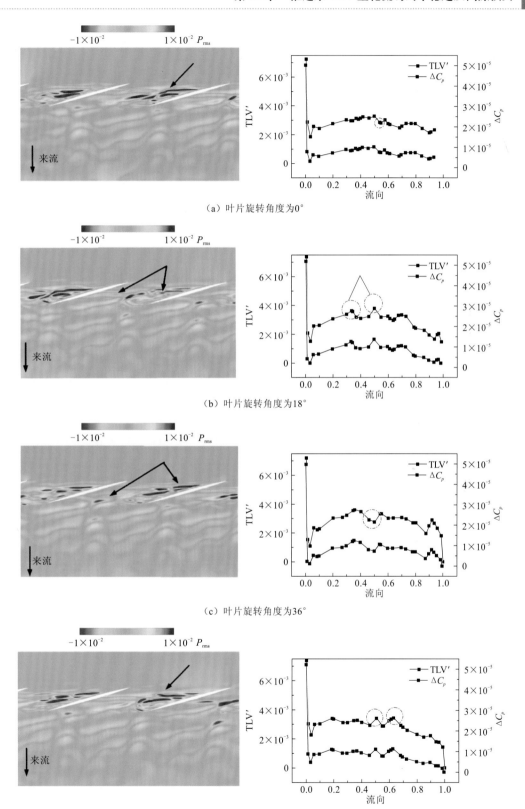

（a）叶片旋转角度为0°

（b）叶片旋转角度为18°

（c）叶片旋转角度为36°

（d）叶片旋转角度为54°

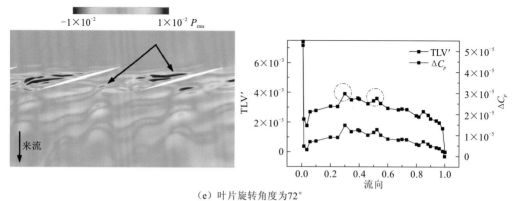

（e）叶片旋转角度为72°

图10-2　推进泵叶轮域内叶梢压力波动云图和弦长方向叶片表面静压差系数分布

与泄漏流系数的分布（$\sigma_n=4.17$）

所示。当叶片旋转角度为 36°时，相较于叶片旋转角度为 18°的工况，叶梢头部的压力脉动几乎可以忽略，在叶梢弦长的 25%处，叶片吸力面附近出现了较大面积的低能压力团，在 $S^*=0.55$ 处，叶片吸力面出现了高能压力团并且叶片压力面受到了来自上一级叶片低能压力团的作用，导致该处的泄漏流系数降低，如图 10-2（c）所示，相比于上一时刻，叶片吸力面尾缘处的低能压力团的面积逐渐减小，但低能压力团的强度变强。当叶片旋转角度为 54°时，叶梢头部吸力面附近被高能压力团覆盖，沿着叶片往下游方向流动，高能压力团的强度逐渐增强。而在 TLV 区域，叶片吸力面处的高能压力团被低能压力团包围，并且受该叶片的叶顶间隙流的影响，在下一级叶片 $S^*=0.4$ 的压力面附近及叶片尾缘处都出现了低能压力团，如图 10-2（d）所示，当 $S^*=0.55$ 时，叶片吸力面处低能压力团的作用使得泄漏流系数增加，而在 $S^*=0.62$ 处，由于远离压力面低能压力团的作用，压力面附近出现了强度较弱的高能压力团，泄漏流系数在该处达到最大。当叶片旋转角度为 72°时，叶梢导边附近几乎没有压力波动，高能压力团起始于叶梢弦长的 40%处，在叶片吸力面附近，上一时刻的高能压力团转变为低能压力团，低能压力团又转变为高能压力团，相比于上一时刻，叶片尾缘处的低能压力团逐渐消失并逐渐转化为高能压力团，但此处的高能压力团强度相比于起始位置的高能压力团强度要低，如图 10-2（e）所示，在 0.3 和 0.52 处，由于分别受到叶片压力面处高能压力团和吸力面处低能压力团的作用，这两处的泄漏流系数较大。

当转速空化数 $\sigma_n=2$，即 TLV 剧烈空化时，选取叶梢的流场进行分析——$r_{local}=98\%$。分别对叶片-叶片须间展开方向的压力波动云图、弦长方向的叶片表面静压差系数分布及弦长方向的叶顶间隙泄漏流系数的分布进行分析，如图 10-3 所示。

当叶片旋转角度为 0°时，在叶片压力面导边附近，叶梢压力面被低能压力团所包围，导致当 S^* 小于 0.1 时泄漏流系数较低，而在 $S^*=0.1$ 处，叶片吸力面处开始出现低能压力团，吸力面低能压力团的出现使得泄漏流系数增加，当 $S^*=0.7$ 时，由于叶片压力面处出现了能量较弱的高能压力团，泄漏流系数达到最大值，随着叶片吸力面高能压力团的出

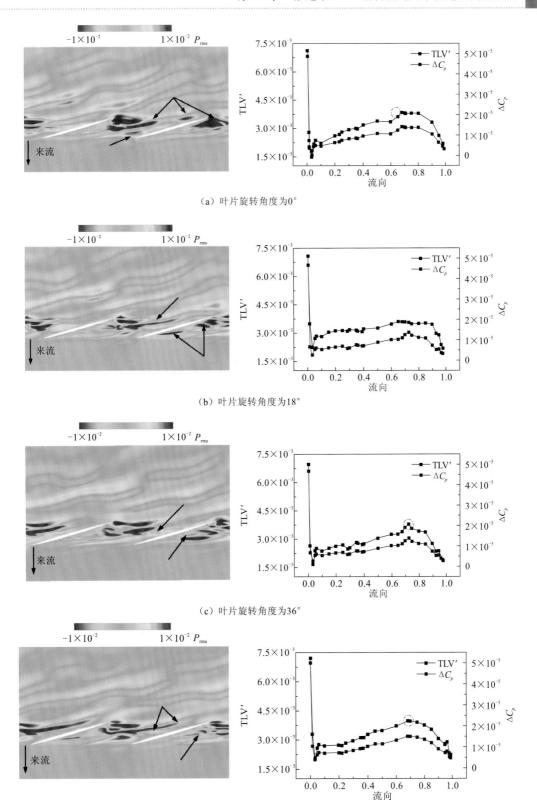

（a）叶片旋转角度为0°

（b）叶片旋转角度为18°

（c）叶片旋转角度为36°

（d）叶片旋转角度为54°

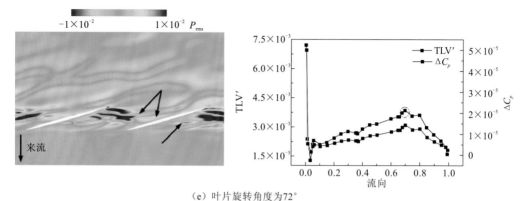

（e）叶片旋转角度为72°

图10-3　推进泵叶轮域内叶梢压力波动云图和弦长方向叶片表面静压差系数分布
与泄漏流系数的分布（$\sigma_n = 2$）

现，泄漏流系数又逐渐减小，如图 10-3（a）所示。当叶片旋转角度为 18° 时，整个叶片压力面都被低能压力团所覆盖，但整个叶片吸力面的压力波动较小，在该时刻，沿叶片弦长方向的泄漏流系数分布较为均匀，如图 10-3（b）所示。当叶片旋转角度为 36° 时，相较于上一时刻，叶片压力面导边处的高能压力团得到进一步发展，由于整个叶片吸力面都被强度较弱的高能压力团所包围，叶片吸力面处的压力波动较小，叶片的泄漏流系数分布较为均匀，但当 $S^* = 0.4$ 时，叶片压力面高能压力团的出现使得泄漏流系数增加，当 $S^* = 0.75$ 时，叶片压力面高能压力团的强度达到最大，使得泄漏流系数在 $S^* = 0.75$ 处有最大值，随着 S^* 的继续增加，叶片吸力面处的高能压力团使得泄漏流系数逐渐减小，如图 10-3（c）所示。当叶片旋转角度为 54° 时，相比于上一时刻，叶片压力面处低能压力团的强度有所减弱，使得该时刻的泄漏流系数要大于上一时刻的泄漏流系数，随着 S^* 的逐渐增大，叶片压力面的低能压力团逐渐减弱，使得泄漏流系数沿 S^* 增大方向逐渐增加，当 $S^* = 0.7$ 时，叶片压力面受到来自流道内高能压力团的影响，使得泄漏流系数在该处拥有最大值，随着 S^* 的继续增加，泄漏流系数逐渐减小，如图 10-3（d）所示。当叶片旋转角度为 72° 时，叶片压力面低能压力团的面积进一步缩小，当 $S^* = 0.7$ 时，由于受到叶片压力面附近高能压力团的作用，在该处拥有最大的泄漏流系数，在 $S^* = 0.8$ 附近，叶片吸力面处高能压力团的出现使得该区域的泄漏流系数逐渐减小，如图 10-3（e）所示。

　　通过对三个转速空化数工况下的 TLV 流场进行对比分析发现，随着转速空化数的逐渐降低，叶梢表面获得的平均泄漏流系数在逐渐增加。这是因为随着转速空化数的降低，TLV 空化的发展愈加剧烈，叶梢吸力面被空化所覆盖，导致叶片吸力面处的压力波动较小并且拥有较低的压力，而叶梢压力面受到上一级叶片空化的影响较大，导致压力面附近有高能压力团出现，进而使泄漏流系数增加。

10.1.2 叶顶间隙空化流场中 TLV 的破碎及不稳定性分析

假定流体是不可压缩的,且为均匀来流,基于 Hall[50] 涡核方程可得到 TLV 涡核处的压力与外部压力的关系,为

$$\frac{\mathrm{d}p_c}{\mathrm{d}s}\bigg|_{r=0} = \frac{\mathrm{d}p}{\mathrm{d}s}\bigg|_{r=\infty} + 2\rho\int_0^\infty \frac{\Gamma}{r_c^3}\frac{\partial\Gamma}{\partial r}\frac{u_r}{u_z}\mathrm{d}r \quad (10\text{-}3)$$

式中: p_c 为涡核沿流向的压力分布; r_c 为 TLV 涡核半径,m; s 为 TLV 涡核方向; u_r 为 TLV 涡核处的径向速度,m/s; u_z 为 TLV 涡核处的轴向速度,m/s; Γ 为环量,m²/s。

由式(10-3)可知,推进泵 TLV 涡心沿流向的压力梯度主要来源于两部分:主流的压力梯度和 TLV 自身的复杂运动产生项。沿着流向方向,TLV 与主流的相互作用使得 TLV 涡核半径 r_c 不断增大。在 TLV 涡核破碎前,TLV 涡心处拥有正的轴向流速 u_z,当 TLV 发展到一定程度时,TLV 涡心处沿流向的压力梯度大于主流的压力梯度,就会导致 TLV 的破碎。

不同转速空化数工况下 TLV 流场的轴向流速分布云图如图 10-4 所示(涡心线为 Liutex 涡心线)。当转速空化数 $\sigma_n=10$ 和 4.17 时,TLV 涡心处的轴向流速都大于 0;而当转速空化数 $\sigma_n=2$,且 $0.7<S^*<0.9$ 时,TLV 涡心处的轴向流速由正的 1.67 m/s 变为 -0.43 m/s,在该区域内,TLV 涡核发生破碎,这也是该区间内 Liutex 幅值出现较大波动的原因(图 8-12)。

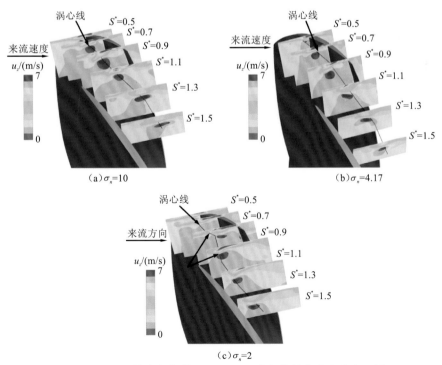

图 10-4 不同转速空化数工况下 TLV 流场的轴向流速分布云图

当转速空化数 $\sigma_n = 2$ 时，不同切平面的时均静压扰动系数分布云图如图 10-5 所示。由于 TLV 空化的发生，叶片上游区域拥有较低的低能压力团，并且 TLV 涡核附近都被低能压力团包围，当 $0.7 < S^* < 0.9$ 时，TLV 的破碎使该区域产生了大面积的低能压力团，并且低能压力团的强度也达到最大，强度较强的低能压力团的出现使得该区域的 TLV 流场更加不稳定。

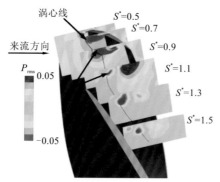

图 10-5　不同切平面的时均静压扰动系数分布云图（Liutex 涡心线）

不同转速空化数工况下推进泵叶片表面时均静压扰动系数分布云图如图 10-6 所示。低能压力团首先出现在叶片吸力面导边处，如图 10-6（a）所示，随着转速空化数的逐渐减小，叶片压力面导边处的低能压力团强度逐渐增强，并且低能压力团的范围也在逐渐扩大，而叶片压力面导边处的高能压力团区域的范围及强度均逐渐减小，且该区域的

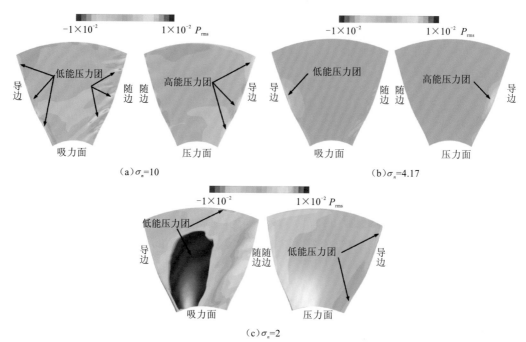

图 10-6　不同转速空化数工况下叶片表面时均静压扰动系数分布云图

压力团由高能压力团逐渐转变为低能压力团，这会降低推进泵叶片做功的能力。当转速空化数 $\sigma_n = 2$ 时，叶片吸力面较大面积的片空化使得该区域拥有低能压力团，而在叶梢吸力面处，由于 TLV 空化的发展，TLV 空化与吸力面片空化相互作用的区域也拥有低能压力团，这会大大增加叶梢区域的不稳定性。

在 TLV 流场的运动中，TLV 的运动可以视为绕 TLV 涡心的旋转运动，因此 TLV 受到离心力的作用，此外，在推进泵叶轮域内，TLV 还受到科氏力的作用。现对 TLV 的受力进行分析，从力学的角度对 TLV 的稳定性进行分析。匀速旋转的坐标系中科氏力的表达式为

$$f_c = -2\omega_1 \times u_R \tag{10-4}$$

式中：ω_1 为角速度，rad/s；u_R 为当地流场的相对线速度，m/s。离心力为一种保守力，其表达式如下：

$$f_e = \nabla\left(\frac{1}{2}\omega_1^2 r_c^2\right) \tag{10-5}$$

式中：r_c 为 TLV 涡核半径，m。

科氏力 f_c 的方向根据右手螺旋定则判定，科氏力 f_c 和离心力 f_e 的方向如图 10-7 所示。在 TLV 的相对运动中，除了受到离心力作用以外，还受到与离心力 f_e 方向相同的科氏力 f_c 的作用。若要使 TLV 稳定，需要在径向方向有更大的力来维持平衡，即径向方向需要更大的正压力梯度，因此，推进泵叶轮域内科氏力的存在不利于 TLV 的稳定，尤其是在 TLV 空化发生后，维持径向平衡的正压力梯度逐渐减小，TLV 逐渐有向外膨胀的趋势，当 TLV 涡核半径达到一定量级时，就会导致 TLV 的破碎。

图 10-7　TLV 的受力示意图

单位质量的比焓是由流体的状态参数 U、p/ρ 组成的用来表征流体能量的参数。若仅考虑焓变的作用，TLV 流场的比焓代表了 TLV 流场的稳定性；TLV 流场的比焓越低，TLV 流场越稳定。现从推进泵 TLV 流场的比焓分布出发，对 TLV 流场的稳定进行分析。

单位质量流体的比焓表达式如下：

$$H_h = U + p/\rho \tag{10-6}$$

式中：U 为流体的内能，J；p/ρ 为流体的状态参数，表示单位质量流体的体积功，J。

　　当转速空化数 $\sigma_n = 10$ 时，不同切平面的比焓分布云图如图 10-8 所示。从图 10-8 中可以清楚地看到，推进泵 TLV 流场拥有较低的比焓值，这是因为 TLV 流场的压力较低，导致该区域的体积功较小，相比于流体的内能变化，流体的体积功占主导地位。当 $S^* = 0.5$ 时，分离涡区和 TLV 区拥有较低的比焓值；随着切平面往下游方向发展，当 $S^* = 0.7$ 时，原先叶顶间隙处较低的比焓值区域逐渐往 TLV 涡核处发展，并且 TLV 处的比焓值逐渐减小；当 $S^* = 0.9$ 时，叶顶间隙内的比焓值逐渐增大，而 TLV 处的比焓值继续减小，围绕在 TLV 周围的诱导涡也拥有较低的比焓值，但与 TLV 处的比焓值相比，诱导涡处的比焓值较大；随着切平面继续往下游流动，TLV 处的比焓值在 $S^* = 1.1$ 处达到最小值，随后逐渐增大，这主要是因为下游 TLV 的强度减弱，流体体积做功的能力增强，体积功的增强使得下游的 TLV 有往外扩张的趋势，导致了下游 TLV 的不稳定。

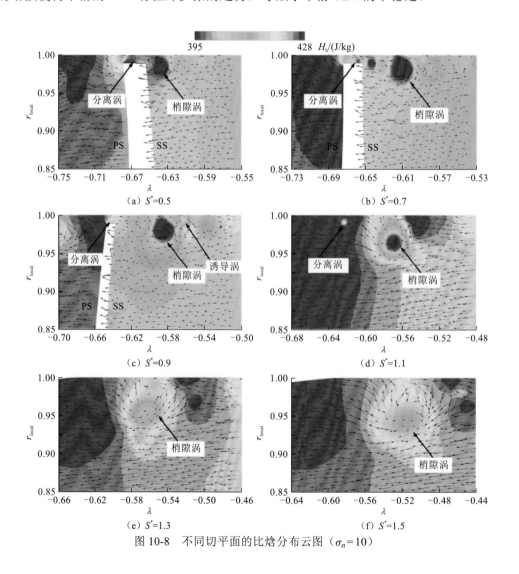

图 10-8　不同切平面的比焓分布云图（$\sigma_n = 10$）

当转速空化数 σ_n=4.17 时，不同切平面的比焓分布云图如图 10-9 所示。该转速空化数工况下，梢隙涡流场的比焓分布规律与转速空化数 σ_n=10 时的比焓分布规律一致，即在推进泵 TLV 流场区域有较低的比焓值，随着切平面往下游发展，TLV 处的比焓值先减小后增加。受 TLV 空化的影响，TLV 流场在 S^*=1.1 处的比焓值达到最小。

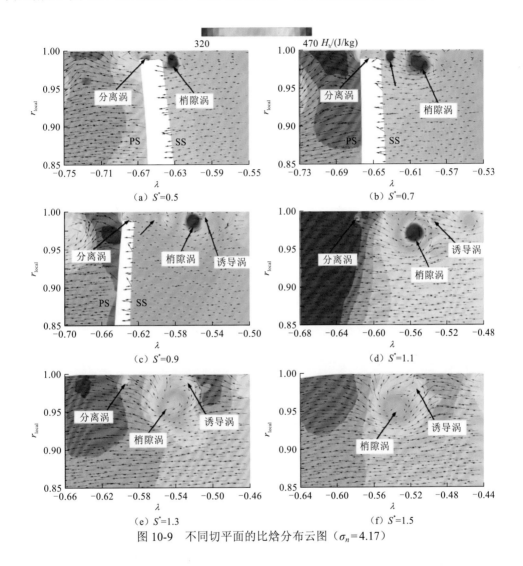

图 10-9　不同切平面的比焓分布云图（σ_n=4.17）

当转速空化数 σ_n=2 时，推进泵 TLV 流场中不同切平面的比焓分布云图如图 10-10 所示。该工况下，推进泵叶片吸力面和叶顶间隙处都发生了空化，由于叶片吸力面的片空化为稳定的附着型空化，叶片吸力面比较稳定，拥有较低的比焓值，如图 10-10（a）和（b）所示；相比于 1.5>S^*>0.7 的 TLV 处的比焓值，S^*=0.5 和 0.7 时 TLV 处的比焓值较大；当 S^*=0.7 时，TLV 处拥有较大的比焓值，而 TLV 在 S^*=0.9 时又拥有较小的比焓值，根据 0.7<S^*<0.9 时 TLV 处的比焓值变化，TLV 涡核经历了不稳定状态到稳定状态

的变化，TLV 在该区间内很有可能发生了破碎。当 $S^*=1.3$ 时，TLV 处的比焓值达到最小，随着切平面继续往下游发展，TLV 处的比焓值开始逐渐增加，比焓值的增加使得 TLV 又开始变得不稳定。

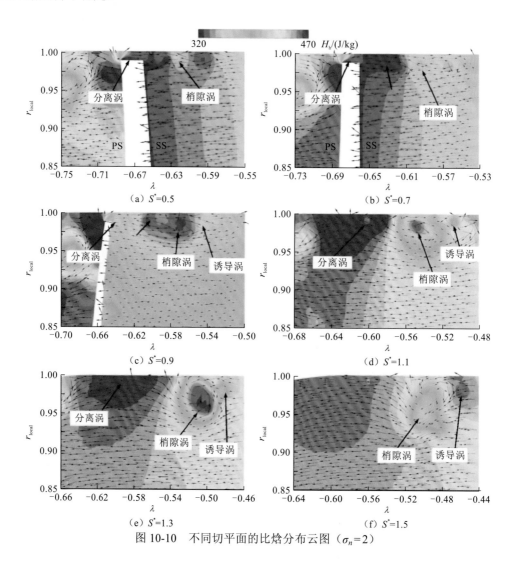

图 10-10　不同切平面的比焓分布云图（$\sigma_n=2$）

通过对三个工况的比焓值分布规律进行对比发现，除转速空化数 $\sigma_n=2$ 的工况外，上游的 TLV 涡核处拥有较低的比焓值，而下游区的 TLV 涡核处拥有较高的比焓值，使得下游的 TLV 涡核不稳定。而转速空化数为 2 时的 TLV 涡核处的比焓值分布较为复杂，这主要是由 TLV 的破碎引起的，相比于其余转速空化数，转速空化数 $\sigma_n=2$ 的工况使得下游 TLV 不稳定的区域逐渐往 TLV 下游方向移动。

10.2　推进泵 TLV 空化的起始位置

叶片吸力面压力团的波动导致 TLV 的起始位置在叶片旋转过程中是周期性变化的，并且随着转速空化数的降低，TLV 空化起始位置的变化更加剧烈，其起始位置的变化必然会引起 TLV 起始位置的变化。基于 TLV 空化和 Liutex 涡识别方法辨识的 TLV 来获得起始位置，并对这种起始位置的非定常特性展开研究。

TLV 空化的起始位置如图 10-11 所示，起始位置为 TLV 空化流出叶顶间隙的位置。TLV 的起始位置为 TLV 核线与叶梢吸力面的交点，如图 10-12 所示。

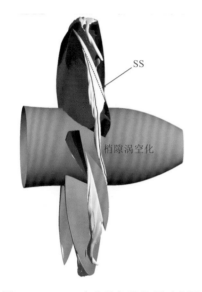

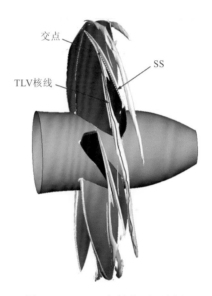

图 10-11　TLV 空化的起始位置示意图　　　　图 10-12　TLV 起始位置示意图

首先，选择转速空化数 $\sigma_n=4.17$ 的工况对气相体积分数等值面图（$\alpha_v=0.1$）进行研究。不同时刻 TLV 空化的起始位置如图 10-13 所示，可以看到，在该过程中，TLV 空化的起始位置一直是波动的，当叶片旋转角度为 0° 时，TLV 空化起始于叶梢弦长的一半处，随着叶片的旋转，TLV 空化的起始位置不断后移；当叶片旋转角度为 20° 时，TLV 空化的起始位置已经位于叶梢弦长的 70% 处，随后 TLV 空化的起始位置又不断前移；当叶片旋转角度为 40° 时，TLV 空化的起始位置大概位于叶梢弦长的 45% 处，随后 TLV 空化的起始位置又开始后移，呈现周期性的变化规律。

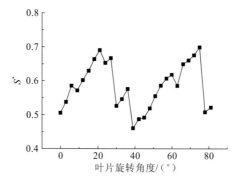

图 10-13　不同时刻 TLV 空化起始位置的变化（σ_n=4.17）

当转速空化数 σ_n=2 时，TLV 空化——气相体积分数等值面图（α_v=0.1）的起始位置如图 10-14 所示。随着叶片旋转角度的变化，可以看到，TLV 空化的起始位置呈现类周期的规律，并且一直在来回波动；相比于转速空化数 σ_n=4.17 的工况，基于气相体积分数等值面图得到的 TLV 空化的起始位置整体向前推移。当叶片旋转角度为 0°时，TLV 空化起始于叶梢弦长的 30%处，随着叶片的旋转，TLV 空化的起始位置不断后移；当叶片旋转角度为 12°时，TLV 空化的起始位置位于 S^*=0.4 处，随着叶片旋转角度的继续增加，TLV 空化的起始位置不断向前推移；当叶片旋转角度为 36°时，TLV 空化的起始位置达到最前端，为 S^*=0.15；随着叶片旋转角度的继续增加，TLV 空化的起始位置一直在来回波动。

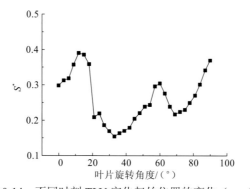

图 10-14　不同时刻 TLV 空化起始位置的变化（σ_n=2）

利用 Liutex 涡识别方法得到的 TLV 起始位置如图 10-15 所示。当转速空化数 σ_n=10，叶片旋转角度为 0°时，通过 Liutex 涡识别方法获得的推进泵 TLV 起始位置位于 S^*=0.55；随着叶片旋转角度的增加，由 Liutex 涡识别方法获得的 TLV 起始位置一直在 S^*=0.4 附近来回波动，如图 10-15（a）所示。当转速空化数 σ_n=4.17 时，由 Liutex 涡识别方法获得的 TLV 起始位置一直在 S^*=0.36 附近来回波动，而 TLV 空化起始位置在 S^*=0.6 左右，如图 10-15（b）所示。Liutex 涡识别方法获得的 TLV 起始位置相比于通过气相体积分数获得的 TLV 空化起始位置更加提前了，并且 Liutex 涡识别方法获得的 TLV 起始位置相比于通过气相体积分数获得的 TLV 空化起始位置的波动要小得多，这主要是由于 TLV 空化在初生不久后时生时灭，具有很强的非定常特性。而当转速空化数 $\sigma_n=2$，叶片旋转角度为 0° 时，由 Liutex 涡识别方法获得的 TLV 起始位置位于 $S^*=0.16$ 处，并且随着叶片的旋转，TLV 的起始位置一直在 $S^*=0.3$ 附近来回波动，如图 10-15（c）所示；相比于通过气相体积分数获得的 TLV 空化起始位置，该工况下两种方法得到的 TLV 起始位置较为接近。

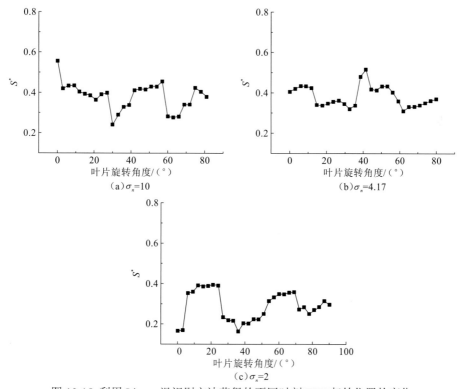

图 10-15 利用 Liutex 涡识别方法获得的不同时刻 TLV 起始位置的变化

　　对一个旋转周期内基于 Liutex 涡识别方法获得的 TLV 起始位置进行统计，并取平均值，当转速空化数 $\sigma_n=10$ 时，获得的 TLV 时均起始位置为 $S^*=0.38$，当转速空化数 $\sigma_n=4.17$ 时，获得的 TLV 时均起始位置为 $S^*=0.37$，当转速空化数 $\sigma_n=2$ 时，获得的 TLV 时均起始位置为 $S^*=0.28$。随着转速空化数 σ_n 的逐渐减小，由 Liutex 涡识别方法辨识的 TLV 起始位置逐渐向前移，这主要是因为叶片压力面与吸力面之间的压差变大，在更大的压力梯度驱动下，叶顶间隙流流速变快，导致叶顶间隙流与主流的相互作用更强，TLV 卷起的位置也逐渐前移。

10.3　不同空化工况下的推进泵叶顶间隙损失

TLV 位置的不断前移使得 TLV 空化更容易发生，即推进泵叶顶形成的 TLV 的强度逐渐增强。TLV 强度的变化会影响 TLV 卷吸来自叶顶间隙的流体的能力，并且 TLV 强度的变化也会影响 TLV 与主流的混掺作用，而这将会使推进泵叶顶间隙处产生的损失发生变化，为了对这种损失进行定量描述，分别基于熵增理论和 Denton 泄漏损失模型对叶顶间隙处的损失展开分析。在 TLV 形成过程中，会产生推进泵叶顶间隙泄漏损失，叶顶间隙泄漏损失主要来源于两个方面：叶顶间隙内损失及叶顶间隙外的混掺损失。推进泵叶顶间隙内损失是叶顶间隙内流体经历的流动分离及再附等混掺引起的损失，而叶顶间隙外的混掺损失主要来自卷吸形成的 TLV 与主流相互混掺引起的损失[51]。

叶顶间隙泄漏损失如果控制不当，会造成推进泵转子推力的下降，影响推进泵性能的发挥，因此需要对推进泵叶顶间隙泄漏损失的产生机理进行相应的分析，掌握叶顶间隙泄漏损失的控制方法，为今后推进泵叶顶间隙泄漏的优化设计提供理论基础。

10.3.1　推进泵叶顶间隙泄漏损失分析

推进泵叶顶间隙流场受到叶片吸力面与压力面间压差的驱动，由叶梢压力面处经叶顶间隙流出，流出的流体与主流相互作用形成 TLV。Denton[52]认为：TLV 形成过程中，叶顶间隙泄漏损失不仅包括叶顶间隙内损失，还包括叶顶间隙外的混掺损失。根据 Denton 的这一假定，推进泵叶顶间隙泄漏损失模型如下[51]：

$$\xi = 2C_t \frac{\tau}{h} \frac{c}{s} \frac{1}{\cos\beta_2} \int_0^1 \left(\frac{w_s}{w_2}\right)^3 \left(1 - \frac{w_p}{w_s}\right) \sqrt{1 - \left(\frac{w_p}{w_s}\right)^2} \frac{\mathrm{d}z}{c} \tag{10-7}$$

式中：ξ 为叶顶间隙泄漏损失；C_t 为叶顶间隙泄漏流系数，是与流动条件密切相关的常数，本书取 0.8；τ/h 为相对叶顶间隙大小；c/s 为推进泵弦距比；β_2 为叶轮出口相对流动角，(°)；w_s 为叶顶间隙吸力面处的相对速度，m/s；w_p 为叶顶间隙压力面处的相对速度，m/s；w_2 为叶轮域出口处的相对速度，m/s。

根据式（10-7）不难发现，推进泵叶顶间隙泄漏损失不但与叶片的几何形状尺寸有关，而且与流场密切相关，若想减少推进泵叶顶间隙泄漏损失，可以从以下几个方面考虑：①改变推进泵叶片的相对叶顶间隙大小——τ/h，适当减小相对叶顶间隙大小可以有效减少叶顶间隙泄漏损失；②改变推进泵叶片节距，即适当增加叶轮叶片数；③在不改变其余条件的情况下，增加推进泵叶轮域出口处的相对速度 w_2；④减小叶轮出口相对流动角。其中，改变叶片节距、叶轮域出口处的相对速度及叶轮出口的相对流动角，都是通过改变叶轮流动条件来达到改变推进泵叶梢载荷分布的目的，从而改变推进泵叶顶间隙泄漏损失。

推进泵叶梢载荷的分布对叶顶间隙泄漏损失的大小有着直接影响，现对不同转速空化数工况下的叶梢载荷分布进行分析。叶梢处的载荷定义如下：

$$\Phi_{\mathrm{l}} = (P_{\mathrm{PS}} - P_{\mathrm{SS}}) / P_{\mathrm{in}}^{*} \tag{10-8}$$

式中：P_{in}^{*} 为叶轮进口总压，Pa。

当转速空化数 $\sigma_n = 10$ 时，不同时刻叶梢（$r_{\mathrm{local}} = 0.98$）处弦长方向的载荷分布如图 10-16 所示。当叶片旋转角度为 0° 时，在 $S^{*} = 0.55$ 和 0.95 处，推进泵叶梢载荷发生了明显的变化，结合图 10-15（a）发现，当 $S^{*} = 0.55$ 时，正好对应 TLV 在叶梢吸力面的起始位置附近，由于高能压力团的作用，该处拥有较低的载荷，如图 10-16（a）所示；当叶片旋转角度为 18° 时，在 $S^{*} = 0.6$ 处载荷系数最小，如图 10-16（b）所示；当叶片旋转

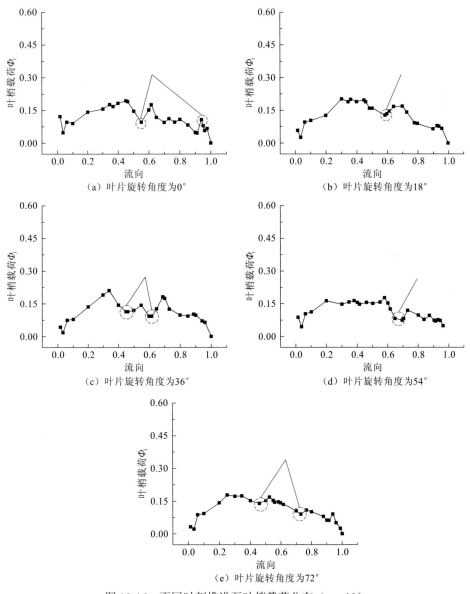

图 10-16　不同时刻推进泵叶梢载荷分布（$\sigma_n = 10$）

角度为 36° 时，由于叶梢压力面低能压力团的作用和叶梢吸力面高能压力团的作用，叶梢分别在 S^*=0.47 和 0.6 处拥有较低的载荷，如图 10-16（c）所示；当叶片旋转角度为54° 和 72° 时，由于叶梢吸力面高能压力团的作用，在 S^*=0.7 的附近区域有较低的载荷，分别如图 10-16（d）、（e）所示。

当转速空化数 σ_n=4.17 时，不同时刻叶梢的载荷分布如图 10-17 所示。当叶片旋转角度为 0° 时，TLV 空化的位置起始于 S^*=0.5 附近，因此在 S^*=0.5 附近有较大的载荷（吸力面的压力较低），如图 10-17（a）所示；当叶片旋转角度为 18° 时，随着 TLV 空化强度的变强，在 TLV 空化处的载荷明显变大，最大载荷由上一时刻的 0.3 变为 0.43，但 TLV 空化的起始位置并未发生改变，因而最大载荷仍出现在 S^*=0.5 处，如图 10-17（c）所示；当叶片旋转角度为 36° 时，TLV 空化已经不连续并被分成了两段，上游的 TLV 空化位于 S^*=0.3 处，而下游脱落的 TLV 空化起始于 S^*=0.55 处，这两处的载荷拥有较大值，但是 S^*=0.55 处的载荷要小于 S^*=0.3 处的载荷，这是由于 S^*=0.3 处的 TLV 空化强度要强于 S^*=0.55 处的 TLV 空化强度，如图 10-17（e）所示；当叶片旋转角度为 54° 时，上一时刻上游的 TLV 空化逐渐向下游发展，并且 TLV 的强度有所减弱，导致该区域的载荷相比于上一时刻有所减小，而下游 TLV 空化的强度却在不断降低，如图 10-17（g）所示；当叶片旋转角度为 72° 时，TLV 空化起始于 S^*=0.5 处，因此在 S^*=0.5 处拥有较大的载荷，而 S^*=0.3 附近，正好对应 TLV 的起始位置，该处也拥有较大的载荷，如图 10-17（i）所示。

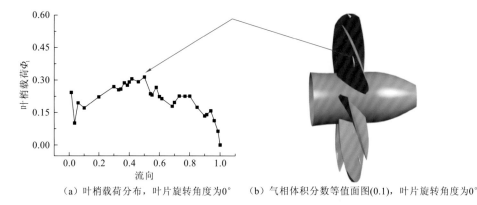

（a）叶梢载荷分布，叶片旋转角度为0°　　（b）气相体积分数等值面图(0.1)，叶片旋转角度为0°

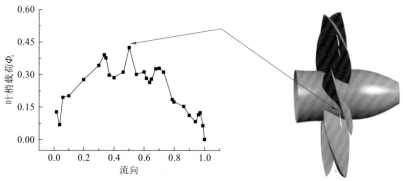

（c）叶梢载荷分布，叶片旋转角度为18°　　（d）气相体积分数等值面图(0.1)，叶片旋转角度为18°

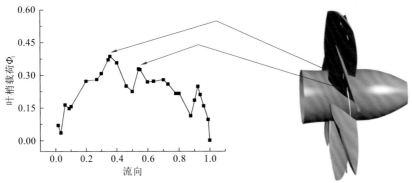

（e）叶梢载荷分布，叶片旋转角度为36°　　（f）气相体积分数等值面图(0.1)，叶片旋转角度为36°

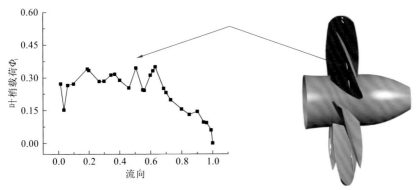

（g）叶梢载荷分布，叶片旋转角度为54°　　（h）气相体积分数等值面图(0.1)，叶片旋转角度为54°

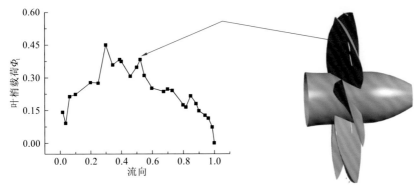

（i）叶梢载荷分布，叶片旋转角度为72°　　（j）气相体积分数等值面图(0.1)，叶片旋转角度为72°

图 10-17　不同时刻推进泵叶梢载荷分布（σ_n=4.17）

当转速空化数 σ_n=2 时，不同时刻叶梢的载荷分布如图 10-18 所示。不同时刻载荷沿弦长方向的分布规律基本一致，相比于转速空化数 σ_n=4.17 和 10 的工况，该工况下的载荷沿弦长方向的分布较为稳定，但在不同时刻，弦长方向的载荷最大值会出现波动。随着转速空化数的降低，TLV 空化逐渐发展，TLV 的强度逐渐变强，使得 TLV 的卷吸能力逐渐变强，此外，空化的发展使得叶片吸力面的片空化的面积在逐渐扩大，叶梢吸力面的压力降低，这将会造成叶片压力面与吸力面之间的压差增大，最终使得叶梢载荷逐渐增加。当 S^* < 0.7 时，载荷沿弦长方向是逐渐增加的，在 S^*=0.7 附近，由于受到上一级叶片

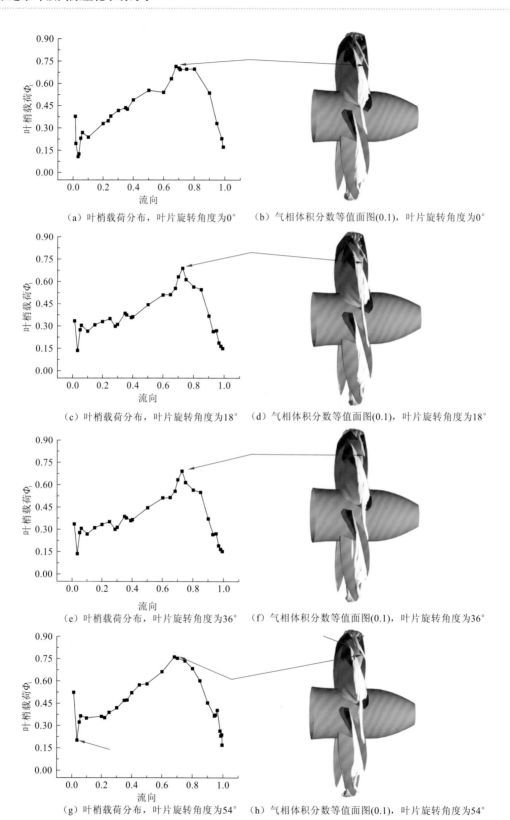

（a）叶梢载荷分布，叶片旋转角度为0° （b）气相体积分数等值面图(0.1)，叶片旋转角度为0°

（c）叶梢载荷分布，叶片旋转角度为18° （d）气相体积分数等值面图(0.1)，叶片旋转角度为18°

（e）叶梢载荷分布，叶片旋转角度为36° （f）气相体积分数等值面图(0.1)，叶片旋转角度为36°

（g）叶梢载荷分布，叶片旋转角度为54° （h）气相体积分数等值面图(0.1)，叶片旋转角度为54°

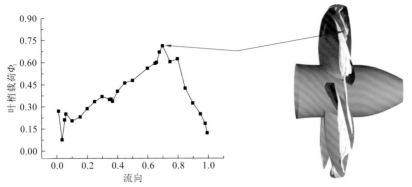

（i）叶梢载荷分布，叶片旋转角度为72°　　（j）气相体积分数等值面图(0.1)，叶片旋转角度为72°

图 10-18　不同时刻推进泵叶梢载荷分布（σ_n=2）

TLV 空化溃灭的影响，该区域叶片压力面的压力突然升高，载荷在这一区域达到最大值；随着 S^* 的继续增加，叶片压力面的压力开始逐渐减小，使得载荷也开始逐渐减小。

不同转速空化数工况下推进泵叶顶间隙泄漏损失系数如图 10-19 所示，当转速空化数 σ_n=10 时，平均叶顶间隙泄漏损失系数为 1.734%；当转速空化数 σ_n=4.17 时，平均叶顶间隙泄漏损失系数为 2.452%；当转速空化数 σ_n=2 时，平均叶顶间隙泄漏损失系数为 4.9%。

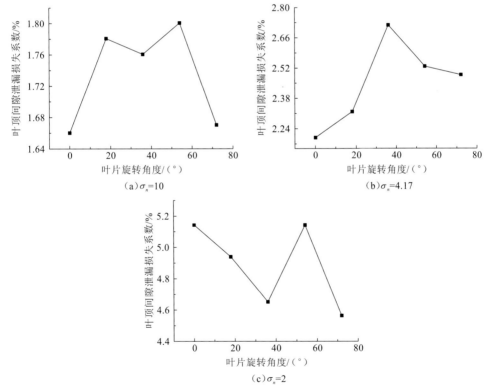

图 10-19　不同时刻推进泵叶顶间隙泄漏损失系数

通过对三个空化工况的叶梢载荷分布及叶顶间隙泄漏损失进行分析发现，叶梢的载荷分布会影响叶顶间隙泄漏损失的大小。推进泵叶梢载荷的增加使得 TLV 空化更容易发生，即 TLV 与主流相互作用、卷吸的能力逐渐增强，这会使得式（10-7）中的 w_s 逐渐变大，进而导致推进泵叶顶间隙泄漏损失的增加。

10.3.2 推进泵叶顶间隙外的混掺损失分析

10.3.1 小节主要对推进泵叶顶间隙泄漏损失进行分析，叶顶间隙泄漏损失不但包括叶顶间隙内损失，还包括叶顶间隙外 TLV 与主流的混掺损失。叶顶间隙外 TLV 与主流的混掺损失是推进泵叶顶间隙泄漏损失中最为重要的一项，因此需要重点进行分析。推进泵叶顶间隙外的混掺损失不仅与叶顶间隙处的泄漏量有关，而且主流流速与叶顶间隙流流速的不匹配也会加大混掺损失，本小节基于熵增理论，从热力学角度对叶顶间隙外叶顶间隙流与主流相互作用导致的混掺损失进行分析和研究。

在推进泵的数值模拟求解过程中，假定流体不可压缩，整个计算流场温度恒定，热传递在本小节中忽略不计。由耗散引起的流动损失主要包括：黏性耗散引起的流动损失 $S_{EP}^{\bar{D}}$（直接耗散引起的流动损失）和湍流耗散引起的流动损失 $S_{EP}^{D'}$（间接耗散引起的流动损失）[53-55]。总的熵产率（熵产率的大小反映流动损失的大小，熵产率越大，流动损失越大）的定义如下：

$$S_{EP} = \bar{\phi} / T = S_{EP}^{\bar{D}} + S_{EP}^{D'} \tag{10-9}$$

式中：$\bar{\phi}$ 为机械能的黏性耗散。

黏性耗散引起的流动损失和湍流耗散引起的流动损失的定义如下：

$$S_{EP}^{\bar{D}} = \frac{\mu_t}{T} \left\{ 2\left[\left(\frac{\partial U^*}{\partial x}\right)^2 + \left(\frac{\partial V^*}{\partial y}\right)^2 + \left(\frac{\partial W^*}{\partial z}\right)^2 \right] + \left(\frac{\partial V^*}{\partial x} + \frac{\partial U^*}{\partial y}\right)^2 + \left(\frac{\partial W^*}{\partial y} + \frac{\partial V^*}{\partial z}\right)^2 + \left(\frac{\partial U^*}{\partial z} + \frac{\partial W^*}{\partial x}\right)^2 \right\} \tag{10-10}$$

$$S_{EP}^{D'} = \frac{\mu_t}{T} \left\{ 2\left[\left(\frac{\partial u'}{\partial x}\right)^2 + \left(\frac{\partial v'}{\partial y}\right)^2 + \left(\frac{\partial w'}{\partial z}\right)^2 \right] + \left(\frac{\partial v'}{\partial x} + \frac{\partial u'}{\partial y}\right)^2 + \left(\frac{\partial w'}{\partial y} + \frac{\partial v'}{\partial z}\right)^2 + \left(\frac{\partial u'}{\partial z} + \frac{\partial w'}{\partial x}\right)^2 \right\} \tag{10-11}$$

式中：μ_t 为流体动力黏度，Pa·s；T 为流体温度，K；U^*、V^*、W^* 分别为 x、y 和 z 方向的时均速度，m/s；u'、v'、w' 分别为 x、y 和 z 方向的脉动速度，m/s。

基于熵增理论的推进泵叶顶间隙外主流与泄漏流的混掺系数损失定义如下[56]：

$$\xi_{mix} = \frac{T}{0.5 m_2 V_{inlet}^2} [m_2 S_2 - (m_1 S_1 + m_{jet} S_{jet})] \tag{10-12}$$

式中：m_1 为叶轮进口流量，m³/s；m_2 为叶轮出口流量，m³/s；m_{jet} 为推进泵叶顶间隙处泄漏流流量，m³/s；V_{inlet} 为叶轮进口平均流速，m/s；S_1 为叶轮进口熵增，J/（kg·K）；S_2 为叶轮出口熵增，J/（kg·K）；S_{jet} 为推进泵叶顶间隙处熵增，J/（kg·K）。

不同转速空化数工况下不同时刻叶顶间隙的泄漏流流量如图 10-20 所示。叶顶间隙泄漏流流量随着叶片旋转角度的变化呈现非定常特性。当转速空化数 $\sigma_n = 10$ 时，叶顶间隙平均泄漏流流量为 2.5×10^{-4} m³/s，当转速空化数 $\sigma_n = 4.17$ 时，叶顶间隙平均泄漏流流量为 2.6×10^{-4} m³/s，当转速空化数 $\sigma_n = 2$ 时，叶顶间隙平均泄漏流流量为 3.1×10^{-4} m³/s，随着转速空化数的逐渐降低，叶顶间隙泄漏流流量在逐渐增加，这是因为转速空化数降低，TLV 的强度逐渐变强，使得 TLV 卷吸来自叶顶间隙流体的能力增强，导致推进泵叶顶间隙处的泄漏量增加。

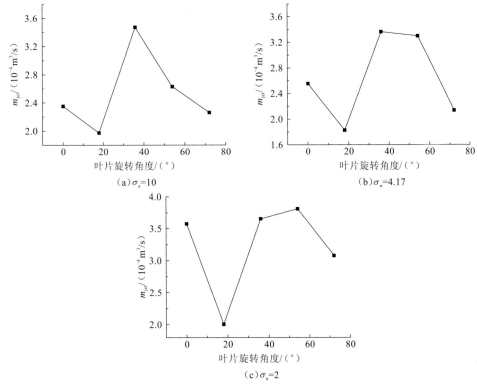

图 10-20　不同转速空化数工况下不同时刻推进泵叶顶间隙泄漏流流量

　　黏性耗散引起的流动损失在推进泵 TLV 流场的分布云图如图 10-21 所示。黏性耗散引起的流动损失主要出现在壁面剪切层及 TLV 流场中，随着切平面逐渐往下游发展，黏性耗散引起的流动损失先增后减，并且在下游区域，TLV 涡核处的黏性耗散引起的流动损失要低于周围区域的黏性耗散引起的流动损失，TLV 周围被高量级的黏性耗散引起的流动损失包围。

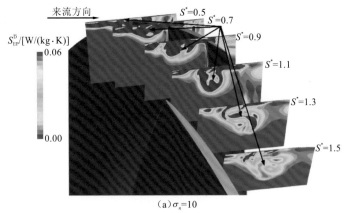

（a）$\sigma_n=10$

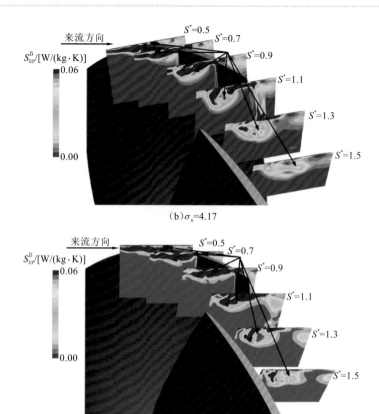

（b）$\sigma_n=4.17$

（c）$\sigma_n=2$

图 10-21　不同转速空化数工况下 TLV 流场 $S_{EP}^{\overline{D}}$ 的分布云图

　　湍流耗散引起的流动损失在推进泵 TLV 流场的分布云图如图 10-22 所示。湍流耗散引起的流动损失同样出现在壁面剪切层及 TLV 流场区域。TLV 涡核处的湍流耗散引起的流动损失要低于周围区域的湍流耗散引起的流动损失，随着转速空化数的逐渐降低，推进泵 TLV 流场中的湍流耗散引起的流动损失逐渐增加，说明 TLV 空化的发展使得 TLV 空化流场中湍流耗散的作用更加明显。

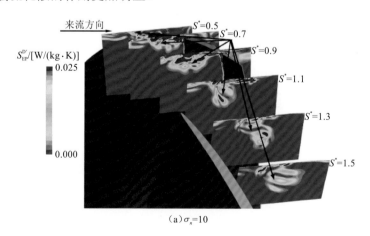

（a）$\sigma_n=10$

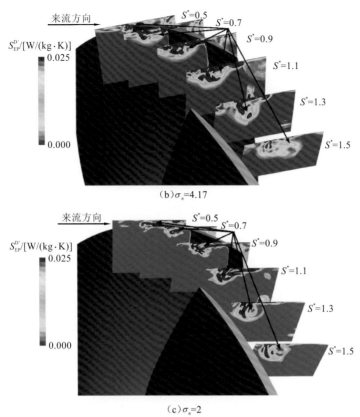

图 10-22　不同转速空化数工况下 TLV 流场 $S_{EP}^{D'}$ 的分布云图

　　不同转速空化数工况下推进泵 TLV 流场的总熵产率分布云图如图 10-23 所示。总熵产率较大的地方出现在叶顶间隙处的分离涡区域及叶顶间隙流与主流相互作用、卷吸形成的剪切区域，而 TLV 涡核处拥有较低的总熵产率。TLV 涡核周围流场的总熵产率随着转速空化数的降低反而增加。

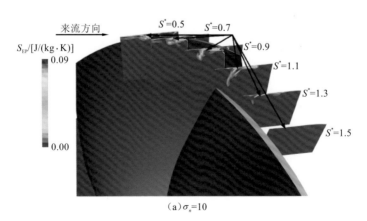

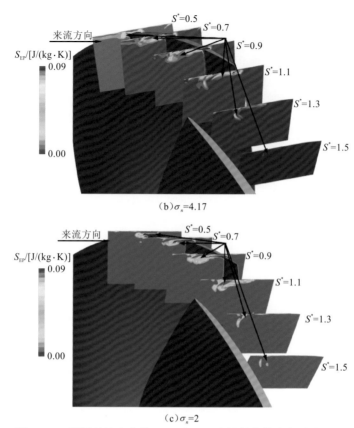

（b）σ_n=4.17

（c）σ_n=2

图 10-23　不同转速空化数工况下 TLV 流场的总熵产率分布云图

　　通过对三个不同转速空化数工况的流动损失进行分析发现，由黏性耗散引起的流动损失的量级要明显大于由湍流耗散引起的流动损失的量级，说明黏性耗散在这一过程中起主导作用；随着转速空化数的降低，黏性耗散和湍流耗散引起的流动损失的量级也在逐渐增大。较大量级的总熵产率出现在 TLV 流场、叶顶间隙区及与 TLV 流场相邻的剪切层内，这些区域的流动损失较大，并且随着切平面逐渐往下游发展，TLV 流场的流动损失逐渐减小。

　　基于熵增理论得到的不同转速空化数工况下的 TLV 混掺系数损失如图 10-24 所示。根据式（10-12）可知，混掺系数损失 ξ_{mix} 不仅与叶顶间隙处的泄漏流流量 m_{jet} 及叶顶间隙处的熵增 S_{jet} 有关，还与叶轮进、出口处的流量和熵增有关。随着转速空化数的逐渐降低，从图 10-24 可以发现，混掺系数损失 ξ_{mix} 在逐渐增大，当转速空化数 σ_n=10 时，混掺系数损失 ξ_{mix}=0.83%，当转速空化数 σ_n=4.17 时，混掺系数损失 ξ_{mix}=1.07%，当转速空化数 σ_n=2 时，混掺系数损失 ξ_{mix}=2.92%。

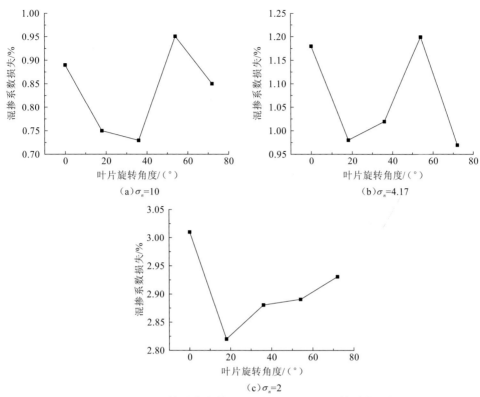

图 10-24　不同转速空化数工况下推进泵 TLV 混掺系数损失

10.4　本章小结

TLV 流场的稳定性会影响推进泵性能的发挥，本章对不同转速空化数工况下 TLV 的起始位置、非定常特性及不稳定特性进行研究，同时对推进泵叶顶间隙泄漏损失展开研究，并基于熵增理论对推进泵叶顶间隙外的混掺损失进行分析，主要结论如下。

（1）在推进泵叶梢处（$r_{local}=0.98$），当转速空化数较高时，叶片附近压力团波动的区域面积较大，呈现明显的非定常特性；而当转速空化数为 2 时，由于叶片吸力面片空化的作用，吸力面处的压力波动较小，该工况下沿弦长方向分布的泄漏流系数较为稳定。在 TLV 运动过程中，其不仅受到了径向向外的离心力作用，还受到了同方向的科氏力作用，科氏力的存在使得 TLV 不稳定。基于 Hall 涡核方程对 TLV 的破碎特性进行分析，当转速空化数为 10 和 4.17 时，TLV 没有发生破碎，而当转速空化数为 2，且 $0.7 < S^{*} < 0.9$ 时，TLV 涡心处的轴向流速由正值变为负值，TLV 在该区域内发生破碎，并且 TLV 破碎使该区域内产生了大量的低能压力团。

（2）在推进泵叶片旋转过程中，基于气相体积分数等值面图和 Liutex 涡识别方法得到的 TLV 的起始位置一直是波动的，并呈现出类周期的规律；TLV 的起始位置不断向叶片前缘发展，使得叶梢整体载荷变大，推进泵 TLV 空化更容易发生。

（3）基于 Denton 泄漏损失模型对不同转速空化数工况下推进泵的叶顶间隙泄漏损失进行定量分析，叶顶间隙泄漏损失系数随着转速空化数的降低反而增加，平均叶顶间隙泄漏损失系数由 1.734%变为 4.9%。

（4）叶顶间隙流速和主流速度的不匹配导致叶顶间隙外的混掺损失，基于熵增理论对推进泵叶顶间隙外的混掺损失进行定量分析，发现由黏性耗散和湍流耗散引起的流动损失主要出现在壁面剪切层及 TLV 流场中，随着 TLV 往下游发展，这两项引起的流动损失在 $S^*=1.1$ 平面达到最大值；随着转速空化数的逐渐降低，由黏性耗散和湍流耗散引起的流动损失逐渐增大，相比于湍流耗散引起的流动损失，黏性耗散引起的流动损失在 TLV 流场区域拥有更大的量级；随着转速空化数的逐渐降低，推进泵叶顶间隙外的混掺系数损失逐渐增加，当转速空化数为 10 和 4.17 时，混掺系数损失变化较小，而当转速空化数为 2 时，叶顶间隙外的混掺系数损失已经达到了 2.92%。

▶▶▶ 参考文献

[1] DREYER M. Mind the gap: Tip leakage vortex dynamics and cavitation in axial turbines[D]. Lausanne: École Polytechnique Fédérale de Lausanne, 2015.

[2] SMAGORINSKY J. General circulation experiments with the primitive equations[J]. Monthly weather review, 1963, 91(3): 99-164.

[3] NICOUD F, DUCROS F. Subgrid-scale stress modelling based on the square of the velocity gradient tensor[J]. Flow, turbulence and combustion, 1999, 62(3): 183-200.

[4] ZHU J, CHEN Y, ZHAO D, et al. Extension of the Schnerr-Sauer model for cryogenic cavitation[J]. European journal of mechanics-b/fluids, 2015, 52: 1-10.

[5] ŽNIDARČIČ A, METTIN R, DULAR M. Modeling cavitation in a rapidly changing pressure field-application to a small ultrasonic horn[J]. Ultrasonics sonochemistry, 2015, 22: 482-492.

[6] VALDES J R, RODRÍGUEZ J M, MONGE R, et al. Numerical simulation and experimental validation of the cavitating flow through a ball check valve[J]. Energy conversion and management, 2014, 78: 776-786.

[7] SPALART P R, SHUR M. On the sensitization of turbulence models to rotation and curvature[J]. Aerospace science and technology, 1997, 1(5): 297-302.

[8] GUO Q, ZHOU L, WANG Z, et al. Numerical simulation for the tip leakage vortex cavitation[J]. Ocean engineering, 2018, 151: 71-81.

[9] ARNDT R E A, KELLER A P. Water quality effects on cavitation inception in a trailing vortex[J]. Journal of fluids engineering, 1992, 114(3): 430-438.

[10] CHEN L Y, ZHANG L X, PENG X X, et al. Influence of water quality on the tip vortex cavitation inception[J]. Physics of fluids, 2019, 31(2): 023303.

[11] SHEN Y T, GOWING S, JESSUP S. Tip vortex cavitation inception scaling for high reynolds number applications[J]. Journal of fluids engineering, 2009, 131(7): 071301.

[12] YAKUBOV S, CANKURT B, ABDEL-MAKSOUD M, et al. Hybrid MPI/openmp parallelization of an Euler-Lagrange approach to cavitation modelling[J]. Computers & fluids, 2013, 80: 365-371.

[13] PANG B H, ZHANG L C, LU J, et al. Influence of atmospheric pressure on distribution of gas nuclei in water body[J]. Water resources and power, 2018, 36(9): 30-33.

[14] LEWEKE T, LE DIZÈS S, WILLIAMSON C H K. Dynamics and instabilities of vortex Pairs[J]. Annual review of fluid mechanics, 2016, 48(1): 507-541.

[15] FABRE D, JACQUIN L. Short-wave cooperative instabilities in representative aircraft vortices[J]. Physics of fluids, 2004, 16(5): 1366-1378.

[16] FRANC J P, MICHEL J M. Fundamentals of cavitation[M]. Berlin, Heidelberg: Springer, 2005.

[17] MCCORMICK B W J. On cavitation produced by a vortex trailing from a lifting surface[J]. Journal of basic engineering, 1962, 84(3): 369-378.

[18] STINEBRING D R, FARRELL K J, BILLET M L. The structure of a three-dimensional tip vortex at

high Reynolds numbers[J]. Journal of fluids engineering, 1991, 113(3): 496-503.

[19] TRIELING R R, FUENTES O U V, HEIJST G J F V. Interaction of two unequal corotating vortices[J]. Physics of fluids, 2005, 17(8): 087103.

[20] 季斌, 白晓蕊, 祝叶, 等. 水力机械空化水动力学的几个基础问题研究[J]. 水动力学研究与进展(A 辑), 2017, 32(5): 542-550.

[21] MIORINI R L, WU H X, KATZ J. The internal structure of the tip leakage vortex within the rotor of an axial waterjet pump[J]. Journal of turbomachinery-transactions of the ASME, 2012, 134(3): 031018.

[22] MENTER F R. Two-equation eddy-viscosity turbulence models for engineering applications[J]. AIAA journal, 1994, 32(8): 1598-1605.

[23] SPALART P R, SHUR M. On the sensitization of turbulence models to rotation and curvature[J]. Aerospace science & technology, 1977, 1(5): 297-302.

[24] SMIRNOV P E, MENTER F R. Sensitization of the SST turbulence model to rotation and curvature by applying the Spalart-Shur correction term[J]. Journal of turbomachinery, 2009, 13(14): 041010.

[25] NICOUD F, DUCROS F. Subgrid-scale stress modelling based on the square of the velocity gradient tensor[J]. Flow turbulence and combustion, 1999, 62(3): 183-200.

[26] 徐顺, 季斌, 龙新平, 等. 不同来流工况下泵喷推进器外流场特性分析[J]. 水动力学研究与进展(A 辑), 2020, 35(4): 411-419.

[27] HUANG R, JI B, LUO X, et al. Numerical investigation of cavitation-vortex interaction in a mixed-flow waterjet pump[J]. Journal of mechanical science and technology, 2015, 29(9): 3707-3716.

[28] BRENNEN C E. Cavitation and bubble dynamics[M]. Oxford: Oxford University Press, 1995.

[29] ZWART P J, GERBER A G, BELAMRI T. A two-phase flow model for predicting cavitation dynamics[C]//Fifth International Conference on Multiphase Flow. Yokohama: ICMF, 2004.

[30] 冯康佳, 胡芳琳, 刘乐. 旋臂水池试验数值仿真影响因素分析[J]. 船海工程, 2020, 49(1): 1-4.

[31] MIORINI R L, WU H, KATZ J. The internal structure of the tip leakage vortex within the rotor of an axial waterjet pump[J]. Journal of turbomachinery, 2012, 134(3): 031018.

[32] JI B, LUO X W, ARNDT R E A, et al. Large eddy simulation and theoretical investigations of the transient cavitating vortical flow structure around a NACA66 hydrofoil[J]. International journal of multiphase flow, 2015, 68: 121-134.

[33] WANG L Y, BIN J I, CHENG H Y, et al. One-dimensional/three-dimensional analysis of transient cavitating flow in a venturi tube with special emphasis on cavitation excited pressure fluctuation prediction[J]. Science China technological sciences, 2020, 63(2): 223-233.

[34] WU J C. Elements of vorticity aerodynamics[M]. Berlin, Heidelberg: Springer, 2005.

[35] 吴晓晶. 混流式水轮机非定常流动计算和旋涡流动诊断[D]. 北京: 清华大学, 2009.

[36] 王义乾, 桂南. 第三代涡识别方法及其应用综述[J]. 水动力学研究与进展(A 辑), 2019, 34(4): 413-429.

[37] HUNT J C R, WRAY A A, MOIN P. Eddies, streams, and convergence zones in turbulent flows[C]// Proceedings of the 1988 Summer Program of the Center for Turbulent Research. Stanford: NASA Ames, 1988.

[38] CHAKRABORTY P, BALACHANDAR S, ADRIAN R J. On the relationships between local vortex identification schemes[J]. Journal of fluid mechanics, 2005, 535: 189-214.

[39] JEONG J, HUSSAIN F. On the identification of a vortex[J]. Journal of fluid mechanics, 1995, 332(1): 339-363.

[40] CHONG M S, PERRY A E. A general classification of three-dimensional flow fields[J]. Physics of fluids, 1990, 2(5): 765-777.

[41] CHONG M S, PERRY A E, CANTWELL B J. A general classification of three-dimensional flow fields[J]. Physics of fluids a: Fluid dynamics, 1990, 2(5): 765-777.

[42] ZHOU J, ADRIAN R, BALACHANDAR S. Mechanisms for generating coherent packets of hairpin vortices in channel flow[J]. Journal of fluid mechanics, 1999, 387: 353-396.

[43] CHAKRABORTY P, BALACHANDAR S, ADRIAN R J. On the relationships between local vortex identification schemes[J]. Journal of fluid mechanics, 2005, 535: 189-214.

[44] LIU C Q, GAO Y S, DONG X R, et al. Third generation of vortex identification methods: Omega and Liutex/Rortex based systems[J]. Journal of hydrodynamics, 2019, 31(2): 205-223.

[45] LIU C Q, WANG Y Q, YANG Y. New omega vortex identification method[J]. Science China physics, mechanics & astronomy, 2016, 59(8): 684-711.

[46] DONG X R, WANG Y Q, CHEN X P. Determination of epsilon for omega vortex identification method[J]. Journal of hydrodynamics, 2018, 30(4): 541-548.

[47] LIU C, GAO Y, TIAN S. Rortex-a new vortex vector definition and vorticity tensor and vector decompositions[J]. Physics of fluids, 2018, 30: 35-103.

[48] GAO Y C L. Rortex and comparison with eigenvalue-based vortex identification criteria[J]. Physics of fluids, 2018, 30: 85-107.

[49] RAINS D A. Tip clearance flows in axial flow compressors and pumps [R]. Pasadena: California Institute of Technology, 1954.

[50] HALL M G. A new approach to vortex breakdown[C]//Proceedings of the 1967 Heat Transfer and Fluid Mechanics Institute. San Diego: Stanford University Press, 1967.

[51] 高杰. 船用燃气轮机涡轮叶顶梢隙泄漏流动及控制技术研究[D]. 哈尔滨: 哈尔滨工程大学, 2014.

[52] DENTON J D. Loss mechanism in turbomachines[J]. Journal of turbomachinery, 1993, 115(4): 621-656.

[53] KOCK F, HERWIG H. Entropy production calculation for turbulent shear flows and their implementation in CFD codes[J]. International journal of heat & fluid flow, 2005, 26(4): 672-680.

[54] KOCK F, HERWIG H. Local entropy production in turbulent shear flows: A high-Reynolds number model with wall functions[J]. International journal of heat & mass transfer, 2004, 47(10): 2205-2215.

[55] 张帆, 袁寿其, 魏雪园, 等. 基于熵产的侧流道泵流动损失特性研究[J]. 机械工程学报, 2018, 54(22):137-144.

[56] STORER J A, CUMPSTY N A. An approximate analysis and prediction method for tip clearance loss in axial compressors[J]. Journal of turbomachinery, 1994, 116(4): 648-656.